"博学而笃志，切问而近思。"

（《论语》）

博晓古今，可立一家之说；
学贯中西，或成经国之才。

复旦博学·复旦博学·复旦博学·复旦博学·复旦博学·复旦博学

复变函数

戴滨林　杨世海 主编

许佰熹　严　阅 参编

博学·数学系列

复旦大学出版社

www.fudanpress.com.cn

内容提要

本书主要分为7个章节内容：复数与复变函数、解析函数、复变函数的积分、解析函数的泰勒展式和洛朗展式、留数理论及其应用、共形映射、狄利克雷问题.

本书可作为高等院校数学与应用数学、信息与计量科学、统计学、数量经济、金融工程等专业的本科生教材，也可作为其他理工科和师范类相关专业本科生的教学参考用书.

前　　言

复变函数理论诞生于 18 世纪,是 19 世纪特别丰饶的数学分支和抽象科学中非常和谐的理论之一. 复变函数是分析学的一个重要的组成部分,是数学乃至自然科学的重要基础之一,也是分析学知识应用于实际问题的一种具体工具和桥梁. 复变函数理论已渗透到现代数学的许多分支,在数学、自然科学和工程技术中有着广泛应用. 复变函数是数学和应用数学及相关专业非常重要的基础课之一.

除了数学和理工科专业外,目前财经类大学也开设了复变函数课程,现有的复变函数教材非常丰富,也非常好. 但是传统优秀教材大多起点高,内容深奥,适合基础较好的数学和理工学科学生研究学习. 为了更易于一般普通本科生和财经类本科生的学习,我们尝试结合财经类大学学生特点编写了这本教材,精选教学内容,加强基本概念部分内容,注重基本公式的推导,强调应用,简洁易懂,特别是利用 MATLAB 强大的数值计算和绘图功能,将复变函数论中的一些复杂难懂的理论和典型实例实现计算机的数据自动计算和可视化,从而使抽象、繁杂的内容具体化、简单化,使学生更加容易学习理解.

本书由上海财经大学数学学院教师编写,编者分别为戴滨林(第一章第 1、2 节,第二章第 1、2 节,第三章第 1 至第 5 节,第四章,第五章,第六章第 1、2 节)、杨世海(第六章第 3 节、第七章)、许佰熹和严阅(第一章第 3 节,第二章第 3 节,第三章第 6 节,第六章第 4 节,附录). 本书在编写过程中得到了上海财经大学数学学院领导和老师的大力支持,特别是程晋教授给予了很多指点和帮助,在此表示衷心感谢. 本书得到了上海财经大学重点课程建设项目资助,复旦大学出版社范仁梅老师和陆俊杰老师对本书的出版给予了大量帮助,在此一并表示衷心感谢!

由于编者水平有限,书中错误和缺点在所难免,盼望读者批评指正.

编　者

2019 年 5 月

目 录

第一章　复数与复变函数

§1.1　复数与复平面

§1.1.1　复数域

我们首先简要介绍复数的相关概念.

1. 复数的定义

定义 1.1　设 x 与 y 都是实数,我们称 $x+\mathrm{i}y$ 为复数,记为 $z=x+\mathrm{i}y$;称 x 为 z 的实部(Real),记 $\operatorname{Re}z=x$;称 y 为 z 的虚部(Imaginary),记 $\operatorname{Im}z=y$.

我们称复数 $z_1=x_1+\mathrm{i}y_1$ 及 $z_2=x_2+\mathrm{i}y_2$ 相等,是指它们的实部与实部相等、虚部与虚部相等. 虚部为零的复数就可看作实数,虚部不为零的复数就称为复数,实部为零且虚部不为零的复数称为纯虚数. 我们用 **R** 表示全体实数所成的集合、用 **C** 表示全体复数所成的集合,**R** 是 **C** 的子集.

2. 复数的代数运算

复数 $z_1=x_1+\mathrm{i}y_1$, $z_2=x_2+\mathrm{i}y_2$ 的加、减、乘、除运算如下定义:

(1) $z_1\pm z_2=(x_1\pm x_2)+\mathrm{i}(y_1+y_2)$;

(2) $z_1z_2=(x_1x_2-y_1y_2)+\mathrm{i}(x_1y_2+y_1x_2)$;

(3) $\dfrac{z_1}{z_2}=\dfrac{x_1x_2+y_1y_2}{x_2^2+y_2^2}+\mathrm{i}\dfrac{y_1x_2-x_1y_2}{x_2^2+y_2^2}\quad(z_2\neq 0)$.

复数的加法满足交换律与结合律,而且减法是加法的逆运算;复数的乘法满足交换律与结合律,且遵守乘法对加法的分配律,除法是乘法的逆运算.

引进上述运算后,复数全体就称为复数域,正好是代数学中所研究的"域"的实例. 不过,和实数域不同的是,在复数域中的复数是不能比较大小的.

3. 共轭复数及其性质

定义 1.2　设复数 $z=x+\mathrm{i}y$,则称复数 $x-\mathrm{i}y$ 为 z 的共轭复数,记作 $\bar{z}$.

我们容易得到如下重要性质:

(1) $\overline{z_1\pm z_2}=\overline{z_1}\pm\overline{z_2}$, $\overline{z_1z_2}=\overline{z_1}\,\overline{z_2}$, $\left(\overline{\dfrac{z_1}{z_2}}\right)=\dfrac{\overline{z_1}}{\overline{z_2}}\quad(z_2\neq 0)$;

(2) $\overline{(\bar{z})} = z$；

(3) $\dfrac{z_1}{z_2} = \dfrac{z_1 \overline{z_2}}{z_2 \overline{z_2}}$　$(z_2 \neq 0)$；

(4) $z\bar{z} = (\operatorname{Re} z)^2 + (\operatorname{Im} z)^2$；

(5) $z + \bar{z} = 2\operatorname{Re} z$，$z - \bar{z} = 2\mathrm{i}\operatorname{Im} z$．

例 1.1　计算复数 $\dfrac{2-3\mathrm{i}}{3+4\mathrm{i}}$．

【解】　解法一（应用商的公式）

$$\frac{z_1}{z_2} = \left(\frac{x_1 x_2 + y_1 y_2}{x_2^2 + y_2^2}\right) + \mathrm{i}\left(\frac{x_2 y_1 - x_1 y_2}{x_2^2 + y_2^2}\right) = \frac{2 \cdot 3 + (-3) \cdot 4}{3^2 + 4^2} + \mathrm{i}\,\frac{3 \cdot (-3) - 2 \cdot 4}{3^2 + 4^2}$$

$$= -\frac{6}{25} - \frac{17}{25}\mathrm{i}.$$

解法二（应用共轭复数性质）

$$\frac{z_1}{z_2} = \frac{z_1 \cdot \overline{z_2}}{z_2 \cdot \overline{z_2}} = \frac{(2-3\mathrm{i})(3-4\mathrm{i})}{(3+4\mathrm{i})(3-4\mathrm{i})} = \frac{(6-12) + \mathrm{i}(-8-9)}{3^2 + 4^2} = -\frac{6}{25} - \frac{17}{25}\mathrm{i}.$$

例 1.2　设 $(x + 2y - 2) + \mathrm{i}(x^2 + 2y) = -4$，求实数 x，y．

【解】　由题意得 $\begin{cases} x + 2y - 2 = -4, \\ x^2 + 2y = 0, \end{cases}$ 解得

$$\begin{cases} x = -1, \\ y = -\dfrac{1}{2}, \end{cases} \text{或} \begin{cases} x = 2, \\ y = -2. \end{cases}$$

例 1.3　设复数 $z = -\dfrac{1}{\mathrm{i}} - \dfrac{3\mathrm{i}}{1-\mathrm{i}}$，求 $\operatorname{Re} z$，$\operatorname{Im} z$ 和 $z\bar{z}$．

【解】　$z = -\dfrac{1}{\mathrm{i}} - \dfrac{3\mathrm{i}}{1-\mathrm{i}} = \dfrac{\mathrm{i}}{\mathrm{i}(-\mathrm{i})} - \dfrac{3\mathrm{i}(1+\mathrm{i})}{(1-\mathrm{i})(1+\mathrm{i})} = \dfrac{3}{2} - \dfrac{1}{2}\mathrm{i}$．

$$\operatorname{Re} z = \frac{3}{2}, \ \operatorname{Im} z = -\frac{1}{2}, \ z\bar{z} = \left(\frac{3}{2}\right)^2 + \left(-\frac{1}{2}\right)^2 = \frac{5}{2}.$$

例 1.4　设 $z_1 = x_1 + \mathrm{i}y_1$，$z_2 = x_2 + \mathrm{i}y_2$ 为两个任意复数，试证明：$z_1\overline{z_2} + \overline{z_1 z_2} = 2\operatorname{Re}(z_1\overline{z_2})$．

【证明】　证法一

$$z_1\overline{z_2} + \overline{z_1}z_2$$
$$= (x_1x_2 + y_1y_2) + i(x_2y_1 - x_1y_2) + (x_1x_2 + y_1y_2) - i(x_2y_1 - x_1y_2)$$
$$= 2(x_1x_2 + y_1y_2) = 2\mathrm{Re}(z_1\overline{z_2}).$$

证法二

$$z_1\overline{z_2} + \overline{z_1}z_2 = z_1\overline{z_2} + \overline{z_1\overline{z_2}} = 2\mathrm{Re}(z_1\overline{z_2}) = 2\mathrm{Re}(\overline{z_1}z_2).$$

例 1.5 设复数 $a+ib$ 是实系数方程 $P(z) = a_0z^n + a_1z^{n-1} + \cdots + a_{n-1}z + a_n = 0$ 的根，证明 $a-ib$ 一定也是该方程的根.

【证明】 由于 $a_0, a_1, \cdots, a_n$ 都是实数，因此 $\overline{a_0} = a_0$，$\overline{a_1} = a_1$，$\cdots$，$\overline{a_n} = a_n$. 因为 $\overline{z^k} = (\bar{z})^k$，所以由共轭复数的性质有：$\overline{P(z)} = P(\bar{z})$. 因为 $P(a+ib) \equiv 0$，两边共轭得到

$$\overline{P(a+ib)} = P(\overline{a+ib}) \equiv \bar{0} = 0.$$

所以 $P(a-ib) \equiv 0$，即 $a-ib$ 也是 $P(z) = 0$ 的根.

§1.1.2 复平面

如图 1.1 所示，我们也可以用平面上横坐标为 x、纵坐标为 y 的点来表示复数 $z = x + iy$，这样，平面上全部的点和全体复数间建立了一一对应的关系.

x 轴上的点对应的是实数，故 x 轴称为实轴；y 轴上的非原点的点对应着纯虚数，故 y 轴称为虚轴. 我们称这样表示复数 z 的平面为复平面或 z 平面.

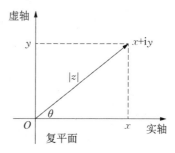

图 1.1

§1.1.3 复平面的向量表示

在复平面上，我们也可以用从原点到点 $z = x + iy$ 所引的向量表示这个复数 z，复数和向量之间也构成一一对应关系，如图 1.1 所示，我们用向量 $\overrightarrow{Oz}$ 来表示复数 $z = x + iy$，其中 x，y 顺次等于 $\overrightarrow{Oz}$ 沿 x 轴与 y 轴的分量. 由图 1.2 容易看出，这种对应关系使复数的加（减）法与向量的加（减）法是一致的.

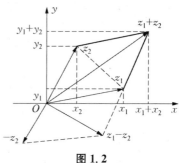

图 1.2

§1.1.4　复数的模与辐角

如图 1.1 所示,向量 $\overrightarrow{Oz}=x+\mathrm{i}y.$ 向量 $\overrightarrow{Oz}$ 的长度称为复数 z 的模或绝对值,以符号 $|z|$ 或 r 表示,因而有 $r=|z|=\sqrt{x^2+y^2}\geqslant 0$,很显然有 $|x|\leqslant|z|$,$|y|\leqslant|z|$,$|z|\leqslant|x|+|y|$.

我们可以得到如下常用不等式:

(1) 三角形两边之和大于第三边: $|z_1+z_2|\leqslant|z_1|+|z_2|$;

(2) 三角形两边之差小于第三边: $||z_1|-|z_2||\leqslant|z_1-z_2|$.

我们把实轴正向到非零复数 $z=x+\mathrm{i}y$ 所对应的向量 $\overrightarrow{Oz}$ 间的夹角 θ 称为复数 z 的辐角(Argument),记为 $\theta=\mathrm{Arg}\,z$.

我们知道,任一非零复数 z 有无穷多个辐角,我们用 $\arg z$ 表示其中一个符合条件 $-\pi<\arg z\leqslant\pi$ 的角,称为 $\mathrm{Arg}\,z$ 的主值,或称为 z 的主辐角. 我们有

$$\theta=\mathrm{Arg}\,z=\arg z+2k\pi\quad(k=0,\pm 1,\pm 2,\cdots).$$

注　复数为 0 时,辐角无意义.

§1.1.5　欧拉公式与复数的三角形式和指数形式

欧拉(Euler)在 1740 年左右发现了如下非常奇妙的公式:

$$\mathrm{e}^{\mathrm{i}\theta}=\cos\theta+\mathrm{i}\sin\theta,$$

现在它被称为欧拉公式以纪念他.

这里,我们不去证明欧拉公式,而是用幂级数理论对欧拉公式给以一个简要解释.

对任意实数 x,我们有:

$$\mathrm{e}^x=1+x+\frac{x^2}{2!}+\frac{x^3}{3!}+\cdots+\frac{x^n}{n!}+\cdots,$$

在上式中,当取 $x=\mathrm{i}\theta$ 时,就可以得到欧拉公式:

$$\begin{aligned}
\mathrm{e}^{\mathrm{i}\theta}&=1+\mathrm{i}\theta+\frac{(\mathrm{i}\theta)^2}{2!}+\frac{(\mathrm{i}\theta)^3}{3!}+\cdots+\frac{(\mathrm{i}\theta)^n}{n!}+\cdots\\
&=\left(1-\frac{\theta^2}{2!}+\frac{\theta^4}{4!}-\cdots\right)+\mathrm{i}\left(\theta-\frac{\theta^3}{3!}+\frac{\theta^5}{5!}-\cdots\right)\\
&=\cos\theta+\mathrm{i}\sin\theta.
\end{aligned}$$

利用直角坐标与极坐标的关系: $x=r\cos\theta$, $y=r\sin\theta$,我们得到复数的三角表示式:

$$z = x + iy = r(\cos\theta + i\sin\theta) = |z|(\cos\theta + i\sin\theta),$$
$$\bar{z} = r(\cos\theta - i\sin\theta) = r[\cos(-\theta) + i\sin(-\theta)].$$

利用欧拉公式,就可以得到复数 z 的指数形式:

$$z = re^{i\theta}.$$

我们称 $z = x + iy$ 为复数 z 的代数形式. 于是:

$$z = x + iy(代数形式) \xrightarrow{\quad x = r\cos\theta,\, y = r\sin\theta;\, r = \sqrt{x^2 + y^2},\, \theta = \arctan\frac{y}{x}\quad}$$

$$z = r(\cos\theta + i\sin\theta)(三角形式) \xleftarrow{\quad e^{i\theta} = \cos\theta + i\sin\theta\quad} z = re^{i\theta} \quad (指数形式).$$

注 因为辐角有无穷多种选择,所以复数的三角表示式不是唯一的. 如果有两个三角表示式相等:$r_1(\cos\theta_1 + i\sin\theta_1) = r_2(\cos\theta_2 + i\sin\theta_2)$,则可以推出 $r_1 = r_2$,$\theta_1 = \theta_2 + 2k\pi$,其中 k 为整数.

例 1.6 将 $z = -1 - \sqrt{3}i$ 化为三角表示式和指数表示式.

【解】 复数 z 的模 $|z| = r = 2$,z 的辐角 θ 在第三象限,于是

$$\tan\theta = \frac{y}{x} = \sqrt{3},\ \theta \in \left(\pi, \frac{3}{2}\pi\right) \Rightarrow \tan\theta = \tan(\theta - 2\pi) = \sqrt{3},$$

$$\theta - 2\pi \in \left(-\pi, -\frac{1}{2}\pi\right) \Rightarrow \theta = \pi + \arctan\sqrt{3} - 2\pi = \frac{\pi}{3} - \pi = -\frac{2}{3}\pi.$$

故 $z = 2\left[\cos\left(-\frac{2}{3}\pi\right) + i\sin\left(-\frac{2}{3}\pi\right)\right].$

例 1.7 将 $z = -2 + 3i$ 化为三角表示式和指数表示式.

【解】 复数 z 的模 $r = |-2 + 3i| = \sqrt{13}$,主辐角

$$\theta = \arctan\frac{3}{-2} = \pi - \arctan\frac{3}{2}.$$

$$z = \sqrt{13}\left[\cos\left(\pi - \arctan\frac{3}{2}\right) + i\sin\left(\pi - \arctan\frac{3}{2}\right)\right] = \sqrt{13}\,e^{\left(\pi - \arctan\frac{3}{2}\right)i}.$$

§1.1.6 用复数的三角形式和指数形式表示复数的乘除法

设两复数 $z_1 = |z_1|(\cos\theta_1 + i\sin\theta_1) = |z_1|e^{i\theta_1}$ 和 $z_2 = |z_2|(\cos\theta_2 + i\sin\theta_2) = |z_2|e^{i\theta_2}$,则有:

$$z_1 \cdot z_2 = |z_1| \cdot |z_2| [(\cos\theta_1\cos\theta_2 - \sin\theta_1\sin\theta_2) + i(\cos\theta_1\sin\theta_2 + \sin\theta_1\cos\theta_2)]$$

$$= |z_1| \cdot |z_2| [\cos(\theta_1 + \theta_2) + i\sin(\theta_1 + \theta_2)] = |z_1| \cdot |z_2| e^{i(\theta_1+\theta_2)}.$$

即:模 $|z_1 \cdot z_2| = |z_1| \cdot |z_2|$,辐角 $\mathrm{Arg}(z_1 \cdot z_2) = \mathrm{Arg}\, z_1 + \mathrm{Arg}\, z_2$.

定理 1.1 两个复数乘积的模等于它们模的乘积,辐角等于它们的辐角之和.

注 1 由于辐角是多值的,多值函数相等时,$\mathrm{Arg}(z_1 \cdot z_2) = \mathrm{Arg}\, z_1 + \mathrm{Arg}\, z_2$ 理解为:对于左端的任一个值,右端有一值与它对应;反之也一样.

注 2 当用向量表示复数时,表示乘积 $z_1 \cdot z_2$ 的向量是从表示 z_1 的向量旋转一个角度 $\mathrm{Arg}\, z_2$,并伸长(缩短)到 $|z_2|$ 倍得到.

令 $z_1 = i = e^{\frac{\pi}{2}i}$,$z_2 = |z_2| e^{i\theta}$,则 $z_1 \cdot z_2 = iz_2 = |z_2| e^{i\left(\theta+\frac{\pi}{2}\right)}$,$z_1 \cdot z_2$ 可以看成 z_2 通过逆时针旋转 $\dfrac{\pi}{2}$ 得到,而 $-z = ze^{-i\pi}$ 可以看成 z 通过顺时针旋转 π 而得.

定理 1.2 两个复数的商的模等于它们模的商,辐角等于被除数与除数的辐角之差.

【证明】 $z_1 = |z_1| e^{i\theta_1}$,$z_2 = |z_2| e^{i\theta_2}$,$|z_1| \neq 0$.

$$\frac{z_2}{z_1} = \frac{|z_2| e^{i\theta_2}}{|z_1| e^{i\theta_1}} = \left|\frac{z_2}{z_1}\right| e^{i(\theta_2-\theta_1)}.$$

即:模 $\left|\dfrac{z_2}{z_1}\right| = \dfrac{|z_2|}{|z_1|}$,辐角 $\mathrm{Arg}\, \dfrac{z_2}{z_1} = \mathrm{Arg}\, z_2 - \mathrm{Arg}\, z_1$.

例 1.8 用三角表示式和指数表示式计算下列复数:

(1) $(1+\sqrt{3}\,i)(-\sqrt{3}-i)$;   (2) $\dfrac{2+i}{1-2i}$;

(3) $\dfrac{(1-\sqrt{3}\,i)(\cos\theta + i\sin\theta)}{(1-i)(\cos\theta - i\sin\theta)}$;   (4) $\dfrac{(\cos 5\varphi + i\sin 5\varphi)^2}{(\cos 3\varphi - i\sin 3\varphi)^3}$.

【解】 (1) $1+\sqrt{3}\,i = 2\left(\cos\dfrac{\pi}{3} + i\sin\dfrac{\pi}{3}\right) = 2e^{\frac{\pi}{3}i}$,$-\sqrt{3}-i = 2\left[\cos\left(-\dfrac{5\pi}{6}\right) + i\sin\left(-\dfrac{5\pi}{6}\right)\right] = 2e^{-\frac{5\pi}{6}i}$,所以

$$(1+\sqrt{3}\,i)(-\sqrt{3}-i) = 4\left[\cos\left(-\dfrac{\pi}{2}\right) + i\sin\left(-\dfrac{\pi}{2}\right)\right] = 4e^{-\frac{\pi}{2}i} = -4i.$$

(2) $2+\mathrm{i}=\sqrt{5}\left[\cos\left(\arctan\dfrac{1}{2}\right)+\mathrm{i}\sin\left(\arctan\dfrac{1}{2}\right)\right]=\sqrt{5}\,\mathrm{e}^{\mathrm{i}\arctan\frac{1}{2}}$,

$1-2\mathrm{i}=\sqrt{5}\,\{\cos[\arctan(-2)]+\mathrm{i}\sin[\arctan(-2)]\}=\sqrt{5}\,\mathrm{e}^{\mathrm{i}\arctan(-2)}$,

所以

$$\frac{2+\mathrm{i}}{1-2\mathrm{i}}=\left[\cos\left(\arctan\frac{1}{2}+\arctan 2\right)+\mathrm{i}\sin\left(\arctan\frac{1}{2}+\arctan 2\right)\right]$$
$$=\mathrm{e}^{\left(\arctan\frac{1}{2}+\arctan 2\right)\mathrm{i}}.$$

(3) $\dfrac{(1-\sqrt{3}\,\mathrm{i})(\cos\theta+\mathrm{i}\sin\theta)}{(1-\mathrm{i})(\cos\theta-\mathrm{i}\sin\theta)}$

$$=\frac{2\left[\cos\left(-\dfrac{\pi}{3}\right)+\mathrm{i}\sin\left(-\dfrac{\pi}{3}\right)\right](\cos\theta+\mathrm{i}\sin\theta)}{\sqrt{2}\left[\cos\left(-\dfrac{\pi}{4}\right)+\mathrm{i}\sin\left(-\dfrac{\pi}{4}\right)\right][\cos(-\theta)+\mathrm{i}\sin(-\theta)]}$$

$$=\sqrt{2}\left[\cos\left(-\frac{\pi}{12}\right)+\mathrm{i}\sin\left(-\frac{\pi}{12}\right)\right](\cos 2\theta+\mathrm{i}\sin 2\theta)$$

$$=\sqrt{2}\left[\cos\left(2\theta-\frac{\pi}{12}\right)+\mathrm{i}\sin\left(2\theta-\frac{\pi}{12}\right)\right]=\sqrt{2}\,\mathrm{e}^{\left(2\theta-\frac{\pi}{12}\right)\mathrm{i}}.$$

(4) $\dfrac{(\cos 5\varphi+\mathrm{i}\sin 5\varphi)^2}{(\cos 3\varphi-\mathrm{i}\sin 3\varphi)^3}=\dfrac{\cos 10\varphi+\mathrm{i}\sin 10\varphi}{\cos(-9\varphi)+\mathrm{i}\sin(-9\varphi)}=\cos 19\varphi+\mathrm{i}\sin 19\varphi$

$$=\mathrm{e}^{19\varphi\mathrm{i}}.$$

§1.1.7　复数的乘幂与方根

1. 乘方公式

设复数 $z=r\mathrm{e}^{\mathrm{i}\theta}$, 则乘方 $z^n=r^n\,\mathrm{e}^{\mathrm{i}n\theta}=r^n(\cos n\theta+\mathrm{i}\sin n\theta)$. 当 $|z|=1$ 时, 有

$$(\cos\theta+\mathrm{i}\sin\theta)^n=\cos n\theta+\mathrm{i}\sin n\theta.$$

这个公式称为棣莫弗(De Moivre)公式.

2. 开方公式

下面求非零复数 z 的 n 次方根 $w=\sqrt[n]{z}$ ($n\geqslant 2$, 整数).

设 $z=r\mathrm{e}^{\mathrm{i}\theta}$, $w=\rho\mathrm{e}^{\mathrm{i}\theta}$. 因为 $w^n=z$, 则有 $\rho^n\mathrm{e}^{\mathrm{i}n\varphi}=r\mathrm{e}^{\mathrm{i}\theta}$, 从而得 $\rho^n=r$, $n\varphi=\theta+2k\pi$, 解出得 $\rho=\sqrt[n]{r}$ (取算术方根), $\varphi=\dfrac{\theta+2k\pi}{n}$.

所以 z 的 n 次方根为

$$w = \sqrt[n]{z} = r^{\frac{1}{n}} \left[\cos \frac{\theta + 2k\pi}{n} + \mathrm{i}\sin \frac{\theta + 2k\pi}{n} \right] = r^{\frac{1}{n}} \mathrm{e}^{\mathrm{i}\frac{\theta + 2k\pi}{n}}, \ k = 1, 2, \cdots, n-1.$$

注1 当 $k = 0, 1, 2, 3, \cdots, n-1$ 时,得到 n 个相异的根;当 $k = n, n+1, \cdots$ 时,这些根又重复出现,所以记号 $\sqrt[n]{z}$ 与记号 $(\sqrt[n]{z})_k (k = 0, 1, 2, \cdots, n-1)$ 是一致的.

注2 复数 z 的 n 次方根 $w = \sqrt[n]{z}$ 的几何意义: $\sqrt[n]{z}$ 的 n 个值是以原点为中心、$r^{\frac{1}{n}}$ 为半径的圆的内接正 n 边形的 n 个顶点.

例1.9 求 $\tan 3\theta$ 用 $\tan \theta$ 表示的式子.

【解】 考虑 $z = 1 + \mathrm{i}\tan \theta$,因为 z 的辐角是 θ , z^3 的辐角是 3θ ,于是

$$\tan 3\theta = \frac{\mathrm{Im}(z^3)}{\mathrm{Re}(z^3)}.$$

而 $z^3 = (1 + \mathrm{i}\tan \theta)^3 = (1 - 3\tan^2 \theta) + \mathrm{i}(3\tan \theta - \tan^3 \theta)$,所以

$$\tan 3\theta = \frac{\mathrm{Im}(z^3)}{\mathrm{Re}(z^3)} = \frac{3\tan \theta - \tan^3 \theta}{1 - 3\tan^2 \theta}.$$

例1.10 计算下列各题:

(1) $(1 + \sqrt{3}\,\mathrm{i})^3$;   (2) $\sqrt[4]{1+\mathrm{i}}$.

【解】 (1) $(1 + \sqrt{3}\,\mathrm{i})^3 = \left[2 \left(\cos \frac{\pi}{3} + \mathrm{i}\sin \frac{\pi}{3} \right) \right]^3 = 8(\cos \pi + \mathrm{i}\sin \pi) = -8.$

(2) $1 + \mathrm{i} = \sqrt{2} \left(\cos \frac{\pi}{4} + \mathrm{i}\sin \frac{\pi}{4} \right),$

$$\sqrt[4]{1+\mathrm{i}} = \left[\sqrt{2} \left(\cos \frac{\pi}{4} + \mathrm{i}\sin \frac{\pi}{4} \right) \right]^{\frac{1}{4}} = \sqrt[8]{2} \left(\cos \frac{\frac{\pi}{4} + 2k\pi}{4} + \mathrm{i}\sin \frac{\frac{\pi}{4} + 2k\pi}{4} \right),$$
$$k = 0, 1, 2, 3.$$

一共有如下 4 个根:

$$w_0 = \sqrt[8]{2} \left(\cos \frac{\pi}{16} + \mathrm{i}\sin \frac{\pi}{16} \right), \qquad w_1 = \sqrt[8]{2} \left(\cos \frac{9\pi}{16} + \mathrm{i}\sin \frac{9\pi}{16} \right),$$
$$w_2 = \sqrt[8]{2} \left(\cos \frac{17}{16}\pi + \mathrm{i}\sin \frac{17}{16}\pi \right), \quad w_3 = \sqrt[8]{2} \left(\cos \frac{25}{16}\pi + \mathrm{i}\sin \frac{25}{16}\pi \right).$$

这 4 个根分别位于内接于中心在原点、半径为 $\sqrt[8]{2}$ 的圆的正方形的顶点,且

$$w_1 = \mathrm{i}w_0, \ w_2 = -w_0, \ w_3 = -\mathrm{i}w_0.$$

例 1.11　求解方程 $z^3 - 1 = 0$.

【解】　由于 $z^3 - 1 = 0,\ z^3 = 1$,则

$$z = \sqrt[3]{1} = (\cos 0 + \mathrm{i}\sin 0)^{\frac{1}{3}} = \cos\frac{2k\pi}{3} + \mathrm{i}\sin\frac{2k\pi}{3} = \mathrm{e}^{\frac{2k\pi}{3}\mathrm{i}},\ k = 0,\ 1,\ 2.$$

3 个根为:

$$z_0 = \mathrm{e}^0 = 1,$$

$$z_1 = \mathrm{e}^{\frac{2\pi}{3}\mathrm{i}} = \cos\frac{2\pi}{3} + \mathrm{i}\sin\frac{2\pi}{3} = -\frac{1}{2} + \mathrm{i}\frac{\sqrt{3}}{2},$$

$$z_2 = \mathrm{e}^{\frac{4\pi}{3}\mathrm{i}} = \cos\frac{4\pi}{3} + \mathrm{i}\sin\frac{4\pi}{3} = -\frac{1}{2} - \mathrm{i}\frac{\sqrt{3}}{2}.$$

例 1.12　设 z_1 及 z_2 是两个复数,证明

$$|z_1 + z_2|^2 = |z_1|^2 + |z_2|^2 + 2\mathrm{Re}(z_1\overline{z_2}).$$

【证明】　$|z_1 + z_2|^2 = (z_1 + z_2)(\overline{z_1 + z_2}) = (z_1 + z_2)(\overline{z_1} + \overline{z_2})$
$$= z_1\overline{z_1} + z_2\overline{z_2} + z_1\overline{z_2} + \overline{z_1}z_2$$
$$= |z_1|^2 + |z_2|^2 + 2\mathrm{Re}(z_1\overline{z_2})(应用例 1.4).$$

§1.1.8　复数在几何上的应用举例

1. 曲线的复数方程

容易得到连接 z_1 及 z_2 两点的线段的参数方程为

$$z = z_1 + t(z_2 - z_1)\quad(0 \leqslant t \leqslant 1),$$

过 z_1 及 z_2 两点的直线的参数方程为

$$z = z_1 + t(z_2 - z_1)\quad(-\infty < t < +\infty),$$

由此而知,3 点 $z_1,\ z_2,\ z_3$ 共线的充要条件为

$$\frac{z_3 - z_1}{z_2 - z_1} = t\quad(t\ 为一非零实数).$$

z 平面上以原点为中心、R 为半径的圆周的方程为 $|z| = R$(图 1.3(a)).

z 平面上以 $z_0 \neq 0$ 为中心、R 为半径的圆周的方程为 $|z - z_0| = R$(图 1.3(b)).

z 平面上实轴的方程为 $\mathrm{Im}\,z = 0$,虚轴的方程为 $\mathrm{Re}\,z = 0$.

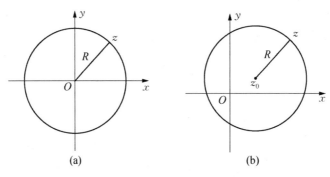

图 1.3

例 1.13 求出实数直线方程 $3x + 2y = 1$ 的复数方程表示式.

【解】 由于 $z + \bar{z} = 2x$，$z - \bar{z} = 2\mathrm{i}y$，可得 $x = \dfrac{1}{2}(z + \bar{z})$，$y = \dfrac{1}{2\mathrm{i}}(z - \bar{z})$，

代入 $3x + 2y = 1$ 得 $\dfrac{3}{2}(z + \bar{z}) + \dfrac{2}{2\mathrm{i}}(z - \bar{z}) = 1$，化简得 $3\mathrm{i}(z + \bar{z}) + 2(z - \bar{z}) = 2\mathrm{i}$.

因此 $(2 + 3\mathrm{i})z + (-2 + 3\mathrm{i})\bar{z} = 2\mathrm{i}$ 就是复数形式的直线方程.

定义 1.3 设平面上曲线的参数方程为 $\begin{cases} x = x(t), \\ y = y(t), \end{cases} t \in D$，则定义 $z = x(t) + \mathrm{i}y(t)(t \in D)$ 为复数形式的参数方程.

例 1.14 用复数的参数方程来表示连接两点 $z_1 = x_1 + \mathrm{i}y_1$ 与 $z_2 = x_2 + \mathrm{i}y_2$ 的直线.

【解】 通过两点 (x_1, y_1) 与 (x_2, y_2) 的直线方程为 $\dfrac{y - y_1}{y_2 - y_1} = \dfrac{x - x_1}{x_2 - x_1}$，参数方程为

$$\begin{cases} x = x_1 + t(x_2 - x_1), \\ y = y_1 + t(y_2 - y_1), \end{cases} -\infty < t < +\infty.$$

注 由参数式容易看出连接两点 $z_1 = x_1 + \mathrm{i}y_1$ 与 $z_2 = x_2 + \mathrm{i}y_2$ 的直线的复数形式参数方程为

$$z = z_1 + t(z_2 - z_1), \ -\infty < t < +\infty,$$

以及连接两点 $z_1 = x_1 + \mathrm{i}y_1$ 与 $z_2 = x_2 + \mathrm{i}y_2$ 的直线段的参数方程为

$$z = z_1 + t(z_2 - z_1), \ 0 < t < 1.$$

例 1.15 求下列方程所表示的曲线：

(1) $|z+i|=2$； (2) $|z-2i|=|z+2|$； (3) $\mathrm{Im}(i+\bar{z})=4$.

【解】 (1) $|z+i|=2$ 表示与点 $-i$ 距离为 2 的点的轨迹，即圆心为 $-i$、半径为 2 的圆，转化为直角坐标方程为 $\sqrt{x^2+(y+1)^2}=2$，即 $x^2+(y+1)^2=4$.如图 1.4 所示.

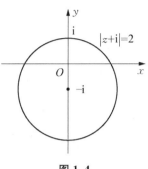

图 1.4

(2) $|z-2i|=|z+2|$ 表示到两点 $2i$ 与 -2 距离相等的点的轨迹，即表示连接 $2i$ 和 -2 的线段的垂直平分线，转化为直角坐标方程为 $y=-x$.

(3) 设 $z=x+iy$，得到 $i+\bar{z}=x+(1-y)i$，代入 $\mathrm{Im}(i+\bar{z})=4$ 得到 $1-y=4$，即直线 $y=-3$.

2. 应用复数证明几何问题

例 1.16 如图 1.5，已知在直角三角形 ABC 中，$\angle BAC=\dfrac{\pi}{2}$，以 AB，BC 为边分别作正方形 $ABDE$，$CBFG$. 求证：$AF \perp CD$，$AF=CD$.

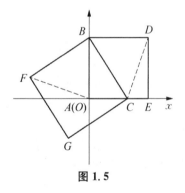

图 1.5

【证明】 以 A 为原点 O、AE 为实轴、AB 为虚轴建立复平面. 根据题意，不妨设点 A，B，C 分别表示复数 0，ci，b（正数 $b,c \in \mathbf{R}$），则 C 可用 b 表示，于是 $BC=C-B=b-ci$.

因为 $BF \perp BC$，所以 $BF=BC \cdot e^{-\frac{\pi i}{2}}=BC \cdot (-i)=(b-ci) \cdot (-i)=-c-bi$，因此 $AF=AB+BF=ci+(-c-bi)=-c+(c-b)i$，且 $CD=BD-BC=c-(b-ci)=(c-b)+ci$，故

$$CD=AF \cdot (-i)=AF \cdot e^{-\frac{\pi i}{2}},$$

即

$$AF \perp CD, \quad AF=CD.$$

例 1.17 设 z_1，z_2，z_3 这 3 点适合条件 $z_1+z_2+z_3=0$ 及 $|z_1|=|z_2|=|z_3|=1$.试证明 z_1，z_2，z_3 是一个内接于单位圆 $|z|=1$ 的正三角形的顶点.

【证明】 $z_1+z_2+z_3=0$，于是 $z_1+z_2=-z_3$，$|z_1+z_2|=|-z_3|=1$，则

$$1 = |z_1 + z_2|^2 = (z_1 + z_2)\overline{z_1 + z_2}$$
$$= |z_1|^2 + |z_2|^2 + z_1\overline{z_2} + z_2\overline{z_1},$$
$$z_1\overline{z_2} + z_2\overline{z_1} = -1,$$

所以

$$|z_1 - z_2|^2 = (z_1 - z_2)\overline{z_1 - z_2} = |z_1|^2 + |z_2|^2 - z_1\overline{z_2} - z_2\overline{z_1} = 3,$$

于是 $|z_1 - z_2| = \sqrt{3}$.

同理可得 $|z_2 - z_3| = \sqrt{3}$，$|z_3 - z_1| = \sqrt{3}$. 所以 $|z_1 - z_2| = |z_2 - z_3| = |z_3 - z_1|$，即 z_1, z_2, z_3 所组成的三角形为正三角形.

因为 $|z_1| = |z_2| = |z_3| = 1$，所以 z_1, z_2, z_3 是以原点为圆心、1 为半径的圆上的 3 点.

即 z_1, z_2, z_3 是内接于单位圆的正三角形的顶点.

§1.1.9 复球面与扩充复平面

1. 复球面

前面我们已经引入了复平面,可以用平面内的点或向量来表示复数. 现在我们给出复数的一种几何表示法,我们可以用球面上的点来表示复数.

如图 1.6 所示,考虑三维欧氏空间 $\mathbf{R}^3$ 中的单位球面 S,球面方程为

$$x_1^2 + x_2^2 + x_3^2 = 1.$$

把任意一个复数 $z = x + \mathrm{i}y$ 看成复平面上点 $z(x, y, 0)$,取球面上点 $N(0, 0, 1)$ 为球面北极, $S(0, 0, -1)$ 称为南极,连接点 z 和 N 的直线相交于球面上点 $Z(x_1, x_2, x_3)$,称点 $Z(x_1, x_2, x_3)$ 是点的球极投影. 这样就建立起球面上的点(不包括北极点 N) 与复平面上的点之间的一一对应.

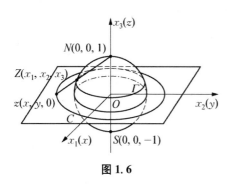

图 1.6

我们引入无穷远点∞. 取 C 为 z 平面上一个以原点为中心的圆周,在球面上对应的也是一个圆周 Γ(纬线). 当圆周 C 的半径越大时,圆周 Γ 就越趋于北极 N. 因此,我们把北极 N 看成是与 z 平面上的一个模为无穷大的点相对应,这个点就称为无穷远点,并记为∞. 复平面加上点∞后称为扩充复平面,与它对应的就是整个球面,称为复球面,也称为黎曼

(Riemann)球面.简单说来,扩充复平面的一个几何模型就是复球面.

利用解析几何知识,我们可以推出在相应的(x,y,z)直角坐标系下,扩充复平面上点的坐标与复球面S上对应点的坐标的关系式.

设与扩充复平面上的点$z=x+\mathrm{i}y$相应的S上的点为$Z(x_1,x_2,x_3)$,则有

$$\begin{cases} x_1=\dfrac{z+\bar{z}}{|z|^2+1}, \\[2mm] x_2=\dfrac{z-\bar{z}}{(|z|^2+1)\mathrm{i}}, \\[2mm] x_3=\dfrac{|z|^2-1}{|z|^2+1} \end{cases}$$

及

$$z=x+\mathrm{i}y=\frac{x_1+\mathrm{i}x_2}{1-x_3}.$$

2. 关于∞的规定

(1) ∞的实部、虚部及辐角的概念都无意义,∞的模$|\infty|=+\infty$(对其他有限复数z,有$|z|<+\infty$).

(2) 运算$\infty\pm\infty$,$0\cdot\infty$,$\dfrac{\infty}{\infty}$,$\dfrac{0}{0}$都无意义(特别注意,$\infty+\infty$也无意义,这不同于实分析).

(3) $a\neq\infty$时,$a\pm\infty=\infty\pm a=\infty$,$\dfrac{\infty}{a}=\infty$,$\dfrac{a}{\infty}=0$.

(4) $a\neq0$(但可为∞)时,$a\cdot\infty=\infty\cdot a=\infty$,$\dfrac{a}{0}=\infty$.

(5) 在扩充复平面上,任一直线都是通过无穷远点的;同时,没有一个半平面包含点∞.

注 扩充复平面上点∞只有一个,它和实分析中的$+\infty$,$-\infty$的概念不同.

§1.2 复平面上的点集与复变函数

和数学分析中的实函数一样,每个复变量都有自己的变化范围.复变量的变化范围和二元实函数的变化范围一样,都称为区域.

§1.2.1 平面点集的几个基本概念

(1) **邻域**. 平面上以z_0为心、ρ为半径的圆的内部点的集合$|z-z_0|<\rho$,

称为 z_0 的 ρ -邻域,常记为 $N_\rho(z_0)$.

(2) **内点**. 设 E 是平面点集,z_0 为 E 中任一点,如果存在 z_0 的一个邻域,该邻域内的所有点都属于 E,则称 z_0 为 E 的内点.

(3) **开集**. 如果 E 中的每一点都是内点,则称 E 为开集.

(4) **聚点或极限点**. 考虑点集 E. 若平面上一点 z_0(不必属于 E)的任意邻域都有 E 的无穷多个点,则称 z_0 为 E 的聚点或极限点.

(5) **余集**. 平面上不属于 E 的点的全体称为 E 的余集,记作 E^c.

(6) **边界**. 如果点 z_0 的任意邻域内既有 E 的点又有 E^c 的点,则称 z_0 是 E 的边界点. E 的边界点全体称为 E 的边界,记为 ∂E.

(7) **闭集**. 如果 E 的余集 E^c 是开集,则称 E 为闭集.

(8) **孤立点**. $z_0 \in G$,若在 z_0 的某一邻域内除 z_0 外不含 G 的点,则称 z_0 是 G 的一个孤立点.

(9) **外点**. 如果点 z_0 不是 E 的内点也不是边界点,则称为 E 的外点.

(10) **有界集与无界集**. 如果存在一个以点 $z=0$ 为中心的圆盘包含 E,则称 E 为有界集,否则称 E 为无界集.

例如,$G=\{z: |z|<R\}$ 是开集,$|z|=R$ 是 G 的边界. 而 $G=\{z: |z| \geqslant R\}$ 是闭集,因为它的余集 $G^c=\{z: |z|<R\}$ 是开集;显然 $G=\{z: |z| \leqslant R\}$ 也是闭集.

§1.2.2 区域与约当曲线

1. 区域

定义 1.4 具备下列性质的非空点集 D 称为区域:

(1) D 为开集;

(2) D 中任意两点可用全在 D 中的折线连接(图 1.7).

定义 1.5 区域 D 加上它的边界 C 称为闭区域,记为

$$\bar{D}=D+C.$$

注 区域都是开的,不包含它的边界点.

应用关于复数 z 的不等式来表示 z 平面上的区域,有时是很方便的. 例如,有界区域:$|z-z_0|<R$,$r_1<|z-z_1|<r_2$;无界区域:$|z-z_0|>R$. 如图 1.8 所示,单位圆周的外部含在上半 z 平面的部分(阴影上面部分) 表示为 $\begin{cases} |z|>1, \\ \mathrm{Im}\, z>0. \end{cases}$

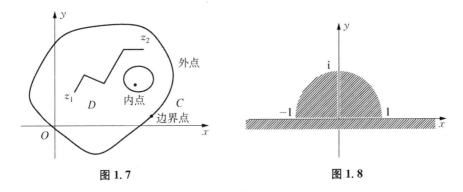

图 1.7   图 1.8

例 1.18 下列各式所表示的点集是怎样的图形？并指出哪些是区域：

(1) $z + \bar{z} > 0$;   (2) $| z + 2 - i | \geqslant 1$;   (3) $0 < \arg z < \dfrac{\pi}{3}$.

【解】 (1) 令 $z = x + iy$, $z + \bar{z} = 2x > 0$, 即 $x > 0$, 表示右半平面, 这是一个区域.

(2) $| z + 2 - i | = | z - (-2 + i) | \geqslant 1$, 这表示以 $-2 + i$ 为中心、1 为半径的圆周连同其外部区域, 这是一个闭区域.

(3) $0 < \arg z < \dfrac{\pi}{3}$ 表示介于两射线 $\arg z = 0$ 及 $\arg z = \dfrac{\pi}{3}$ 之间的一个角形区域.

2. 约当曲线

设 $x(t)$ 及 $y(t)$ 是实参数 t 的两个实函数, 在闭区间 $[\alpha, \beta]$ 上连续, 则 $z = x(t) + iy(t)\ (\alpha \leqslant t \leqslant \beta)$ 所决定的点集, 称为 z 平面上的一条连续曲线. $z(\alpha)$ 及 $z(\beta)$ 分别称为 C 的起点和终点; 曲线上的重点是指满足 $z(t_1) = z(t_2)\ (\alpha < t_1 < \beta, \alpha \leqslant t_2 \leqslant \beta, t_1 \neq t_2)$ 的点 $z(t_1)$; 无重点的连续曲线, 称为简单曲线或约当 (Jordan) 曲线; 满足 $z(\alpha) = z(\beta)$ 的简单曲线称为简单闭曲线.

注 简单闭曲线是 z 平面上的一个有界闭集.

定义 1.6 设简单闭曲线的参数方程为

$$z = x(t) + iy(t) \quad (\alpha \leqslant t \leqslant \beta),$$

又在 $\alpha \leqslant t \leqslant \beta$ 上, $x'(t)$ 及 $y'(t)$ 存在、连续且不全为零, 则曲线称为光滑闭曲线.

定义 1.7 由有限条光滑曲线衔接而成的连续曲线称为逐段光滑曲线.

注 1 逐段光滑曲线是可求长曲线.

注 2 今后除特别声明, 当谈到曲线时一律是指光滑或逐段光滑的曲线, 其中逐段光滑的简单闭曲线简称为围线或周线或闭路.

例 1.19 $z = t^2 + \mathrm{i}t^2 (-1 \leqslant t \leqslant 1)$ 表示怎样的曲线?

【解】 它相当于 $x = t^2$, $y = t^2$, 可得 $y = x$.

容易验证: 当 $t = 0$ 时, 有 $x'(0) = y'(0) = 0$, 曲线在 $t = 0$ 处不光滑, 因此该曲线是分段光滑曲线.

3. 约当定理

很显然, 圆周 $|z| = R$ 把 z 平面分为两个不相连接的区域 $|z| < R$ 和 $|z| > R$, 进而我们有如下约当定理.

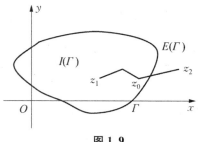

图 1.9

定理 1.3(约当定理) 任一简单闭曲线将平面唯一地分成 3 个点集 Γ, $I(\Gamma)$ (称为 Γ 的内部), $E(\Gamma)$ (称为 Γ 的外部) (如图 1.9), 满足如下性质:

(1) 两两不相交;

(2) $I(\Gamma)$ 是一个有界区域;

(3) $E(\Gamma)$ 是一个无界区域;

(4) 若简单折线的一个端点 $z_1 \in I(\Gamma)$, 另一个端点 $z_2 \in E(\Gamma)$, 则必与 Γ 有交点 z_0.

注 此定理的证明比较复杂, 这里略去, 可以参考文献[1].

沿着一条简单闭曲线 Γ 有两个相反的方向, 其中一个方向是: 当观察者顺此方向沿 Γ 前进一周时, Γ 的内部一直在 Γ 的左方, 称为正方向, 记为 Γ^+ 或 Γ; 另一个方向是: 当观察者顺此方向沿 Γ 前进一周时, Γ 的外部一直在 Γ 的左方, 称为负方向, 记为 Γ^-.

定义 1.8 对于复平面上的区域 D, 如果对 D 内任意一条简单闭曲线, 其内部仍全含于 D, 则称 D 为单连通区域; 否则, 称为多连通区域.

对于单连通区域 D, 其边界围线 Γ 的正方向如图 1.10(a)所示:

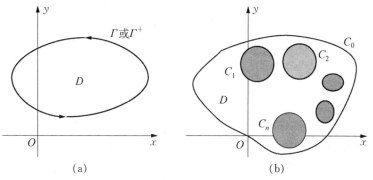

(a)   (b)

图 1.10

对于多连通区域,如图 1.10(b)所示,考虑 $n+1$ 条围线 C_0, C_1, $\cdots$, C_n,其中 C_1, $\cdots$, C_n 中每一条都在其他各条的外部,它们全都在 C_0 的内部. 在 C_0 的内部同时在 C_1, $\cdots$, C_n 外部的点集构成一个有界的多连通区域 D,以 C_0, C_1, $\cdots$, C_n 为它的边界,我们称区域 D 的边界是一条**复围线** $C=C_0+C_1^-+\cdots+C_n^-$,它包括取正方向的 C_0,以及取负方向的 C_1, C_2, $\cdots$, C_n. 容易看出,当观察者沿复围线 C 的正方向绕行时,区域 D 的点恰好在它的左手边.

§1.2.3　复变函数

1. 复变函数的概念

定义 1.9　设 D 是一个复数的集合,如果按照一个确定的对应法则,对于集合 D 内每一个复数 z,有一个或几个或无穷多个确定的复数 $w=u+iv$ 与之对应,那么称复变数 w 是复变数 z 的函数,即复变函数,记作 $w=f(z)$.

注 1　若 z 的一个值对应着 w 的一个值,称 $f(z)$ 为单值函数;若对应着两个或两个以上的值,称 $f(z)$ 为多值函数. 今后若不特别声明,所提到的函数都指单值函数.

注 2　D 称为函数 $w=f(z)$ 的定义域. w 值的全体所成集 M 称为函数 $w=f(z)$ 的值域.

2. 复变函数与二元实函数的关系

$z=x+iy$, $w=f(z)=u(x, y)+iv(x, y)$, $w=f(z)\overset{\text{相当于}}{\Longleftrightarrow}u=u(x, y)$, $v=v(x, y)$,为两个二元实函数,因此可以利用两个二元实变函数来讨论复变函数 $w=f(z)$.

例 1.20　求复变函数 $w=z^2$ 对应的两个二元函数.

【解】　设 $z=x+iy$, $w=z^2=(x+iy)^2=(x^2-y^2)+i2xy$,故对应的二元函数为 $u=x^2-y^2$, $v=2xy$.

例 1.21　将下列两个二元实变函数表示为复变函数,即用 z, $\bar{z}$ 表示:

(1) $u(x, y)=2\dfrac{x}{x^2+y^2}$, $v(x, y)=-2\dfrac{y}{x^2+y^2}$　$(x^2+y^2\neq 0)$;

(2) $w=3x+2iy$.

【解】　(1) $w=u+iv=2\dfrac{x-iy}{x^2+y^2}=2\dfrac{\bar{z}}{z\bar{z}}=\dfrac{2}{z}$.

(2) $w=3x+2iy=3\dfrac{1}{2}(z+\bar{z})+2i\dfrac{1}{2i}(z-\bar{z})=\dfrac{5}{2}z+\dfrac{1}{2}\bar{z}$.

复变函数的图形是很难画出来的,因为复变函数反映了两对变量 z 和 w 之间的对应关系,所以无法用同一个平面的几何图形表示出来. 但是我们可以把复变函数理解为两个复平面(z 平面和 w 平面)上的点集间的对应,复变函数的定义域画在 z 平面上,值域画在 w 平面上.

实函数 $y=f(x)$,是 $x \to y$,可用直角坐标系来表示;

复变函数 $w=f(z)$,是点 $(x, y) \to$ 点 (u, v),用两个复平面来表示.

例 1.22 研究函数 $w=\bar{z}$ 构成的映射.

【解】 $z_0=a+\mathrm{i}b \overset{w=\bar{z}}{\Rightarrow} w_0=a-b\mathrm{i}$,若把 z 平面和 w 平面重叠在一起,则 $w=\bar{z}$ 是关于实轴的一个对称映射.

例 1.23 函数 $w=\dfrac{1}{z}$ 将 z 平面上曲线 $x^2+y^2=4$ 映成 w 平面上怎样的曲线?

【解】 $w=\dfrac{1}{z}=\dfrac{x-\mathrm{i}y}{x^2+y^2} \Rightarrow u=\dfrac{x}{x^2+y^2}$, $v=\dfrac{-y}{x^2+y^2}$.

由 $x^2+y^2=4$ 得 $u=\dfrac{x}{4}$, $v=\dfrac{-y}{4}$. 消去 x, y 得 $u^2+v^2=\dfrac{1}{4}$.

即函数 $w=\dfrac{1}{z}$ 将 z 平面上的圆 $x^2+y^2=4$ 映成 w 平面上的圆 $u^2+v^2=\dfrac{1}{4}$.

例 1.24 研究函数 $w=z^2$ 构成的映射.

(1) 将 z 平面上的角形域 $0<\arg z<\alpha$ 映射到 w 平面成怎样的域?

(2) 将 z 平面上的圆周 $|z|=1$ 映射到 w 平面成怎样的曲线?

(3) 将 z 平面上的 $x=1$ 映射到 w 平面成怎样的曲线?

(4) 将 w 平面上的直线 $u=C_1$, $v=C_2$ 映射到 z 平面成怎样的曲线?

【解】 (1) 由乘法的模与辐角定理可知:其像是 2 倍角域,即 $0<\arg z^2<2\alpha$.

(2) 曲线 $|z|=1 \overset{w=z^2}{\Rightarrow} |w|=1$.

(3) 因 $w=(x+\mathrm{i}y)^2=x^2-y^2+\mathrm{i}2xy$,故 $u(x, y)=x^2-y^2$, $v(x, y)=2xy$. 将 z 平面上直线 $x=1$ 代入上式,得 $u=1-y^2$, $v=2y$,消去 y 得 $u=1-\dfrac{v^2}{4}$.

(4) $u=x^2-y^2$, $v=2xy \Rightarrow x^2-y^2=C_1$, $2xy=C_2$,是 z 平面上的双曲线.

§1.2.4 复变函数的极限和连续性

1. 复变函数的极限

定义 1.10 设 $w=f(z)$ 在点集 E 上有定义,z_0 为 E 的聚点.如存在一复数

w_0,使对任给的 $\varepsilon > 0$,有 $\delta > 0$,只要 $0 < |z - z_0| < \delta$,$z \in E$,就有

$$|f(z) - w_0| < \varepsilon,$$

则称 $f(z)$ 沿 E 在 z_0 有极限 w_0,记为 $\lim\limits_{\substack{z \to z_0 \\ (z \in E)}} f(z) = w_0$ 或 $f(z) \to w_0 (z \to z_0)$.

下述定理给出了复变函数极限与其实部和虚部极限的关系.

定理 1.4 设函数 $f(z) = u(x, y) + iv(x, y)$ 在点集 E 上有定义,$z_0 = x_0 + iy_0$ 为 E 的聚点,则

$$\lim_{\substack{z \to z_0 \\ (z \in E)}} f(z) = \eta = a + ib$$

的充要条件是

$$\lim_{\substack{(x, y) \to (x_0, y_0) \\ ((x, y) \in E)}} u(x, y) = a, \quad \lim_{\substack{(x, y) \to (x_0, y_0) \\ ((x, y) \in E)}} u(x, y) = b.$$

【证明】 $f(z) - \eta = u(x, y) - a + i[v(x, y) - b].$

由于

$$|u(x, y) - a| \leqslant |f(z) - \eta|,$$
$$|v(x, y) - b| \leqslant |f(z) - \eta|,$$

以及

$$|f(z) - \eta| \leqslant |u(x, y) - a| + |v(x, y) - b|,$$

根据极限的定义,可以证明定理 1.4.

由于复变函数极限的定义与数学分析中一元实变函数的极限定义相似,数学分析中的很多结论可以推广到复变函数,例如下面的定理 1.5.

定理 1.5 如果 $\lim\limits_{z \to z_0} f(z) = A$,$\lim\limits_{z \to z_0} g(z) = B$,则

(1) $\lim\limits_{z \to z_0} [f(z) \pm g(z)] = A \pm B$;

(2) $\lim\limits_{z \to z_0} f(z) \cdot g(z) = A \cdot B$;

(3) $\lim\limits_{z \to z_0} \dfrac{f(z)}{g(z)} = \dfrac{A}{B}$ $(B \neq 0)$.

例 1.25 证明函数 $f(z) = \dfrac{\mathrm{Re}\, z}{|z|}$,当 $z \to 0$ 时,极限不存在.

【证明】 **证法一**

设 $z = x + iy$,则 $f(z) = \dfrac{\mathrm{Re}\, z}{|z|} = \dfrac{x}{\sqrt{x^2 + y^2}}$.

令 $z \to 0$ 沿着直线 $y = kx$ 趋向 0,则

$$\lim_{z \to 0} f(z) = \lim_{y=kx \to 0} u(x, y) = \lim_{y=kx \to 0} \frac{x}{\sqrt{x^2 + (kx)^2}} = \pm \frac{1}{\sqrt{1+k^2}}.$$

该极限随着 k 的不同而不同,故极限 $\lim_{z \to 0} f(z)$ 不存在.

证法二

设 $z = r(\cos\theta + \mathrm{i}\sin\theta)$,则 $f(z) = \dfrac{r\cos\theta}{r} = \cos\theta$. 当 z 沿不同射线 $\theta = \arg z$ 趋向 0 时,$f(z)$ 趋向不同的值. 例如:当 z 沿实轴 $\arg z = 0$ 趋向 0 时,函数 $f(z) \to 1$;当 z 沿虚轴 $\arg z = \dfrac{\pi}{2}$ 趋向 0 时,函数 $f(z) \to 0$.

2. 复变函数的连续性

定义 1.11 如果 $\lim_{z \to z_0} f(z) = f(z_0)$,则称函数 $f(z)$ 在点 z_0 处是连续的. 如果 $f(z)$ 在区域 D 内处处连续,则称 $f(z)$ 为 D 上的连续函数.

由定理 1.4 容易得到下面的定理.

定理 1.6 函数 $f(z) = u(x, y) + \mathrm{i}(x, y)$ 在点 $z_0 = x_0 + \mathrm{i}y_0$ 处连续的充分必要条件是二元函数 $u(x, y)$,$v(x, y)$ 在 (x_0, y_0) 处连续.

例 1.26 讨论函数 $f(z) = \ln(x^2 + y^2) + \mathrm{i}(x^2 - y^2)$ 的连续性.

【解】 二元函数 $u = \ln(x^2 + y^2)$, $v = x^2 - y^2$,除了 $(0, 0)$ 外处处连续,故函数 $f(z)$ 在复平面上除了 $(0, 0)$ 外处处连续.

注 复变函数的连续性的定义与实函数连续性的定义形式上完全相同,因此数学分析中的许多有关定理依然成立,这里就不再一一赘述.

§1.2.5 扩充复平面上的几个概念

1. 邻域

在包含无穷远点 ∞ 的闭平面上,任何一个圆周的外部(包含点 ∞)都可称为**无穷远点 ∞ 的邻域**. 将由有限点 a 和有限正数 r 确定的点集 $\{z \mid |z - a| > r\}$ 称为**以 a 为中心的无穷远点 ∞ 邻域**.

2. 聚点

若序列 $\{z_n\}$ 无界,则称 ∞ 是序列 $\{z_n\}$ 的聚点,也就是说若在以原点为心、半径无论多么大的圆周外部总含有 $\{z_n\}$ 中的点,则称 ∞ 是 $\{z_n\}$ 的聚点.

3. 区域

单连通区域的概念也可以推广到扩充复平面上的区域:设 D 为扩充复平面上的区域,若在 D 内无论怎样画简单闭曲线,其内部或外部(包含无穷远点)仍

全含于 D, 则称 D 为单连通区域.

注 其他有关扩充复平面上的概念可以参考文献[2]. 例如, 在扩充复平面上, 点 ∞ 可以包含在函数的定义域中, 函数值也可以取到 ∞. 因此, 函数的极限与连续性的概念可以推广到扩充复平面.

§1.3 MATLAB:求复变函数的极限

§1.3.1 复数的实部、虚部

MATLAB 中复数表达:同样利用符号"i"来表示虚数单位 $i = \sqrt{-1}$.

例如:

- 复数 $z = i$ 可以表示为"z = 1i";
- 复数 $z = 3 + 4i$ 可以表示为"z = 3 + 4i"或"z = 3 + 1i * 4";
- 复数 $z = 5 - 2i$ 可以表示为"z = 5 - 2i"或"z = 5 - 1i * 2".

MATLAB 里有如表 1.1 所示的常用命令来求解复数 z 的实部、虚部、模、辐角与共轭复数.

表 1.1

	复数	实部	虚部	模	辐角	共轭复数
定义	z	$\mathrm{Re}\, z$	$\mathrm{Im}\, z$	$|z|$	$\arg z$	$\bar{z}$
命令	z	real(z)	imag(z)	abs(z)	angle(z)	conj(z)

例如, 复数 $z = 4 - 3i$, 在 MALTAB 中表示为"z = 4 - 3i". 那么:

- 运行"real(z)"可得"4";运行"imag(z)"可得"- 3".
- 运行"abs(z)"可得"5";运行"angle(z)"可得"- 0.6435".
- 运行"conj(z)"可得"4 + 3i".

§1.3.2 复数的四则运算

MATLAB 中复数的四则运算的计算命令如表 1.2 所示.

表 1.2

	复数	加	减	乘	除
定义	z_1, z_2	$z_1 + z_2$	$z_1 - z_2$	$z_1 z_2$	$\dfrac{z_1}{z_2}$
命令	z1, z2	z1 + z2	z1 - z2	z1 * z2	z1/z2

下面用图形来描述复数的四则运算. 事实上, 以"实部-虚部"的直角坐标系来描述加减法是十分方便的(图 1.11);而乘除法则以"模-辐角"的极坐标系来描述(图 1.12).

1. 加法

计算复数 z_1 和 z_2 的加法, 其中

$$z_1 = 3 + 4i,$$
$$z_2 = 3 - 2i,$$
$$z = z_1 + z_2 = 6 + 2i.$$

在图 1.11(a)中, 在"实部-虚部"的直角坐标系内, 以两个黑色的向量来表示两个复数 z_1 和 z_2. 例如, $z_1 = 3 + 4i$ 在图中是从原点(0, 0)到点(3, 4)的一个向量, 而 $z_2 = 3 - 2i$ 在图中是从点(3, 4)到点(6, 2)的一个向量. 那么, 两个复数 z_1 和 z_2 相加可得复数 $z = z_1 + z_2$, 用虚线的向量来表示, 是从原点(0, 0)到点(6, 2)的一个向量.

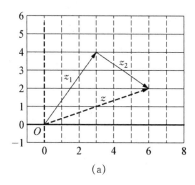 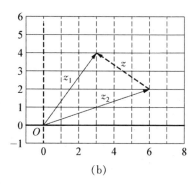

(a)   (b)

图 1.11

2. 减法

计算复数 z_1 和 z_2 的减法, 其中

$$z_1 = 3 + 4i,$$
$$z_2 = 6 + 2i,$$
$$z = z_1 - z_2 = -3 + 2i.$$

在图 1.11(b)中, 在"实部-虚部"的直角坐标系内, 同样以两个黑色的向量来表示两个复数 z_1 和 z_2. 那么, 两个复数 z_1 和 z_2 相减可得复数 $z = z_1 - z_2$, 用虚线的向量来表示.

3. 乘法

计算复数 z_1 和 z_2 的乘法, 其中

$$z_1 = 1 + \sqrt{3}\,\mathrm{i} = 2\mathrm{e}^{\frac{\pi}{3}\mathrm{i}},$$

$$z_2 = -\sqrt{3} - \mathrm{i} = 2\mathrm{e}^{-\frac{5\pi}{6}\mathrm{i}},$$

$$z = z_1 z_2 = -4\mathrm{i} = 4\mathrm{e}^{-\frac{\pi}{2}\mathrm{i}}.$$

在图 1.12(a)中,在"模-辐角"的极坐标系内,以两个黑色的向量来表示两个复数 z_1 和 z_2. 例如, $z_1 = 2\mathrm{e}^{\frac{\pi}{3}\mathrm{i}}$ 在图中是从极点到点 $\left(2, \dfrac{\pi}{3}\right)$ 的一个向量,而 $z_2 = 2\mathrm{e}^{-\frac{5\pi}{6}\mathrm{i}}$ 在图中是从极点到点 $\left(2, -\dfrac{5\pi}{6}\right)$ 的一个向量. 那么,两个复数 z_1 和 z_2 相乘可得复数 $z = z_1 z_2$,用虚线的向量来表示,是从极点到点 $\left(4, -\dfrac{\pi}{2}\right)$ 的一个向量.

显然,满足 $|z| = |z_1| |z_2|$ 且 $\mathrm{Arg}\, z = \mathrm{Arg}\, z_1 + \mathrm{Arg}\, z_2$.

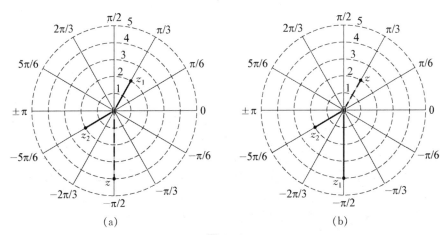

(a)   (b)

图 1.12

4. 除法

计算复数 z_1 和 z_2 的除法,其中

$$z_1 = -4\mathrm{i} = 4\mathrm{e}^{-\frac{\pi}{2}\mathrm{i}},$$

$$z_2 = -\sqrt{3} - \mathrm{i} = 2\mathrm{e}^{-\frac{5\pi}{6}\mathrm{i}},$$

$$z = \frac{z_1}{z_2} = 1 + \sqrt{3}\,\mathrm{i} = 2\mathrm{e}^{\frac{\pi}{3}\mathrm{i}}.$$

在图 1.12(b)中,在"模-辐角"的极坐标系内,同样以两个黑色的向量来表示两个复数 z_1 和 z_2. 那么,两个复数 z_1 和 z_2 相除可得复数 $z = \dfrac{z_1}{z_2}$,用虚线的向量来表示.

显然,满足 $|z| = \dfrac{|z_1|}{|z_2|}$ 且 $\mathrm{Arg}\, z = \mathrm{Arg}\, z_1 - \mathrm{Arg}\, z_2$.

§1.3.3 复变函数的极限

复变函数的极限可以利用复变函数的图形化来研究. 这里主要考虑一些简单的复变函数,如

$$f(z) = u(x, y) = p(r, \theta),$$

或者

$$f(z) = \mathrm{i}v(x, y) = \mathrm{i}q(r, \theta),$$

其中

$$z = x + \mathrm{i}y = r\mathrm{e}^{\mathrm{i}\theta}.$$

因此,可以将这类复变函数通过下面两种坐标系来表示:

(1)"实部-虚部-函数实(虚)部"的空间直角坐标系:

① 横坐标表示复数 z 的实部 $\mathrm{Re}\, z$;

② 纵坐标表示复数 z 的虚部 $\mathrm{Im}\, z$;

③ 竖坐标表示复变函数 $f(z)$ 的实(虚)部,并以不同灰度来标示大小.

(2)"模-辐角-函数实(虚)部"的空间柱坐标系:

① 径向坐标表示复数 z 的模 $|z|$;

② 角坐标表示复数 z 的辐角 $\arg z$;

③ 竖坐标表示复变函数 $f(z)$ 的实(虚)部,并以不同灰度来标示大小.

1. 复变函数 $f(z) = \dfrac{\mathrm{Re}\, z}{|z|} = \dfrac{x}{\sqrt{x^2 + y^2}} = \cos\theta$,其中 $z = x + \mathrm{i}y = r\mathrm{e}^{\mathrm{i}\theta}$

由于复变函数 $f(z)$ 的虚部恒等于 0,即 $\mathrm{Im}\, f(z) = 0$,那么可以利用三维空间中的坐标系将复变函数 $f(z)$ 表示出来. 图 1.13(a) 中,区域 $(x, y) \in [-5, 5]^2$;灰度越亮,复变函数 $f(z)$ 的实部 $\mathrm{Re}\, f(z)$ 的值越大也越高;灰度越暗,复变函数 $f(z)$ 的实部 $\mathrm{Re}\, f(z)$ 的值越小也越低.

显然,当 $z \to 0$ 时,极限不存在. 即当 z 沿不同射线 $\theta = \arg z$ 趋于 0 时,复变函数 $f(z)$ 趋向不同的值,见图 1.13(b).

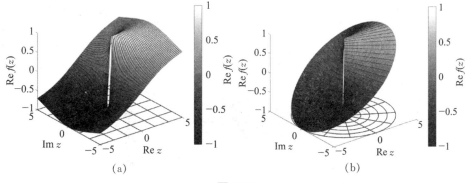

图 1.13

2. 复变函数 $f(z) = \dfrac{1}{2\mathrm{i}}\left(\dfrac{z}{\bar{z}} - \dfrac{\bar{z}}{z}\right) = \dfrac{2xy}{x^2 + y^2} = \sin 2\theta$，其中 $z = x + \mathrm{i}y$ $= r\mathrm{e}^{\mathrm{i}\theta}$

由于复变函数 $f(z)$ 的虚部恒等于 0，即 $\operatorname{Im} f(z) = 0$，那么，同样可以利用三维空间中的坐标系将复变函数 $f(z)$ 表示出来. 图 1.14(a) 中，区域 $(x, y) \in [-5, 5]^2$；灰度越亮，复变函数 $f(z)$ 的实部 $\operatorname{Re} f(z)$ 的值越大也越高；灰度越暗，复变函数 $f(z)$ 的实部 $\operatorname{Re} f(z)$ 的值越小也越低.

显然，当 $z \to 0$ 时，极限不存在. 即当 z 沿不同射线 $\theta = \arg z$ 趋于 0 时，复变函数 $f(z)$ 趋向不同的值，见图 1.14(b).

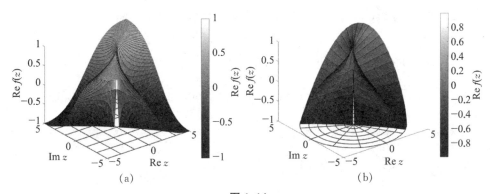

图 1.14

3. 复球面

利用 MATLAB，同样可以描绘复球面 S. 在图 1.15 中，复数 $z = x + \mathrm{i}y$（z 平面）的范围为 $(x, y) \in [-3, 3]^2$；灰度越亮，复数 z 的模 $|z|$ 越大；灰度越暗，

复数 z 的模 $|z|$ 越小,复数 z 越靠近原点 O.

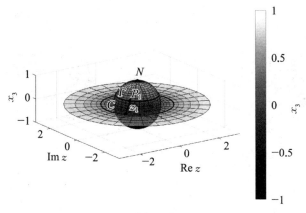

图 1.15

第一章习题

1. 写出下列复数的实部、虚部、模、辐角以及辐角的主值,并分别写成代数形式、三角形式和指数形式(其中 α 为实常数):

(1) $-1-\sqrt{3}\,i$;　(2) $2\left(\cos\dfrac{\pi}{3}-i\sin\dfrac{\pi}{3}\right)$;　(3) $1-\cos\alpha+i\sin\alpha\,(0<\alpha\leqslant\pi)$;

(4) e^{1+i}.

2. 已知 x 为实数,求复数 $\sqrt{1+2ix\sqrt{x^2-1}}$ 的实部和虚部.

3. 计算:

(1) $(1-i)^4$;　(2) $\dfrac{(2+3i)^2}{2+i}$;　(3) $\sqrt[3]{i}$;　(4) $\sqrt{1+i}$;

(5) $\sqrt{-1-i}$;　(6) $e^{1+i\frac{\pi}{2}}$;　(7) $(1+i)^{100}+(1-i)^{100}$;　(8) $\dfrac{(1+i)^5}{(-\sqrt{3}-i)^3}$.

4. 设 $z_1=\sqrt{3}-i$, $z_2=-\sqrt{3}+i$,求 $\dfrac{z_1^8}{z_2^4}$.

5. 设 $z_1=\dfrac{1+i}{\sqrt{2}}$, $z_2=\dfrac{\sqrt{3}+i}{4}$,试用三角形式表示 z_1z_2 及 $\dfrac{z_1}{z_2}$.

6. 设 $z=\dfrac{1-2i}{3-4i}-\overline{\left(\dfrac{2+i}{-5i}\right)}$,求 $\operatorname{Re}z$, $\operatorname{Im}z$ 及 $z\bar{z}$.

7. 求 $\cos3\theta$, $\sin3\theta$, $\cos5\theta$ 及 $\sin5\theta$ 用 $\cos\theta$ 与 $\sin\theta$ 表示的式子.

8. 证明如下不等式:

(1) 三角形两边之和大于第三边:$|z_1+z_2|\leqslant|z_1|+|z_2|$;

(2) 三角形两边之差小于第三边：$||z_1|-|z_2||\leqslant |z_1-z_2|$.

9. 如果 $|z|=1$，试证明对于任何复常数 a，b 有 $\left|\dfrac{az+b}{\bar{b}z+\bar{a}}\right|=1$.

10. 若 $|a|<1$，$|b|<1$，试证明 $\left|\dfrac{a-b}{1-\bar{a}b}\right|<1$.

11. 证明：$|z_1+z_2|^2+|z_1-z_2|^2=2(|z_1|^2+|z_2|^2)$，并说明其几何意义.

12. 若 $(1+\mathrm{i})^n=(1-\mathrm{i})^n$，试求 n 的值.

13. 证明：如果 ω 是 1 的 n 次方根中的一个复数根，但是 $\omega\neq 1$，即不是主根，则必有 $1+\omega+\omega^2+\cdots+\omega^{n-1}=0$.

14. 若 $z+\dfrac{1}{z}=2\cos\theta$，证明：$z^m+\dfrac{1}{z^m}=2\cos m\theta$.

15. 下列方程表示复平面上的什么曲线？

(1) $|z-3-5\mathrm{i}|=2$；　(2) $|z-1|+|z+3|=10$；　(3) $|z-5|-|z+5|=8$.

16. 试证明 $\bar{a}z+a\bar{z}+b=0$ 的轨迹是一直线，其中 a 为复常数，b 为实常数.

17. 求证：3 个复数 z_1，z_2，z_3 成为一等边三角形三点的充要条件是它们适合等式：$z_1^2+z_2^2+z_3^2=z_2z_3+z_3z_1+z_1z_2$.

18. 证明三角形的内角和等于 π.

19. 设与扩充复平面上的点 $z=x+\mathrm{i}y$ 相应的 S 上的点为 $Z(x_1,x_2,x_3)$，证明：

$$\begin{cases} x_1=\dfrac{z+\bar{z}}{|z|^2+1}, \\[2mm] x_2=\dfrac{z-\bar{z}}{(|z|^2+1)\mathrm{i}}, \\[2mm] x_3=\dfrac{|z|^2-1}{|z|^2+1}, \end{cases}$$

以及

$$z=x+\mathrm{i}y=\frac{x_1+\mathrm{i}x_2}{1-x_3}.$$

20. 证明 z 平面上所有的直线和圆周在球极投影下对应于黎曼球面上的圆周.

21. 指出下列关系表示的点的轨迹或范围，并说明是何种点集：

(1) $|z+\mathrm{i}|\leqslant |2-\mathrm{i}|$；　(2) $|z-2|>3$；　(3) $1\leqslant |z+\mathrm{i}|<|2-\mathrm{i}|$；

(4) $0<\mathrm{Re}\,z<1$；　(5) $\varphi_0<\arg z<\varphi_1$；　(6) $0<\mathrm{Im}\,z<\pi$；

(7) $\arg(z-\mathrm{i})=\dfrac{\pi}{4}$；　(8) $|z-2|+|z+2|=5$.

22. 描述下列不等式所确定的点集，并指出是区域还是闭区域，有界还是无界，单连通还是多（复）连通：

(1) $2\leqslant |z-\mathrm{i}|\leqslant 3$；　(2) $\mathrm{Re}(\mathrm{i}z)\geqslant 2$；　(3) $\left|\dfrac{z-3}{z-2}\right|>1$；　(4) $-1<\arg z<-1+\pi$；

(5) $|z-1|<2|z+1|$;　(6) $|z-1|+|z+2|\leqslant 5$;　(7) $|z-2|-|z+2|>1$;

(8) $z\bar{z}+iz-i\bar{z}\leqslant 1$.

23. 已知映射 $w=\dfrac{1}{z}$, 求:(1) 圆周 $|z|=2$ 的像;　(2) 直线 $y=x$ 的像;　(3) 区域 $x>1$ 的像.

24. 证明:函数 $f(z)=\dfrac{\bar{z}}{z}$ 在 $z\to 0$ 时极限不存在.

25. 证明: $\arg z(-\pi<\arg z\leqslant\pi)$ 在正实轴上(包括原点)不连续,在除此以外的 z 平面上的点都连续.

26. 讨论下列函数在指定点的极限存在性,若存在求出其值,并判断在该点的连续性:

(1) $f(z)=2x+iy^2$, $z_0=2i$;　(2) $f(z)=\dfrac{1}{2i}\left(\dfrac{z}{\bar{z}}-\dfrac{\bar{z}}{z}\right)$, $z_0=0$.

27. 若函数 $f(z)$ 在点 $z_0=x_0+iy_0$ 连续,证明:

(1) $\overline{f(z)}$ 在该点连续;

(2) $|f(z)|$ 在该点连续.

28. 设 $\lim\limits_{z\to z_0}f(z)=\eta$,则 $f(z)$ 在点 z_0 的某一去心邻域内是有界的.

29. 设 $f(z)$ 在点 z_0 连续,且 $f(z_0)\neq 0$,则 $f(z)$ 在点 z_0 的某一邻域内恒不为零.

30. 函数 $f(z)$ 在有界闭集 E 上连续,则 $f(z)$ 满足下列 3 个性质:

(1) (有界性)存在常数 $M>0$,使得

$$f(z)\leqslant M\quad(z\in E);$$

(2) (最大、最小值)在 E 上存在两点 z_1 与 z_2,使得

$$|f(z)|\leqslant|f(z_1)|,\ |f(z)|\geqslant|f(z_2)|\quad(z\in E);$$

(3) $f(z)$ 在 E 上一致连续.

下面是上机操作练习题.

31. 计算题:

(1) 求 $\dfrac{5+6i}{3+2i}$ 的实部和虚部;

(2) 求 $\sqrt{5}+2i$ 的模和辐角;

(3) 求 $(1-4i)(8+3i)$ 的共轭复数.

32. 证明题:

(1) 设 $z_1=2+3i$ 和 $z_2=4+2i$,证明: $z=z_1z_2$ 满足

$$|z|=|z_1||z_2|\ 及\ \mathrm{Arg}\,z=\mathrm{Arg}\,z_1+\mathrm{Arg}\,z_2;$$

(2) 设 $z_1=3-i$ 和 $z_2=1+2i$,证明: $z=\dfrac{z_1}{z_2}$ 满足

$$|z|=\dfrac{|z_1|}{|z_2|}\ 及\ \mathrm{Arg}\,z=\mathrm{Arg}\,z_1-\mathrm{Arg}\,z_2.$$

33. 绘图题：

生成方形区域$[-2, 2]^2$所对应 z 平面的直角坐标系网格，大小为 5×5.

（提示：利用 linspace 和 meshgrid）

部分习题答案与提示

1. (1) 实部 -1；虚部 $-\sqrt{3}$；模为 2；辐角为 $-\dfrac{2\pi}{3} + 2k\pi$, $k = 0, \pm 1, \pm 2, \cdots$；主辐角为 $-\dfrac{2\pi}{3}$；原题即为代数形式；三角形式为 $2\left[\cos\left(-\dfrac{2\pi}{3}\right) + i\sin\left(-\dfrac{2\pi}{3}\right)\right]$；指数形式为 $2e^{-\frac{2\pi}{3}i}$.

(2) 三角形式、指数形式分别为 $2\left[\cos\left(-\dfrac{\pi}{3}\right) + i\sin\left(-\dfrac{\pi}{3}\right)\right]$, $2e^{-\frac{\pi}{3}i}$，余略.　(3) 指数形式为 $2\sin\dfrac{\alpha}{2} e^{\left(\frac{\pi}{2} - \frac{\alpha}{2}\right)i}$，余略.　(4) 三角形式、指数形式分别为 $e(\cos 1 + i\sin 1)$, ee^i，余略.

2. 实部为 $\pm x$，虚部为 $\pm\sqrt{x^2 - 1}$.

3. (1) $(1 - i)^4 = \left(\sqrt{2} e^{i\left(-\frac{\pi}{4}\right)}\right)^4 = 4e^{i(-\pi)} = 4[\cos(-\pi) + i\sin(-\pi)] = -4$;

(2) $\dfrac{2 + 29i}{5}$;　(3) $\sqrt[3]{i} = \cos\left(\dfrac{\pi}{6} + \dfrac{2k\pi}{3}\right) + i\sin\left(\dfrac{\pi}{6} + \dfrac{2k\pi}{3}\right)$　$(k = 0, 1, 2)$;

(4) $\sqrt{1 + i} = \sqrt[4]{2}\left(\cos\dfrac{\frac{\pi}{4} + 2k\pi}{2} + i\sin\dfrac{\frac{\pi}{4} + 2k\pi}{2}\right)$　$(k = 0, 1)$;

(5) $-1 - i = \sqrt{2}\left[\cos\left(-\dfrac{3}{4}\pi\right) + i\sin\left(-\dfrac{3}{4}\pi\right)\right]$,

$\sqrt{-1 - i} = \sqrt[4]{2}\left(\cos\dfrac{-\frac{3}{4}\pi + 2k\pi}{2} + i\sin\dfrac{-\frac{3}{4}\pi + 2k\pi}{2}\right)$　$(k = 0, 1)$,

$w_2^0 = \sqrt[4]{2}\left(\cos\dfrac{3\pi}{8} - i\sin\dfrac{3\pi}{8}\right)$, $w_2^1 = \sqrt[4]{2}\left(\cos\dfrac{5\pi}{8} + i\sin\dfrac{5\pi}{8}\right)$;

(6) $e^{1 + i\frac{\pi}{2}} = ie$;

(7) $(1 + i)^{100} + (1 - i)^{100} = (2i)^{50} + (-2i)^{50} = -2(2)^{50} = -2^{51}$;

(8) $\dfrac{(1 + i)^5}{(-\sqrt{3} - i)^3} = \dfrac{\sqrt{2}}{2} e^{i\frac{15\pi}{4}}$.

4. $\dfrac{z_1^8}{z_2^4} = \dfrac{2^8 e^{i\left(-\frac{8\pi}{6}\right)}}{2^4 e^{i\left(\frac{20\pi}{6}\right)}} = 2^4 e^{i\left(-\frac{28\pi}{6}\right)} = 2^4\left[\cos\left(-\dfrac{28\pi}{6}\right) + i\sin\left(-\dfrac{28\pi}{6}\right)\right] = -8(1 + \sqrt{3}i)$.

5. $z_1 = \cos\dfrac{\pi}{4} + i\sin\dfrac{\pi}{4}$; $z_2 = \dfrac{1}{2}\left(\cos\dfrac{\pi}{6} + i\sin\dfrac{\pi}{6}\right)$;

$z_1 z_2 = \dfrac{1}{2}\left[\cos\left(\dfrac{\pi}{4} + \dfrac{\pi}{6}\right) + i\sin\left(\dfrac{\pi}{4} + \dfrac{\pi}{6}\right)\right] = \dfrac{1}{2}\left(\cos\dfrac{5\pi}{12} + i\sin\dfrac{5\pi}{12}\right)$;

$$\frac{z_1}{z_2} = 2\left[\cos\left(\frac{\pi}{4} - \frac{\pi}{6}\right) + i\sin\left(\frac{\pi}{4} - \frac{\pi}{6}\right)\right] = 2\left(\cos\frac{\pi}{12} + i\sin\frac{\pi}{12}\right).$$

6. $\operatorname{Re} z = \dfrac{16}{25}$, $\operatorname{Im} z = \dfrac{8}{25}$, $z\bar{z} = \left(\dfrac{16}{25} + \dfrac{8}{25}i\right)\left(\dfrac{16}{25} - \dfrac{8}{25}i\right) = \dfrac{64}{125}$.

7. $\cos 3\theta = \cos^3\theta - 3\cos\theta\sin^2\theta = 4\cos^3\theta - 3\cos\theta$, $\sin 3\theta = 3\cos^2\theta\sin\theta - \sin^3\theta = 3\sin\theta - 4\sin^3\theta$.

12. $\sin\dfrac{n\pi}{4} = 0$, $\dfrac{n\pi}{4} = k\pi$, $n = 4k\,(k = 0, \pm 1, \pm 2, \cdots)$.

31. (1)　　　　　　(2)　　　　　　(3)

```
z1 = 5 + 6i;    z = sqrt(5) + 2i;    z1 = 1 - 4i;
z2 = 3 + 2i;    abs(z)              z2 = 8 + 3i;
z = z1 /z2;     angle(z)            z = z1 * z2;
real(z)                             conj(z)
imag(z)
```

32. (1)　　　　　　　　　　　　(2)

```
z1 = 2 + 3i;                    z1 = 3 - 1i;
z2 = 4 + 2i;                    z2 = 1 + 2i;
z = z1 * z2;                    z = z1 /z2;
abs(z) - abs(z1) * abs(z2)      abs(z) - abs(z1) /abs(z2)
angle(z) - angle(z1) - angle(z2)   angle(z) - angle(z1) + angle(z2)
```

33.

```
x = linspace( - 2, 2, 5);
y = linspace( - 2, 2, 5);
[X, Y] = meshgrid(x, y);
Z = X + 1i * Y
```

第二章 解 析 函 数

§2.1 解析函数与柯西-黎曼条件

§2.1.1 解析函数的概念

我们把数学分析中实函数的导数和微分概念相应地推广到复变函数上来.

1. 导数

定义 2.1 设函数 $w=f(z)$ 在点 z_0 的邻域内有定义,如果极限

$$\lim_{\Delta z \to 0} \frac{\Delta w}{\Delta z} = \lim_{z \to z_0} \frac{f(z)-f(z_0)}{z-z_0} = \lim_{\Delta z \to 0} \frac{f(z_0+\Delta z)-f(z_0)}{\Delta z}$$

存在,且其值有限,则称此极限为函数 $f(z)$ 在点 z_0 的导数,并记为 $f'(z_0)$,这时称函数 $f(z)$ 于点 z_0 可导.

注 上式极限是指当 z 按任意方式趋于 z_0,即当 Δz 按任意方式趋于零时,比值 $\dfrac{\Delta w}{\Delta z}$ 的极限都存在且这些极限都相等.

例 2.1 证明 $f(z)=\bar{z}$ 在 z 平面上处处不可导.

【证明】 $\dfrac{\Delta f}{\Delta z}=\dfrac{\overline{z+\Delta z}-\bar{z}}{\Delta z}=\dfrac{\bar{z}+\overline{\Delta z}-\bar{z}}{\Delta z}=\dfrac{\overline{\Delta z}}{\Delta z}$,当 $\Delta z \to 0$ 时,上式极限不存在. 这是因为让 Δz 取实数而趋于零时,其极限为 1;Δz 取纯虚数而趋于零时,其极限为 -1.

所以, $f(z)=\bar{z}$ 在 z 平面上处处不可导.

2. 微分

设函数 $w=f(z)$ 在点 z 可导,则

$$\lim_{\Delta z \to 0} \frac{\Delta w}{\Delta z} = f'(z),$$

即

$$\frac{\Delta w}{\Delta z} = f'(z) + \varepsilon, \lim_{\Delta z \to 0} \varepsilon = 0, \Delta w = f'(z) \Delta z + \varepsilon \Delta z,$$

其中 $|\varepsilon \cdot \Delta z|$ 为比 $|\Delta z|$ 高阶的无穷小.

定义 2.2 若函数 $w = f(z)$ 在点 z 可导,则称 $f'(z) \Delta z$ 为 $w = f(z)$ 在点 z 的微分,记为 $\mathrm{d}w$ 或 $\mathrm{d}f(z)$,此时也称 $f(z)$ 在点 z 可微,即

$$\mathrm{d}w = f'(z) \Delta z = f'(z) \mathrm{d}z,$$

于是

$$f'(z) = \frac{\mathrm{d}w}{\mathrm{d}x}.$$

因此,$f(z)$ 在点 z 可导与 $f(z)$ 在点 z 可微是等价的.

函数 $f(z)$ 在点 z 可微,显然 $f(z)$ 在点 z 连续. 但 $f(z)$ 在点 z 连续却不一定在点 z 可微.

例 2.2 $f(z) = z \operatorname{Re} z$ 在 z 平面上 $z \neq 0$ 处不可微.

【解】
$$\begin{aligned}
\lim_{\Delta z \to 0} \frac{f(z + \Delta z) - f(z)}{\Delta z} &= \lim_{\Delta z \to 0} \frac{(z + \Delta z) \operatorname{Re}(z + \Delta z) - z \operatorname{Re} z}{\Delta z} \\
&= \lim_{\Delta z \to 0} \frac{z \operatorname{Re} \Delta z + \Delta z \operatorname{Re} z + \Delta z \operatorname{Re} \Delta z}{\Delta z} \\
&= \lim_{\Delta z \to 0} \left(\operatorname{Re} z + \operatorname{Re} \Delta z + z \frac{\operatorname{Re} \Delta z}{\Delta z} \right) \\
&= \lim_{\Delta z \to 0} \left(\operatorname{Re} z + z \frac{\operatorname{Re} \Delta z}{\Delta z} \right) \\
&= \lim_{\substack{\Delta x \to 0 \\ \Delta y \to 0}} \left(\operatorname{Re} z + z \frac{\Delta x}{\Delta x + \mathrm{i} \Delta y} \right).
\end{aligned}$$

当 $z \neq 0$ 时,上述极限不存在,故导数不存在;当 $z = 0$ 时,上述极限为 0,故导数为 0.

注 例 2.1 和例 2.2 中的函数 $f(z)$ 都是连续却不可微的函数.

例 2.3 对任意正整数 n,证明 $\dfrac{\mathrm{d}z^n}{\mathrm{d}z} = nz^{n-1}$.

【证明】 设 z 是任意固定的点,我们有

$$\begin{aligned}
\lim_{\Delta z \to 0} \frac{(z + \Delta z)^n - z^n}{\Delta z} &= \lim_{\Delta z \to 0} \left[nz^{n-1} + \frac{n(n-1)}{2} z^{n-2} \Delta z + \cdots + (\Delta z)^{n-1} \right] \\
&= nz^{n-1}.
\end{aligned}$$

和数学分析中实函数类似,我们容易得到下面的导数运算法则:

(1) (四则运算法则)如果 $f_1(z)$, $f_2(z)$ 在区域 D 内可导,则有

$$[f_1(z) \pm f_2(z)]' = f_1'(z) \pm f_2'(z),$$
$$[f_1(z) \cdot f_2(z)]' = f_1'(z)f_2(z) + f_1(z)f_2'(z),$$
$$\left[\frac{f_1(z)}{f_2(z)}\right]' = \frac{f_1'(z)f_2(z) - f_1(z)f_2'(z)}{[f_2(z)]^2} \quad (f_2(z) \neq 0).$$

(2) (复合函数的求导法则)设函数 $\xi = f(z)$ 在区域 D 内可导,函数 $w = g(\xi)$ 在区域 G 内可导. 若对于 D 内每一点 z,函数 $f(z)$ 的值 ξ 均属于 G,则 $w = g[f(z)]$ 在 D 内可导,且

$$\frac{\mathrm{d}g[f(z)]}{\mathrm{d}z} = \frac{\mathrm{d}g(\xi)}{\mathrm{d}\xi} \cdot \frac{\mathrm{d}f(z)}{\mathrm{d}z}.$$

3. 解析函数

如果函数 $f(z)$ 在区域 D 内处处可微,则称 $f(z)$ 在区域 D 内可微.

定义 2.3 若函数 $w = f(z)$ 在区域 D 内可微,则称 $f(z)$ 为区域 D 内的解析函数(或全纯函数、正则函数). 此时也称 $f(z)$ 在区域 D 内解析.

注 我们也说函数 $f(z)$ 在某点解析,其意义是指 $f(z)$ 在该点的某一邻域内解析;说函数 $f(z)$ 在闭域 $\bar{D}$ 上解析,其意义是指 $f(z)$ 在包含 $\bar{D}$ 的某区域内解析.

定义 2.4 若 $f(z)$ 在点 z_0 不解析,但在 z_0 的任一邻域内总有 $f(z)$ 的解析点,则称 z_0 为 $f(z)$ 的奇点.

定义 2.5 若函数 $w = f(z)$ 在整个复平面上都是解析的,则称 $f(z)$ 为整函数.

解析函数是复变函数研究的主要对象,我们可以得到许多类似数学分析的结论. 例如:

(1) 多项式 $P(z) = a_0 z^n + a_1 z^{n-1} + \cdots + a_n (a_0 \neq 0)$ 在 z 平面上解析,为整函数,且有 $P'(z) = na_0 z^{n-1} + (n-1)a_1 z^{n-2} + \cdots + 2a_{n-2}z + a_{n-1}$;

(2) 有理分式函数

$$\frac{P(z)}{Q(z)} = \frac{a_0 z^n + a_1 z^{n-1} + \cdots + a_n}{b_0 z^m + b_1 z^{m-1} + \cdots + b_m} \quad (a_0 \neq 0, b_0 \neq 0)$$

在 z 平面上除使分母 $Q(z) = 0$ 的各点外解析,分母 $Q(z) = 0$ 的各点都是奇点.

注 对于实变复值函数 $z(t) = x(t) + \mathrm{i}y(t) (t \in [\alpha, \beta])$,可以得到:

$$z'(t) = x'(t) + \mathrm{i}y'(t) (t \in [\alpha, \beta]).$$

§2.1.2　柯西-黎曼条件

设 $w = f(z) = u(x, y) + iv(x, y)$，下面我们来探讨 $f(z)$ 的解析与二元实函数 $u(x, y)$ 及 $v(x, y)$ 之间存在的关系.

若 $f(z) = u(x, y) + iv(x, y)$ 在一点 $z = x + iy$ 可微，则

$$f'(z) = \lim_{\Delta z \to 0} \frac{f(z + \Delta z) - f(z)}{\Delta z}.$$

由于 $\Delta z = \Delta x + i\Delta y$，

$$\Delta u = u(x + \Delta x, y + \Delta y) - u(x, y),$$
$$\Delta v = v(x + \Delta x, y + \Delta y) - v(x, y),$$

于是 $f(z + \Delta z) - f(z) = \Delta u + i\Delta v$，因此

$$f'(z) = \lim_{\substack{\Delta x \to 0 \\ \Delta y \to 0}} \frac{\Delta u + i\Delta v}{\Delta x + i\Delta y}.$$

由于 $\Delta z = \Delta x + i\Delta y$ 在复平面上可以以任意方式趋于零，我们选择 Δz 沿实轴方向趋于零，即 $\Delta y = 0$, $\Delta x \to 0$，则有

$$f'(z) = \lim_{\substack{\Delta x \to 0 \\ \Delta y \to 0}} \frac{\Delta u + i\Delta v}{\Delta x + i\Delta y} = \lim_{\Delta x \to 0} \frac{\Delta u}{\Delta x} + i\lim_{\Delta x \to 0} \frac{\Delta v}{\Delta x} = \frac{\partial u}{\partial x} + i\frac{\partial v}{\partial x}.$$

另外，我们也可以选择 Δz 沿虚轴方向趋于零，即 $\Delta x = 0$, $\Delta y \to 0$，则有

$$f'(z) = \lim_{\substack{\Delta x \to 0 \\ \Delta y \to 0}} \frac{\Delta u + i\Delta v}{\Delta x + i\Delta y} = -i\lim_{\Delta y \to 0} \frac{\Delta u}{\Delta y} + \lim_{\Delta y \to 0} \frac{\Delta v}{\Delta y} = -i\frac{\partial u}{\partial y} + \frac{\partial v}{\partial y}.$$

所以

$$\frac{\partial u}{\partial x} = \frac{\partial v}{\partial y}, \; \frac{\partial u}{\partial y} = -\frac{\partial v}{\partial x}.$$

上式称为柯西-黎曼（Cauchy-Riemann）条件或柯西-黎曼方程，简称为 C-R 条件.

于是我们得到下面的定理.

定理 2.1　函数 $f(z) = u(x, y) + iv(x, y)$ 在一点 $z = x + iy$ 可微的必要条件是偏导数 u_x, u_y, v_x, v_y 在点 $z = x + iy$ 存在，且 $u(x, y)$, $v(x, y)$ 在点 $z = x + iy$ 满足 C-R 条件. 如果 $f(z)$ 在区域 D 内解析，则 $f(z)$ 在区域 D 内满足 C-R 条件.

例 2.4　证明函数 $f(z) = 2x - iy^2$ 在 z 平面上处处不解析.

【证明】 因 $u(x, y)=2x$，$v(x, y)=-y^2$，故

$$u_x=2, \ u_y=0, \ v_x=0, \ v_y=-2y,$$

所以 $u_y=0=-v_x$.

因此 C - R 条件成立的前提是 $2=u_x=v_y=-2y$，即 $y=-1$，则由定理 2.1 知道，$f(z)$ 在 z 平面上处处不解析.

注 定理 2.1 的逆定理是不成立，即仅仅满足 C - R 条件是得不到可微性的. 例如，$f(z)=\sqrt{|xy|}$ 在 $z=0$ 满足 C - R 条件，但是 $f(z)=\sqrt{|xy|}$ 在 $z=0$ 不可导.

于是，我们加强定理 2.1 的条件，就可得到如下充要条件.

定理 2.2 设函数 $f(z)=u(x, y)+iv(x, y)$ 在区域 D 内有定义，则 $f(z)$ 在 D 内一点 z 可微（或在 D 内解析）的充要条件是：

(1) 二元函数 $u(x, y)$，$v(x, y)$ 在 z（或在 D 内）可微；

(2) $u(x, y)$，$v(x, y)$ 在 z（或在 D 内）满足 C - R 条件.

【证明】 必要性. 设 $z=x+iy$，$\Delta z=\Delta x+i\Delta y$，$\Delta f(z)=\Delta u+i\Delta v$，$\Delta u=u(x+\Delta x, y+\Delta y)-u(x, y)$，$\Delta v=v(x+\Delta x, y+\Delta y)-v(x, y)$，于是

$$\Delta f(z)=f(z+\Delta z)-f(z)=\Delta u+i\Delta v.$$

$f(z)$ 在 D 内一点 z 可微，则

$$\frac{\Delta w}{\Delta z}=f'(z)+\varepsilon, \ \lim_{\Delta z\to 0}\varepsilon=0, \Delta w=\Delta f(z)=f'(z)\Delta z+\varepsilon\Delta z,$$

其中 $|\varepsilon\cdot\Delta z|$ 为比 $|\Delta z|$ 高阶的无穷小.

记 $f'(z)=\alpha+i\beta$，$\varepsilon\Delta z=\varepsilon_1+i\varepsilon_2$，则有

$$\Delta f(z)=\Delta u+i\Delta v=\alpha\Delta x-\beta\Delta y+i(\beta\Delta x+\alpha\Delta y)+\varepsilon_1+i\varepsilon_2.$$

比较上式两端的实、虚部，即得

$$\Delta u=\alpha\Delta x-\beta\Delta y+\varepsilon_1,$$
$$\Delta v=\beta\Delta x+\alpha\Delta y+\varepsilon_2.$$

容易得到 $u(x, y)$ 与 $v(x, y)$ 在点 (x, y) 可微，且

$$u_x=\alpha=v_y, \ u_y=-\beta=-v_x.$$

充分性. 由 $u(x, y)$ 及 $v(x, y)$ 的可微性即知，在点 (x, y) 有

$$\Delta u=u_x\Delta x+u_y\Delta y+\varepsilon_1,$$
$$\Delta v=v_x\Delta x+v_y\Delta y+\varepsilon_2,$$

其中 ε_1 及 ε_2 是比 $|\Delta z|$ 高阶的无穷小.

再由 C-R 条件,可设

$$\alpha = u_x = v_y, \quad u_y = -v_x = -\beta,$$

于是就有

$$\Delta f(z) = \Delta u + \mathrm{i}\Delta v = \alpha \Delta x - \beta \Delta y + \mathrm{i}(\beta \Delta x + \alpha \Delta y) + \varepsilon_1 + \mathrm{i}\varepsilon_2$$
$$= f'(z)\Delta z + \varepsilon \Delta z,$$

其中 $\varepsilon = \dfrac{\varepsilon_1 + \mathrm{i}\varepsilon_2}{\Delta x + \mathrm{i}\Delta y}$. 因为

$$\left| \frac{\varepsilon \cdot \Delta z}{\Delta z} \right| = \left| \frac{\varepsilon_1 + \mathrm{i}\varepsilon_2}{\Delta x + \mathrm{i}\Delta y} \right| \leqslant \frac{|\varepsilon|}{\sqrt{\Delta x^2 + \Delta y^2}} + \frac{|\varepsilon_2|}{\sqrt{\Delta x^2 + \Delta y^2}} \xrightarrow[\Delta z \to 0]{} 0,$$

所以 $|\varepsilon \cdot \Delta z|$ 是比 $|\Delta z|$ 高阶的无穷小,故 $f(z)$ 在 D 内一点 $z = x + \mathrm{i}y$ 可微.

由数学分析知道,二元函数偏导数连续可以推出可微性,于是我们得到下述推论.

推论 2.3(可微的充要条件) 设函数 $f(z) = u(x, y) + \mathrm{i}v(x, y)$ 在区域 D 内有定义,则 $f(z)$ 在 D 内一点 $z = x + \mathrm{i}y$ 可微(或在 D 内解析)的充要条件是:

(1) u_x, u_y, v_x, v_y 在 z 处(或在 D 内)连续;

(2) $u(x, y)$, $v(x, y)$ 在 z 处(或在 D 内)满足 C-R 条件.

注 由 C-R 条件,$f(z)$ 在点 $z = x + \mathrm{i}y$ 的导数可以由下式计算:

$$f'(z) = \frac{\partial u}{\partial x} + \mathrm{i}\frac{\partial v}{\partial x} = \frac{\partial v}{\partial y} - \mathrm{i}\frac{\partial u}{\partial y} = \frac{\partial u}{\partial x} - \mathrm{i}\frac{\partial u}{\partial y} = \frac{\partial v}{\partial y} + \mathrm{i}\frac{\partial v}{\partial x}.$$

例 2.5 判别函数 $f(z) = \dfrac{1}{z}$ 在何处解析.

【解】 $f(z) = \dfrac{1}{\bar{z}} = \dfrac{1}{x - \mathrm{i}y} = \dfrac{x + \mathrm{i}y}{x^2 + y^2}$, $u = \dfrac{x}{x^2 + y^2}$, $v = \dfrac{y}{x^2 + y^2}$,

$$u_x = \frac{y^2 - x^2}{(x^2 + y^2)^2}, \quad v_y = \frac{x^2 - y^2}{(x^2 + y^2)^2},$$

$$u_y = \frac{-2xy}{(x^2 + y^2)^2}, \quad v_x = \frac{-2xy}{(x^2 + y^2)^2}.$$

由于函数的定义域为 $z \neq 0$,因此,u, v 处处不满足 C-R 条件,因而函数处处不可导、处处不解析.

例 2.6 证明 $f(z) = \mathrm{e}^x(\cos y + \mathrm{i}\sin y)$ 是整函数,且 $f'(z) = f(z)$.

【证明】 由 $u(x,y)=\mathrm{e}^x\cos y$，$v(x,y)=\mathrm{e}^x\sin y$，得到

$$u_x=\mathrm{e}^x\cos y,\ u_y=-\mathrm{e}^x\sin y,\ v_x=\mathrm{e}^x\sin y,\ v_y=\mathrm{e}^x\cos y,$$

它们在 z 平面上处处连续，且满足 C-R 条件，由推论 2.3 知 $f(z)$ 在 z 平面上解析，且

$$f'(z)=u_x+\mathrm{i}v_x=\mathrm{e}^x\cos y+\mathrm{i}\mathrm{e}^x\sin y=f(z).$$

例 2.7　讨论函数 $f(z)=\mathrm{e}^x(\cos y-\mathrm{i}\sin y)$ 在复平面上的解析性.

【解】　$u(x,y)=\mathrm{e}^x\cos y$，$v(x,y)=-\mathrm{e}^x\sin y$.

$$\frac{\partial u}{\partial x}=\mathrm{e}^x\cos y,\ \frac{\partial u}{\partial y}=-\mathrm{e}^x\sin y,\ \frac{\partial v}{\partial x}=-\mathrm{e}^x\sin y,\ \frac{\partial v}{\partial y}=-\mathrm{e}^x\cos y.$$

易知 $u(x,y)$，$v(x,y)$ 在任意点都不满足 C-R 条件，故 f 在复平面上处处不解析.

例 2.8　设函数 $f(z)=my^3+nx^2y+\mathrm{i}(x^3+lxy^2)$ 在复平面上可导，试确定常数 m，n，l 之值.

【解】　$u(x,y)=my^3+nx^2y$，$u_x=2nxy$，$u_y=3my^2+nx^2$；

$$v(x,y)=x^3+lxy^2,\ v_x=3x^2+ly^2,\ v_y=2lxy.$$

由 C-R 条件 $u_x=v_y$，$u_y=-v_x$ 得

$$xy(n-l)=0,$$
$$3my^2+nx^2=-3x^2-ly^2,$$

于是 $n=l$，$n+3=0$，$3m+l=0$，故 $n=l=-3$，$m=1$.

§2.2　初等函数

这一节我们研究复变数的初等函数，这些函数是数学分析中通常的初等函数在复数域中的自然推广.

§2.2.1　指数函数

定义 2.6　设 $z=x+\mathrm{i}y$，我们定义指数函数为

$$\mathrm{e}^z=\mathrm{e}^{x+\mathrm{i}y}=\mathrm{e}^x(\cos y+\mathrm{i}\sin y).$$

我们容易得到复指数函数 e^z 的如下性质：

(1) 当 $z=x(y=0)$ 时，$\mathrm{e}^z=\mathrm{e}^x$ 即为实指数函数.

(2) 在 z 平面上 $\mathrm{e}^z\neq0$，$|\mathrm{e}^z|=\mathrm{e}^x>0$，$\arg\mathrm{e}^z=y$.

(3) e^z 在 z 平面上解析,且 $(e^z)' = e^z$(参看例 2.6).

(4) 加减法定理成立,即 $e^{z_1+z_2} = e^{z_1} e^{z_2}$, $e^{z_1-z_2} = \dfrac{e^{z_1}}{e^{z_2}}$.

(5) e^z 是以 $2\pi i$ 为基本周期的周期函数. 因为对任意整数, $e^{z+2k\pi i} = e^z \cdot e^{2k\pi i} = e^z$.

(6) 极限 $\lim\limits_{z\to\infty} e^z$ 不存在(因当 z 沿实轴趋于 $+\infty$ 时, $e^z \to \infty$;当 z 沿实轴趋于 $-\infty$ 时, $e^z \to 0$).

(7) 指数函数的几何映射性质:

由于指数函数 $w = e^z$ 有周期 $2\pi i$, $e^{z+2k\pi i} = e^{x+iy} = e^z$, e^z 在下面各条形带状区域上相应的点取相同的值:

$$B_n = \{z = x + iy \mid x \in \mathbf{R}, 2n\pi < y < 2(n+1)\pi\} \quad (n = 0, \pm 1, \pm 2, \cdots).$$

下面考虑 $z = x + iy$ 在 B_0 中变化时,函数 $w = e^z$ 的映射性质:

如图 2.1 所示,设 w 的实部及虚部分别为 u 及 v. 当 z 在 B_0 中从左到右沿一条直线 l_1: $\mathrm{Im}\, z = y_0$ 移动时,那么 $w = e^{x+iy_0}$,于是 $|w|$ 从 0(不包括 0) 增大到 $+\infty$,而 $\mathrm{Arg}\, w = y_0$ 保持不变,因此 w 平面上对应于直线 l_1 的是一条射线 L_1: $\mathrm{Arg}\, w = y_0$(不包括 $w = 0$), l_1 和 L_1 上的点之间构成一个一一对应;如果 y_0 从 0(不包括 0) 递增到 2π(不包括 2π),那么随着直线 l_1 变化,相应的射线 L_1 按逆时针方向从 w 平面上的正实轴(不包括它) 变到正实轴(不包括它),因此, $w = e^z$ 把 B_0 映射成 w 平面除去原点及正实轴的区域. 显然,函数 $w = e^z$ 把直线 $\mathrm{Re}\, z = x_0$ 在 B_0 上的一段线段 l_2 映射成 w 平面上的一个圆 L_2: $|w| = e^{x_0}$(除去 u 轴上的一点 e^{x_0}).

对于一般的条形带状区域

$$B_n = \{z = x + iy \mid x \in \mathbf{R}, 2n\pi < y < 2(n+1)\pi\} \quad (n = \pm 1, \pm 2, \cdots)$$

有类似结论.

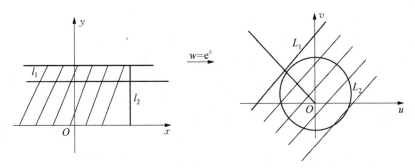

图 2.1

注 (1) e^z 仅仅是一个记号,其意义如定义 2.6,它没有幂的意义,不是多值函数;

(2) 虽然在 z 平面上,$e^z = e^{z+2k\pi i}$(k 为整数),但是 $(e^z)' = e^z \neq 0$,因此不满足罗尔(Rolle)定理,数学分析中的微分中值定理不能直接推广到复平面上来.

例 2.9 在复数范围求解下列方程:

(1) $z^6 + 1 = 0$; (2) $1 + e^z = 0$; (3) $1 - e^z = 0$.

【解】 (1) 因为 $z^6 = -1 = \cos\pi + i\sin\pi = e^{i\pi}$,所以

$$\sqrt[6]{-1} = \cos\frac{\pi+2k\pi}{6} + i\sin\frac{\pi+2k\pi}{6} \quad (k = 0, 1, 2, 3, 4, 5).$$

可求出 6 个根,它们是:

$$z_0 = \frac{\sqrt{3}}{2} + \frac{1}{2}i, \; z_1 = i, \; z_2 = -\frac{\sqrt{3}}{2} + \frac{1}{2}i,$$

$$z_3 = -\frac{\sqrt{3}}{2} - \frac{1}{2}i, \; z_4 = -i, \; z_5 = \frac{\sqrt{3}}{2} - \frac{1}{2}i.$$

(2) 设 $z = x + iy$,然后根据定义计算.

$1 + e^z = 0$ 的解为 $z = i(2k+1)\pi$,k 为任意整数.

(3) $1 - e^z = 0$ 的解为 $z = 2k\pi i$,k 为任意整数.

§2.2.2 三角函数与双曲函数

在指数函数定义 2.6 中,取 $x = 0$ 得到

$$e^{iy} = \cos y + i\sin y, \; e^{-iy} = \cos y - i\sin y,$$

即 $\sin y = \dfrac{e^{iy} - e^{-iy}}{2i}$,$\cos y = \dfrac{e^{iy} + e^{-iy}}{2}$.

于是,我们给出复三角函数的定义如下.

定义 2.7 我们称 $\sin z = \dfrac{e^{iz} - e^{-iz}}{2i}$,$\cos z = \dfrac{e^{iz} + e^{-iz}}{2}$ 为复数 z 的正弦函数和余弦函数.

容易验证,这样定义的正弦和余弦函数具有如下性质:

(1) 当 $z = x$ 时,与通常的实正弦和余弦函数一致.

(2) 它们都在 z 平面上解析,都是整函数,且

$$(\sin z)' = \cos z, \; (\cos z)' = -\sin z.$$

(3) $\sin z$ 是奇函数,$\cos z$ 是偶函数,且通常的三角恒等式亦成立,例如

$$\sin^2 z + \cos^2 z = 1,$$
$$\sin(z_1 \pm z_2) = \sin z_1 \cos z_2 \pm \cos z_1 \sin z_2,$$
$$\cos(z_1 \pm z_2) = \cos z_1 \cos z_2 \mp \sin z_1 \sin z_2,$$
$$\sin 2z = 2\sin z \cos z, \quad \cos 2z = \cos^2 z - \sin^2 z,$$

等等.

这里仅验证第一个恒等式:

$$\sin^2 z + \cos^2 z = \left(\frac{e^{iz} - e^{-iz}}{2i}\right)^2 + \left(\frac{e^{iz} + e^{-iz}}{2}\right)^2$$

$$= -\frac{1}{4}(e^{2iz} - 2 + e^{-2iz}) + \frac{1}{4}(e^{2iz} + 2 + e^{-2iz}) = 1.$$

(4) $\sin z$ 及 $\cos z$ 是以 2π 为周期的周期函数.

(5) $\sin z$ 的零点为 $z = n\pi(n = 0, \pm 1, \cdots)$, $\cos z$ 的零点为 $z = \left(n + \frac{1}{2}\right)\pi(n = 0, \pm 1, \cdots)$,都是实数.

(6) $\sin z$ 及 $\cos z$ 不是有界函数.

例如,取 $z = iy(y > 0)$,则 $\cos(iy) = \frac{e^{i(iy)} + e^{-i(iy)}}{2} = \frac{e^{-y} + e^y}{2} > \frac{e^y}{2}$. 当 $y \to +\infty$ 时,$\frac{e^y}{2} \to +\infty$.

与实三角函数一样,我们可定义其他的复三角函数.

定义 2.8 我们称 $\tan z = \dfrac{\sin z}{\cos z}$, $\cot z = \dfrac{\cos z}{\sin z}$, $\sec z = \dfrac{1}{\cos z}$, $\csc z = \dfrac{1}{\sin z}$ 分别为复数 z 的正切、余切、正割、余割函数.

这 4 个函数均在 z 平面上除分母为零的点外解析,且

$$(\tan z)' = \sec^2 z, \qquad (\cot z)' = -\csc^2 z,$$
$$(\sec z)' = \sec z \tan z, \qquad (\csc z)' = -\csc z \cot z.$$

正切、余切的基本周期为 π,正割、余割的基本周期为 2π.

定义 2.9 我们称

$$\sinh z = \frac{e^z - e^{-z}}{2}, \qquad \cosh z = \frac{e^z + e^{-z}}{2}, \qquad \tanh z = \frac{\sinh z}{\cosh z},$$

$$\coth z = \frac{1}{\tanh z}, \qquad \text{sech } z = \frac{1}{\cosh z}, \qquad \text{csch } z = \frac{1}{\sinh z}$$

分别为 z 的双曲正弦、双曲余弦、双曲正切、双曲余切、双曲正割及双曲余割

函数.

显然,它们都是解析函数,各有其解析区域,且都是相应的实双曲函数在复数域内的推广. 由于 e^z 及 e^{-z} 皆以 $2\pi i$ 为基本周期,故双曲正弦及双曲余弦函数都是以 $2\pi i$ 为基本周期的函数.

§2.2.3 根式函数

定义 2.10 我们称幂函数 $z = w^n (n \in \mathbf{Z}^+, n > 1)$ 的反函数为根式函数 $w = \sqrt[n]{z}$.

1. 根式函数 $w = \sqrt[n]{z}$ 的单叶性区域

下面,为了方便研究多值函数,我们先给出单叶函数的概念.

定义 2.11 设函数 $f(z)$ 在区域 D 内有定义,如果对 D 内任意不同的两点 z_1, z_2,有 $f(z_1) \neq f(z_2)$,则称函数 $f(z)$ 在 D 内是单叶的. 并且称区域 D 为 $f(z)$ 的单叶性区域.

幂函数 $z = w^n$ 在 w 平面上单值解析,$w = \sqrt[n]{z} = \sqrt[n]{|z|}\, e^{i\frac{\arg z + 2k\pi}{n}}$ $(k = 0, 1, \cdots, n-1)$ 在 w 平面上有 n 个原像,且这 n 个点分布在以原点为中心的正 n 边形的顶点上. 于是 $w = \sqrt[n]{z}$ 在 z 平面上是 n 值函数.

设 $z = r e^{i\theta}$,$w = \rho e^{i\varphi}$,则 $r = \rho^n$,$\theta = n\varphi$,如图 2.2 所示,$z = w^n$ 把 w 平面上从原点出发的射线 $\varphi = \varphi_0$ 变成 z 平面上从原点出发的射线 $\theta = n\varphi_0$,并把圆周 $r = \rho_0$ 变成圆周 $r = \rho_0^n$.

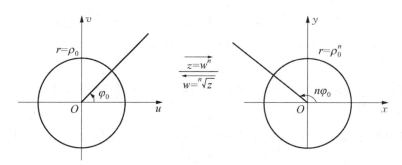

图 2.2

当 w 平面上的动射线从射线 $\varphi = 0$ 逆时针变动到射线 $\varphi = \varphi_0$ 时,在变换 $z = w^n$ 下的像,就是 z 平面上的射线 $\theta = 0$ 变动到射线 $\theta = n\varphi_0$,从而,w 平面上的角形区域 $0 < \varphi < \varphi_0$ 就被变成 z 平面上的角形区域 $0 < \theta < n\varphi_0$.

特别地,变换 $z=w^n$ 把 w 平面上的角形区域 $-\dfrac{\pi}{n}<\varphi<\dfrac{\pi}{n}$ 变成 z 平面除去原点及负实轴的区域. 一般地,变换 $z=w^n$ 把张度为 $\dfrac{2\pi}{n}$ 的 n 个角形区域 D_k:

$\dfrac{2k\pi}{n}-\dfrac{\pi}{n}<\varphi<\dfrac{2k\pi}{n}+\dfrac{\pi}{n}(k=0,1,\cdots,n-1)$ 都变成 z 平面除去原点及负实轴的区域(相当于"割去负实轴").

注 变换 $z=w^n$ 把张度为 $\dfrac{2\pi}{n}$ 的 n 个角形区域 D_k: $\dfrac{2k\pi}{n}<\varphi<\dfrac{2k\pi}{n}+$

$\dfrac{2\pi}{n}(k=0,1,\cdots,n-1)$ 都变成 z 平面除去原点及正实轴的区域(相当于"割去正实轴").

幂函数 $w=z^n(n\geqslant 1,n\in \mathbf{Z}^+)$ 的单叶性区域是顶点在原点 $z=0$、张度不超过 $\dfrac{2\pi}{n}$ 的角形区域.

2. 根式函数 $w=\sqrt[n]{z}$ 的单值解析分支

根式函数 $w=\sqrt[n]{z}$ 出现多值性的原因是因为自变量 z 确定后,$\mathrm{Arg}\,z$ 并不唯一确定. 我们只需要在 z 平面上从原点 O 到点 ∞ 任意引一条射线(或一条无界简单曲线),将 z 平面割破,割破了的 z 平面构成一个以此割线为边界的区域,记为 D. 在 D 内随意指定一点 z_0,并指定 z_0 的一个辐角值,则在 D 内任意的点 z,皆可根据 z_0 的辐角,依连续变化而唯一确定 z 的辐角. 我们取定 $-\pi<\arg z<\pi$,$w_k=(\sqrt[n]{z})_k=\sqrt[n]{|z|}\mathrm{e}^{\mathrm{i}\frac{\theta+2k\pi}{n}}(\theta=\arg z,k=0,1,\cdots,n-1)$(给定 k,只有一个 w_k 与之对应),则 $w_k=w_k(z)$ 是区域 $D=\{(r,\theta):r>0,-\pi<\theta<\pi\}$ 上的单值解析函数.

例 2.10 求 $w=\sqrt[4]{z}$ 的 4 个单值解析分支,并求这 4 个单值解析分支在 $z=1$ 时的导数值.

【解】 设 $z=r\mathrm{e}^{\mathrm{i}\theta}(-\pi<\theta\leqslant\pi)$,则 $w_k=(\sqrt[4]{z})_k=r^{\frac{1}{4}}\mathrm{e}^{\mathrm{i}\frac{\theta+2k\pi}{4}}$,$k=0,1,2,3$. 所以,4 个分支是

$$w_0=(\sqrt[4]{z})_0=r^{\frac{1}{4}}\mathrm{e}^{\mathrm{i}\frac{\theta}{4}},\qquad\qquad w_1=(\sqrt[4]{z})_1=r^{\frac{1}{4}}\mathrm{e}^{\mathrm{i}\frac{\theta+2\pi}{4}}=\mathrm{i}r^{\frac{1}{4}}\mathrm{e}^{\mathrm{i}\frac{\theta}{4}},$$

$$w_2=(\sqrt[4]{z})_2=r^{\frac{1}{4}}\mathrm{e}^{\mathrm{i}\frac{\theta+4\pi}{4}}=-r^{\frac{1}{4}}\mathrm{e}^{\mathrm{i}\frac{\theta}{4}},\quad w_3=(\sqrt[4]{z})_3=r^{\frac{1}{4}}\mathrm{e}^{\mathrm{i}\frac{\theta+6\pi}{4}}=-\mathrm{i}r^{\frac{1}{4}}\mathrm{e}^{\mathrm{i}\frac{\theta}{4}}.$$

$z=1$ 时,$r(1)=1$,$\theta(1)=0$,各分支的值是

$$w_0=1,\ w_1=\mathrm{i},\ w_2=-1,\ w_3=-\mathrm{i}.$$

由导数公式: $w'_k(z) = (\sqrt[4]{z})'_k = \dfrac{1}{4}\dfrac{(\sqrt[4]{z})_k}{z}$ ($z \neq 0$, $k = 0, 1, 2, 3$) 得到这 4 个单值解析分支在 $z = 1$ 时的导数值为

$$\frac{1}{4}, \ \frac{1}{4}\mathrm{i}, \ -\frac{1}{4}, \ -\frac{1}{4}\mathrm{i}.$$

3. 根式函数 $w = \sqrt[n]{z}$ 的支点与支割线

设 $w = f(z)$ 为多值函数,z_0 为一定点,作包含 z_0 的圆周(或周线)C: $|z - z_0| = R$. 若自变量 z 沿 C 旋转一周回到出发点时,多值函数 $w = f(z)$ 的函数值从一个单值解析分支变到另一个单值解析分支中的值了,则称 z_0 为 $f(z)$ 的**支点**.

例如,根式函数 $w = \sqrt[2]{z}$ 一共有两个单值解析分支 w_0 和 w_1. 取圆周 C_1: $|z| = 1$,当自变量 z 沿 C_1 旋转一周后,其辐角 $\mathrm{Arg}\, z$ 增加 2π,这时根式函数 $w = \sqrt[2]{z}$ 的值 $w_k = (\sqrt[2]{z})_k = \sqrt[2]{|z|}\,\mathrm{e}^{\mathrm{i}\frac{\theta + 2k\pi}{2}}$ ($\theta = \mathrm{Arg}\, z$, $k = 0, 1$) 就从一个单值解析分支变成另一个单值解析分支中的值了. 所以 $z = 0$ 是其一个支点. 又因为绕圆周 C_1: $|z| = 1$ 旋转一周也可看作绕 ∞ 点旋转一周,故 ∞ 点也是其一个支点.

容易看出根式函数 $w = \sqrt[n]{z}$ 的支点也是 0 和 ∞.

连接各支点,从而把平面割开,分出多值函数的单值解析分支的割线,称为多值函数的**支割线**. 例如 $w = \sqrt[n]{z}$ 可以取负实轴(或正实轴,或一条连接 0 和 ∞ 的简单曲线) 为支割线.

注 1 支割线可以有两岸:上岸和下岸(或上沿和下沿). 单值解析分支可连续延拓到上岸或下岸. 例如,对于 $w = \sqrt[2]{z}$,当以负实轴为支割线时,我们可以取定 z 的辐角 θ 满足 $-\pi < \theta \leqslant \pi$,这时负实轴上点的上岸辐角是 π,下岸辐角是 $-\pi$;对于 $w = \sqrt[2]{z}$,当以正实轴为支割线时,我们可以取定 z 的辐角 θ 满足 $0 \leqslant \theta < 2\pi$,这时正实轴点的上岸辐角是 0,下岸辐角是 2π.

注 2 支割线改变各单值分支的定义域,值域也随之改变.

注 3 对 $w = \sqrt[n]{z}$,以负实轴为支割线、$z = x > 0$ 时取正值的那个分支称为主值支.

例 2.11 设区域 D 是沿负实轴割开的 z 平面,求函数 $w = \sqrt[2]{z}$ 在 D 内满足条件 $w(1) = 1$ 的单值连续解析分支在 $z = -\mathrm{i}$ 处之值 $w(-\mathrm{i})$.

【解】 设 $z = r\mathrm{e}^{\mathrm{i}\theta}$ ($-\pi < \theta \leqslant \pi$),则

$$w_k = \sqrt[2]{|z|}\,\mathrm{e}^{\mathrm{i}\frac{\theta + 2k\pi}{2}} \quad (k = 0, 1).$$

当 $z=1$ 时，$r=|z|=1$，$\theta=0$.

由 $w(1)=1$ 知 $1=\mathrm{e}^{\mathrm{i}\frac{0+2k\pi}{2}}$，得到 $k=0$，于是，将 $-\mathrm{i}=\mathrm{e}^{-\frac{1}{2}\pi\mathrm{i}}$ 代入得

$$w(-\mathrm{i})=\sqrt[2]{|-\mathrm{i}|}\,\mathrm{e}^{\mathrm{i}\frac{0+(-\frac{\pi}{2})}{2}}=\mathrm{e}^{-\frac{\pi\mathrm{i}}{4}}=\frac{\sqrt{2}}{2}-\frac{\sqrt{2}}{2}\mathrm{i}.$$

例 2.12 设区域 D 是沿正实轴割开的 z 平面，求函数 $w=\sqrt[2]{z}$ 在 D 内满足条件 $w(1)=1$（这是边界上沿（岸）点对应的函数值）的单值连续解析分支在 $z=-\mathrm{i}$ 处之值 $w(-\mathrm{i})$.

【解】 设 $z=r\mathrm{e}^{\mathrm{i}\theta}(0\leqslant\theta<2\pi)$，则

$$w_k=\sqrt[2]{|z|}\,\mathrm{e}^{\mathrm{i}\frac{\theta+2k\pi}{2}}\quad(k=0,1).$$

当 $z=1$ 时，$r=|z|=1$，$\theta=0$.

由 $w(1)=1$ 知 $1=\mathrm{e}^{\mathrm{i}\frac{0+2k\pi}{2}}$，得到 $k=0$，于是，将 $-\mathrm{i}=\mathrm{e}^{\frac{3}{2}\pi\mathrm{i}}$ 代入得

$$w(-\mathrm{i})=\sqrt[2]{|-\mathrm{i}|}\,\mathrm{e}^{\mathrm{i}\frac{0+(\frac{3}{2}\pi)}{2}}=\mathrm{e}^{\frac{3\pi\mathrm{i}}{4}}=-\frac{\sqrt{2}}{2}+\frac{\sqrt{2}}{2}\mathrm{i}.$$

注 由例 2.11 和例 2.12 可以看出，支割线不同，各单值解析分支的定义域、值域也随之改变. 两个例题中都是 $w(1)=1$，但是 $w(-\mathrm{i})$ 的值不相同.

例 2.13 设区域 D 是沿负实轴割开的 z 平面，求函数 $w=\sqrt[3]{z}$ 在 D 内满足条件 $w(-2)=-\sqrt[3]{2}$（这是边界上沿（岸）点对应的函数值）的单值连续解析分支在 $z=\mathrm{i}$ 处之值 $w(\mathrm{i})$.

【解】 设 $z=r\mathrm{e}^{\mathrm{i}\theta}(-\pi<\theta\leqslant\pi)$，则

$$w_k=(\sqrt[3]{z})_k=r^{\frac{1}{3}}\mathrm{e}^{\mathrm{i}\frac{\theta+2k\pi}{3}},\ k=0,1,2.$$

由 $-2=2\mathrm{e}^{\mathrm{i}\pi}$，$w(-2)=-\sqrt[3]{2}$，代入上式，可以确定 $k=1$.

于是，将 $\mathrm{i}=\mathrm{e}^{\frac{1}{2}\pi\mathrm{i}}$ 代入得到 $w(\mathrm{i})=\mathrm{e}^{\mathrm{i}\frac{\frac{1}{2}\pi+2\pi}{3}}=\mathrm{e}^{\frac{5}{6}\pi\mathrm{i}}$.

注 下面我们给出已知单值解析分支 $w(z)$ 的一个值 $w(z_1)$，求该单值解析分支的另一个值 $w(z_2)$ 的一种更直观的方法.

因为单值解析分支 $w=f(z)$ 的值是连续变化的，我们可以先计算自变量 z 从 z_1 沿任给一条不穿过支割线的曲线 C 连续变动到 z_2 时，$w(z)$ 的辐角的连续改变量 $\Delta_C\arg w(z)$，然后再计算 $w(z_2)$ 的值：

$$w(z_2) = |w(z_2)| \, \mathrm{e}^{\mathrm{i}\arg w(z_2)}$$
$$= |w(z_2)| \, \mathrm{e}^{\mathrm{i}[\arg w(z_2) - \arg w(z_1) + \arg w(z_1)]}$$
$$= |w(z_2)| \, \mathrm{e}^{\mathrm{i}\Delta_C \arg w(z)} \, \mathrm{e}^{\mathrm{i}\arg w(z_1)},$$

即

$$f(z_2) = w(z_2) = |w(z_2)| \, \mathrm{e}^{\mathrm{i}\Delta_C \arg w(z)} \, \mathrm{e}^{\mathrm{i}\arg w(z_1)}.$$

例 2.14 设区域 D 是沿正实轴割开的 z 平面,求函数 $w = f(z) = \sqrt[5]{z}$ 在 D 内满足条件 $f(-1) = w(-1) = -1$ 的单值连续解析分支在 $z = 1 - \mathrm{i}$ 处之值.

【解】 (1) 解法一

如图 2.3 所示,先计算 z 从起点 $z_1 = -1$ 沿路线 l_1(不穿过割线) 到终点 $z_2 = 1 - \mathrm{i}$ 时所求分支 $f(z)$ 的辐角的连续改变量:

$$\Delta_{l_1} \arg z = \frac{3\pi}{4},$$

$$\Delta_{l_1} \arg f(z) = \frac{1}{5} \Delta_{l_1} \arg z = \frac{3}{20}\pi.$$

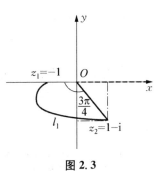

图 2.3

于是

$$f(1-\mathrm{i}) = |f(1-\mathrm{i})| \, \mathrm{e}^{\mathrm{i}\Delta_{l_1} \arg f(z)} \, \mathrm{e}^{\mathrm{i}\arg f(-1)}$$
$$= 2^{\frac{1}{10}} \mathrm{e}^{\frac{3\pi\mathrm{i}}{20}} \mathrm{e}^{\mathrm{i}\pi} = -2^{\frac{1}{10}} \mathrm{e}^{\frac{3\pi\mathrm{i}}{20}}.$$

(2) 解法二

设 $z = r\mathrm{e}^{\mathrm{i}\theta} (0 \leqslant \theta < 2\pi)$,则

$$w_k = \sqrt[5]{|z|} \, \mathrm{e}^{\mathrm{i}\frac{\theta + 2k\pi}{5}} \quad (k = 0, 1, 2, 3, 4).$$

当 $z = -1$ 时,$r = |z| = 1, \theta = \pi$.

由 $w(-1) = -1$ 知 $-1 = \mathrm{e}^{\mathrm{i}\frac{\pi + 2k\pi}{5}}$,得到 $k = 2$,于是,将 $1 - \mathrm{i} = 2^{\frac{1}{2}} \mathrm{e}^{\frac{7}{4}\pi\mathrm{i}}$ 代入得

$$w(1-\mathrm{i}) = \sqrt[5]{|1-\mathrm{i}|} \, \mathrm{e}^{\mathrm{i}\frac{4\pi + \left(\frac{7}{4}\pi\right)}{5}} = 2^{\frac{1}{10}} \mathrm{e}^{\frac{23\pi\mathrm{i}}{20}} = -2^{\frac{1}{10}} \mathrm{e}^{\frac{3\pi\mathrm{i}}{20}}.$$

§2.2.4 对数函数

定义 2.12 复对数函数定义为指数函数的反函数:给定复数 $z = x + \mathrm{i}y$,如

果有

$$e^w = z \quad (z \neq 0),$$

则称函数 $w = f(z)$ 为 z 的对数函数,记为 $w = \text{Ln}\, z$ 或 $\text{Log}\, z$.

下面计算 $\text{Ln}\, z$. 令 $z = re^{i\theta}$, u 及 v 为 w 的实部及虚部,那么 $z = e^{u+iv} = e^u e^{iv}$,从而 $r = e^u$, $v = \text{Arg}\, z = \theta$,

$$w = \text{Ln}\, z = \ln|z| + i\text{Arg}\, z.$$

注 1 由于对数函数是指数函数的反函数,而指数函数是周期为 $2\pi i$ 的周期函数,所以对数函数必然是多值函数(无穷多值).

注 2 类似于辐角函数 $\text{Arg}\, z$ 的主值,我们把

$$\ln|z| + i\arg z \quad (-\pi < \arg z \leqslant \pi)$$

定义为对数函数 $\text{Ln}\, z$ 的主值,记为 $\ln z$,于是有

$$w = \text{Ln}\, z = \ln|z| + i\arg z + 2k\pi i = \ln z + 2k\pi i.$$

注 3 任何不是零的复数有无穷多个对数.

下面我们给出对数函数的一些基本性质.

1. 代数运算性质

对数函数的定义域为整个复平面去掉原点,是一个多值解析函数. 我们可以得到

$$\text{Ln}(z_1/z_2) = \text{Ln}\, z_1 - \text{Ln}\, z_2,$$
$$\text{Ln}(z_1 z_2) = \text{Ln}\, z_1 + \text{Ln}\, z_2.$$

2. 对数函数的单值解析分支

对数函数的多值性是由于 $\text{Arg}\, z$ 的多值性引起的,在复平面上取负实轴作割线,得到区域 D, $w = \text{Ln}\, z$ 在区域 D 内可以分解成无穷多个单值解析函数,它们都是 $w = \text{Ln}\, z$ 在区域 D 内的单值解析分支.

区域 D 的边界可以看作有不同的上、下沿. 函数 $w = \text{Ln}\, z$ 的每个单值解析分支可以扩充成为直到负实轴(除去 0)的上、下沿连续的函数,扩充的函数值称为上述单值解析分支在负实轴上、下沿所取的值. 显然,同一单值解析分支在负实轴上沿及下沿所取的值不同,例如 $w = \ln z$ 在负实轴上沿及下沿分别对应于 $i\pi$ 及 $-i\pi$.

具体来说,在复平面上,取连接 0 和无穷远点的一条无界简单连续曲线 K 作为割线,得到一个区域 $D = \mathbf{C}$(复数域)$- K$,任取 $z \in D$,则 $\text{Arg}\, z = \theta + 2k\pi$

及

$$\text{Ln}\,z = \ln|z| + i\theta + i2k\pi \quad (k = 0, \pm 1, \pm 2, \cdots).$$

因为 $\text{Arg}\,z$ 在 D 内分解为相差 2π 的区间,相应地,可把对数函数在 D 内分解成无穷多个单值解析分支,记作

$$w = \text{Ln}\,z = \ln|z| + i\theta + i2k\pi \quad (k = 0, \pm 1, \pm 2, \cdots).$$

特别当 $z = 1$ 时, $w = \text{Ln}\,1 = \ln 1 + i0 + 2k\pi i = 2k\pi i(k = 0, \pm 1, \pm 2, \cdots)$.

对于 $\text{Ln}\,z$ 在区域 D 内的一个单值连续分支 $f(z)$,有

$$\frac{\mathrm{d}}{\mathrm{d}z}f(z) = \frac{1}{z}.$$

3. 对数支点

0 和无穷远点对于对数函数 $w = \text{Ln}\,z$ 有特殊的意义. 在 0 或无穷远点的充分"小"的邻域内,任作一条简单连续闭曲线 C 围绕 0 或无穷远点. 根据 $\text{Arg}\,z$ 连续变化的情况,当一点 z 从 C 上一点 z_1 出发,沿 C 连续变化一周,再回到 z_1 时, $\text{Ln}\,z$ 从它在 z_1 的一个单值解析分支值连续变动到其他单值解析分支的值,因此我们把 0 及无穷远点称为对数函数的支点.

这两个支点具有下列性质:当 z 从 z_1 出发,沿 C 按一定方向连续变动无论多少周时, $w = \text{Ln}\,z$ 总不可能从它在 z_1 的任一值连续变化到同一值,因此我们把 0 及无穷远点称为对数函数的无穷阶支点,也特别地称为对数支点.

注　对于其他初等多值函数,可以类似处理:即确定支点、作割线、分解成单值解析函数分支.

例 2.15　　$\text{Ln}\,1 = \ln 1 + i0 + 2k\pi i = 2k\pi i \quad (k = 0, \pm 1, \pm 2, \cdots)$,

$\text{Ln}(-1) = \ln 1 + i\pi + 2k\pi i = (2k+1)\pi i \quad (k = 0, \pm 1, \pm 2, \cdots)$,

$\text{Ln}(i) = \ln 1 + i\dfrac{\pi}{2} + 2k\pi i = \dfrac{1+4k}{2}\pi i \quad (k = 0, \pm 1, \pm 2, \cdots)$,

$\text{Ln}(-i) = \ln 1 + i\left(-\dfrac{\pi}{2}\right) + 2k\pi i = \dfrac{-1+4k}{2}\pi i \quad (k = 0, \pm 1, \pm 2, \cdots)$,

$\text{Ln}(2+3i) = \ln\sqrt{13} + i\arctan\dfrac{3}{2} + 2k\pi i \quad (k = 0, \pm 1, \pm 2, \cdots)$.

§2.2.5　幂函数

定义 2.13　设 a 是个复常数, $z \neq 0$ 时,定义幂函数为

$$w = z^a = e^{a\text{Ln}\,z} \quad (z \neq 0).$$

当 a 为正实数,且 $z=0$ 时,还规定 $z^a=0$.

由于 $\mathrm{Ln}\,z$ 是多值函数,幂函数一般是一个多值函数. 容易得到下面的结论:

(1) 当 a 是正整数时,幂函数是一个单值函数;

(2) 当 $a=\dfrac{1}{n}$(n 是正整数) 时,幂函数是根式函数 $w=\sqrt[n]{z}$,是 n 值函数;

(3) 当 $a=\dfrac{m}{n}$ 是有理数时,幂函数是一个 n 值函数;

(4) 当 a 是无理数或虚数时,幂函数是一个无穷值多值函数.

§2.2.6　一般指数函数

定义 2.14　称 $w=a^z=\mathrm{e}^{z\mathrm{Ln}\,a}$($a\neq 0$,为一常数) 为一般指数函数.

由于 $\mathrm{Ln}\,z$ 是多值函数,$w=a^z$ 是无穷多个独立的、在 z 平面上单值解析的函数. 特别地,当 $a=\mathrm{e}$,$\mathrm{Ln}\,\mathrm{e}$ 取主值时,就得到通常的单值指数函数 e^z.

例 2.16　求:(1) $\mathrm{i}^{-\mathrm{i}}$;　(2) $3^{1+\mathrm{i}}$.

【解】　(1) $\mathrm{i}^{-\mathrm{i}}=\mathrm{e}^{-\mathrm{i}\mathrm{Ln}\,\mathrm{i}}=\mathrm{e}^{-\mathrm{i}\left[\mathrm{i}\left(\frac{\pi}{2}+2k\pi\right)\right]}=\mathrm{e}^{\left(\frac{\pi}{2}+2k\pi\right)}$　$(k\in\mathbf{Z})$.

(2) $3^{1+\mathrm{i}}=\mathrm{e}^{(1+\mathrm{i})\mathrm{Ln}\,3}=\mathrm{e}^{(1+\mathrm{i})(\ln 3+2k\pi\mathrm{i})}$

$\qquad=\mathrm{e}^{\ln 3-2k\pi+\mathrm{i}(\ln 3+2k\pi)}$

$\qquad=\mathrm{e}^{\ln 3-2k\pi}\left[\cos(\ln 3)+\mathrm{i}\sin(\ln 3)\right]$　$(k\in\mathbf{Z})$.

§2.2.7　反三角函数与反双曲函数

1. 反正弦函数

我们称由函数 $z=\sin w$ 所定义的函数 w 为 z 的反正弦函数,记作 $w=\mathrm{Arcsin}\,z$.

由于反正弦函数 $w=\mathrm{Arcsin}\,z$ 是方程 $\sin w=z$ 的根,于是 $\dfrac{\mathrm{e}^{\mathrm{i}w}-\mathrm{e}^{-\mathrm{i}w}}{2\mathrm{i}}=z$,即

$$\mathrm{e}^{2\mathrm{i}w}-2\mathrm{i}z\mathrm{e}^{\mathrm{i}w}-1=0,$$

解得

$$\mathrm{e}^{\mathrm{i}w}=\mathrm{i}z+\sqrt{1-z^2}\Rightarrow w=\frac{1}{\mathrm{i}}\mathrm{Ln}(\mathrm{i}z+\sqrt{1-z^2}),$$

即

$$\mathrm{Arcsin}\,z=\frac{1}{\mathrm{i}}\mathrm{Ln}(\mathrm{i}z+\sqrt{1-z^2}).$$

反正弦函数是多值解析函数.

注 反正弦函数表示式 $\text{Arcsin } z = \dfrac{1}{i}\text{Ln}(iz+\sqrt{1-z^2})$ 中 $\sqrt{1-z^2}$ 是根式函数,是双值函数.

例 2.17 求 $\text{Arcsin } 3$.

【解】

$$\text{Arcsin } 3 = \frac{1}{i}\text{Ln}(3i \pm 2\sqrt{2}\,i) = \frac{1}{i}\text{Ln}[(3 \pm 2\sqrt{2})i]$$

$$= \frac{1}{i}\left[\ln(3 \pm 2\sqrt{2}) + i\left(\frac{\pi}{2} + 2k\pi\right)\right]$$

$$= \frac{\pi}{2} + 2k\pi - i\ln(3 \pm 2\sqrt{2})$$

$$(k = 0, \pm 1, \pm 2, \cdots).$$

2. 反正切函数

我们称由函数 $z = \tan w$ 所定义的函数 w 为 z 的反正切函数,记作 $w = \text{Arctan } z$.

因为

$$z = \frac{1}{i}\frac{e^{iw} - e^{-iw}}{e^{iw} + e^{-iw}},$$

令 $e^{2iw} = \tau$,得到

$$z = \frac{1}{i}\frac{\tau - 1}{\tau + 1},$$

从而

$$\tau = \frac{-z + i}{z + i},$$

所以

$$w = \text{Arctan } z = \frac{1}{2i}\text{Ln}\frac{-z + i}{z + i}$$

$$= \frac{1}{2i}[\text{Ln}(z - i) - \text{Ln}(z + i) + i\pi].$$

反正切函数是多值解析函数.

例 2.18 求 Arctan 1.

【解】 $\text{Arctan} 1 = \dfrac{1}{2i} \text{Ln} \dfrac{1+i}{1-i} = \dfrac{1}{2i} \text{Ln} \, i = \dfrac{1}{2i} \left[i\left(\dfrac{\pi}{2} + 2k\pi \right) \right] = \dfrac{\pi}{4} + k\pi \quad (k \in \mathbf{Z}).$

3. 反余弦函数

反余弦函数 $w = \text{Arccos} \, z$ 规定为方程 $\cos w = z$ 的根的全体. 它与对数函数的关系为 $w = \dfrac{1}{i} \text{Ln}(z + i\sqrt{1-z^2})$(其中 $\sqrt{1-z^2}$ 表示双值函数).

其他反三角函数和反双曲函数类似给出.

注 我们后面讨论的函数,如果没有特别指出,都是单值函数.

§2.3 MATLAB:复变函数的可视化

§2.3.1 复变函数的表达式

MATLAB 中常用的初等解析函数命令如表 2.1 所示.

表 2.1

	复数	指数函数	正弦函数	余弦函数	双曲正弦	双曲余弦
定义	z	e^z	$\sin z$	$\cos z$	$\sinh z$	$\cosh z$
命令	z	exp(z)	sin(z)	cos(z)	sinh(z)	cosh(z)

MATLAB 中常用的初等多值函数命令如表 2.2 所示.

表 2.2

	复数	辐角函数	对数函数	幂函数	一般指数函数	反正切函数	反正弦函数	反余弦函数
定义	z	$\arg z$	$\ln z$	z^a	a^z	$\arctan z$	$\arcsin z$	$\arccos z$
命令	z	angle(z)	log(z)	z^a	a^z	atan(z)	asin(z)	acos(z)

注意,这里的多值函数一般取相应于 $\arg z \in (-\pi, \pi]$ 的那一个分支.

§2.3.2 初等解析函数的图形描绘

复变函数的图形可以有如下 3 种描绘方式:

(1) $z = x + iy \longmapsto w = u + iv$:

"实部-虚部",z 平面直角坐标系 (x, y) 到 w 平面直角坐标系 (u, v) 的映射.

（2）$z = r\mathrm{e}^{\mathrm{i}\theta} \longmapsto w = \rho\mathrm{e}^{\mathrm{i}\varphi}$：

"模-辐角"，z 平面极坐标系 (r, θ) 到 w 平面极坐标系 (ρ, φ) 的映射.

（3）黎曼曲面：空间直角坐标系（或空间柱坐标系）.

① 横坐标表示复数 z 的实部 $\mathrm{Re}\, z$（或径向坐标表示复数 z 的模 $|z|$）；

② 纵坐标表示复数 z 的虚部 $\mathrm{Im}\, z$（或角坐标表示复数 z 的辐角 $\arg z$）；

③ 竖坐标表示复变函数 $w = f(z)$ 的实部 $\mathrm{Re}\, f(z)$，并以不同灰度来标示复变函数虚部 $\mathrm{Im}\, f(z)$ 的大小.

下面将分别利用上述 3 种描绘方式，展示初等解析函数和初等多值函数的图形.

1. 指数函数 $w = \mathrm{e}^z$

（1）利用"实部-虚部"的直角坐标系，展示指数函数的图形（图 2.4）.

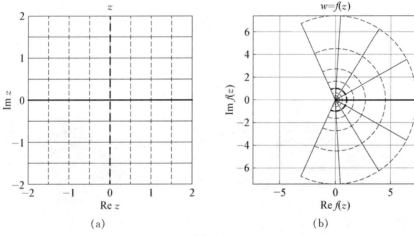

图 2.4

图 2.4(a) 所示是一个均匀的矩形网格，用来表示复平面（z 平面）上的复数 $z = x + \mathrm{i}y$，$(x, y) \in [-2, 2]^2 \subset [-\pi, \pi]^2$，是映射之前的图形. 图 2.4(b) 所示是经过指数函数 $w = f(z) = \mathrm{e}^z$ 映射之后，均匀矩形网格被映射成为的图形，用来表示复平面（w 平面）上指数函数 $w = f(z) = \mathrm{e}^z$ 的图形. 显然，它将 z 平面的带状区域 $\{z : \mathrm{Im}\, z \in (-\pi, \pi)\}$ 映射为 w 平面的区域 $D \in \mathbf{C} \backslash (-\infty, 0]$.

（2）利用"模-辐角"的极坐标系，展示指数函数的图形（图 2.5）.

图 2.5(a) 所示是一个均匀的辐射状网格，用来表示复平面（z 平面）上的复数 $z = r\mathrm{e}^{\mathrm{i}\theta}$，$(r, \theta) \in [0, 2] \times (-\pi, \pi]$，是映射之前的图形. 图 2.5(b) 所示是经过指数函数 $w = f(z) = \mathrm{e}^z$ 映射之后，均匀辐射状网格被映射成为的图形，用来表示复平面（w 平面）上指数函数 $w = f(z) = \mathrm{e}^z$ 的图形. 显然，它将 z 平面的

极点 O 映射为 w 平面实轴上的点$(1, 0)$.

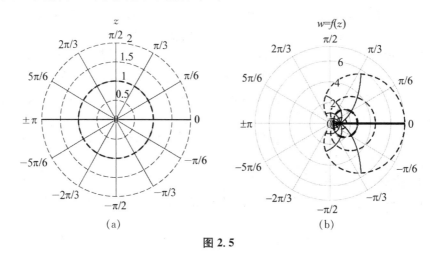

图 2.5

（3）利用黎曼曲面的描绘方法展示指数函数的图形（图 2.6）.

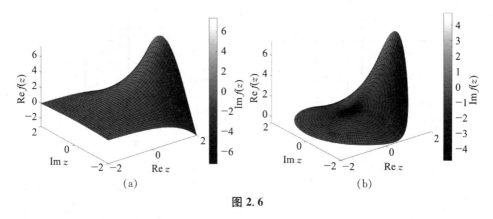

图 2.6

如图 2.6(a)所示,在"实部-虚部-函数实部"的空间直角坐标系内,横坐标表示复数 z 的实部 $\mathrm{Re}\, z \in [-2, 2]$,纵坐标表示复数 z 的虚部 $\mathrm{Im}\, z \in [-2, 2]$,竖坐标表示复变函数 $w = f(z) = \mathrm{e}^z$ 的实部 $\mathrm{Re}\, f(z)$,并用不同的灰度标示复变函数虚部 $\mathrm{Im}\, f(z)$ 的大小. 灰度越亮,虚部的值越大;灰度越暗,虚部的值越小.

如图 2.6(b)所示,在"模-辐角-函数实部"的空间柱坐标系内,径向坐标表示复数 z 的模 $|z| \in [0, 2]$,角坐标表示复数 z 的辐角 $\arg z \in (-\pi, \pi]$,竖坐标表示复变函数 $w = f(z) = \mathrm{e}^z$ 的实部 $\mathrm{Re}\, f(z)$,并用不同的灰度表示复变函数虚部 $\mathrm{Im}\, f(z)$ 的大小. 同样地,灰度越亮,虚部的值越大;灰度越暗,虚部的值越小.

利用黎曼曲面,可以非常方便地展示出:指数函数是以 $2\pi i$ 为周期的周期函数(图2.7).图中,复数 $z = x + iy$ 的范围是 $(x, y) \in [-2, 2] \times [-2\pi, 2\pi]$.

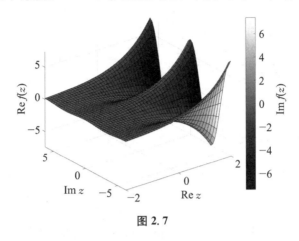

图 2.7

2. 正弦函数 $w = \sin z$ 与余弦函数 $w = \cos z$

同理,下面展示正弦函数与余弦函数的图形(图2.8～图2.15).

(1) 正弦函数:$w = f(z) = \sin z$.

图2.8所示是"实部-虚部"平面直角坐标系之间的映射 $z \mapsto w = \sin z$,其中复数 $z = x + iy$ 满足 $(x, y) \in [-2, 2]^2 \subset [-\pi, \pi]^2$.

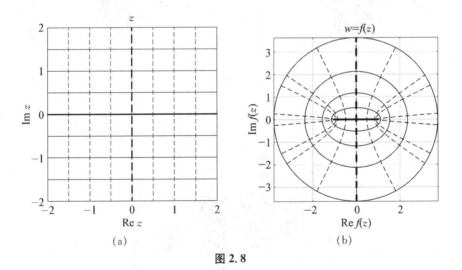

图 2.8

图2.9所示是"模-辐角"平面极坐标系之间的映射 $z \mapsto w = \sin z$,其中复数 $z = re^{i\theta}$ 满足 $(r, \theta) \in [0, 2] \times (-\pi, \pi]$.

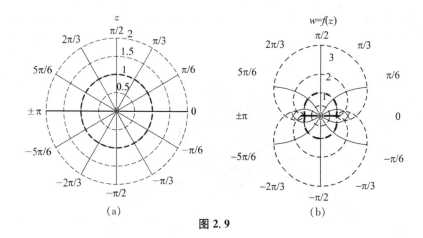

图 2.9

图 2.10 所示是正弦函数 $f(z) = \sin z$ 的黎曼曲面,(a) 是空间直角坐标系,(b) 是空间柱坐标系,其中复数 z 的实部 $\mathrm{Re}\, z \in [-2, 2]$,虚部 $\mathrm{Im}\, z \in [-2, 2]$.

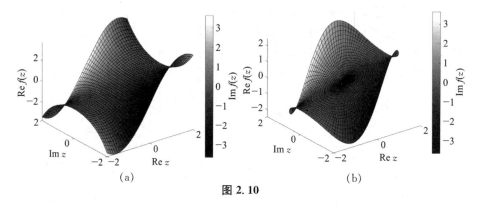

图 2.10

图 2.11 所示同样是正弦函数 $f(z) = \sin z$ 的黎曼曲面,但是复数 $z = x + \mathrm{i}y$

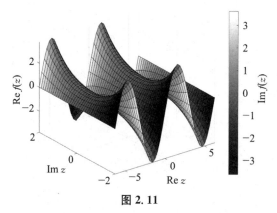

图 2.11

的范围是$(x, y) \in [-2\pi, 2\pi] \times [-2, 2]$. 显然, 它是以 2π 为周期的周期函数.

（2）余弦函数：$w = f(z) = \cos z$.

图 2.12 所示是"实部–虚部"平面直角坐标系之间的映射 $z \mapsto w = \cos z$, 其中复数 $z = x + \mathrm{i}y$ 满足 $(x, y) \in [-2, 2]^2 \subset [-\pi, \pi]^2$.

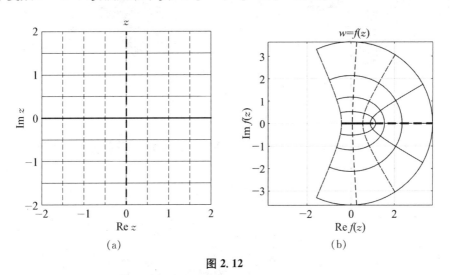

图 2.12

图 2.13 所示是"模–辐角"平面极坐标系之间的映射 $z \mapsto w = \cos z$, 其中复数 $z = re^{\mathrm{i}\theta}$ 满足 $(r, \theta) \in [0, 2] \times (-\pi, \pi]$.

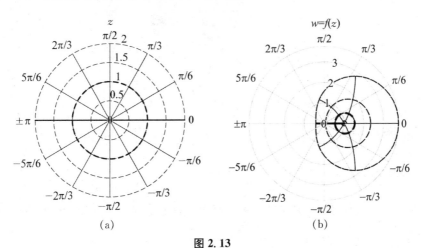

图 2.13

图 2.14 所示是余弦函数 $f(z) = \cos z$ 的黎曼曲面, (a) 是空间直角坐标系,

(b) 是空间柱坐标系,其中复数 z 的实部 $\mathrm{Re}\,z \in [-2, 2]$,虚部 $\mathrm{Im}\,z \in [-2, 2]$.

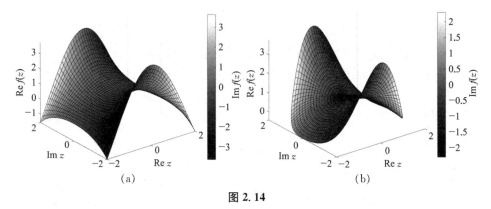

图 2.14

图 2.15 所示同样是余弦函数 $f(z) = \cos z$ 的黎曼曲面,但是复数 $z = x + \mathrm{i}y$ 的范围是 $(x, y) \in [-2\pi, 2\pi] \times [-2, 2]$. 显然,它是以 2π 为周期的周期函数.

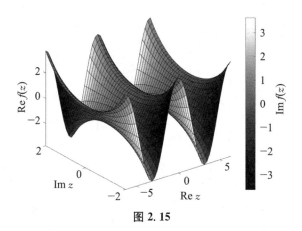

图 2.15

3. 函数 $w = \dfrac{1}{z}$

考虑复变函数 $w = f(z) = \dfrac{1}{z}$,其中 $z = x + \mathrm{i}y = r\mathrm{e}^{\mathrm{i}\vartheta}$.

图 2.16 所示是"实部-虚部"平面直角坐标系之间的映射 $z \longmapsto w = \dfrac{1}{z}$,其中复数 $z = x + \mathrm{i}y$ 满足 $(x, y) \in [-8, 8]^2$.

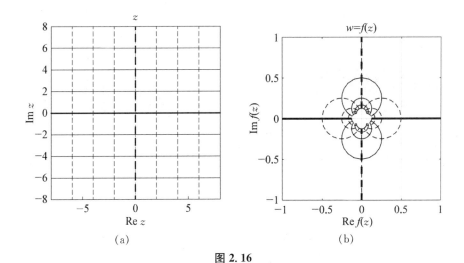

图 2.16

图 2.17 所示是"模-辐角"平面极坐标系之间的映射 $z \mapsto w = \dfrac{1}{z}$,其中复数 $z = re^{i\theta}$ 满足 $(r, \theta) \in [0, 8] \times (-\pi, \pi]$.

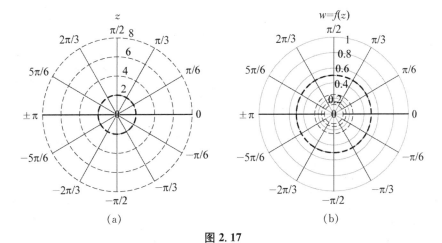

图 2.17

图 2.18 所示是函数 $f(z) = \dfrac{1}{z}$ 的黎曼曲面,(a) 是空间直角坐标系,(b) 是空间柱坐标系,其中复数 z 的实部 $\mathrm{Re}\, z \in [-8, 8]$,虚部 $\mathrm{Im}\, z \in [-8, 8]$.

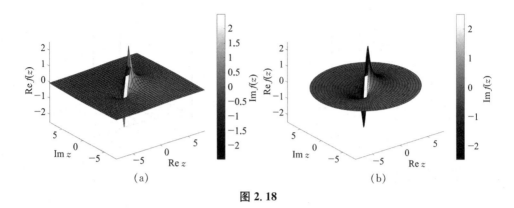

图 2.18

4. 函数 $w=z^2$

考虑复变函数 $w=f(z)=z^2$,其中 $z=x+\mathrm{i}y=r\mathrm{e}^{\mathrm{i}\theta}$.

图 2.19 所示是"实部-虚部"平面直角坐标系之间的映射 $z\longmapsto w=z^2$,其中复数 $z=x+\mathrm{i}y$ 满足 $(x,y)\in[-2,2]^2$.

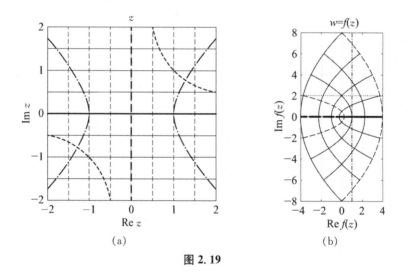

图 2.19

图 2.20 所示是"模-辐角"平面极坐标系之间的映射 $z\longmapsto w=z^2$,其中复数 $z=r\mathrm{e}^{\mathrm{i}\theta}$ 满足 $(r,\theta)\in[0,2]\times(-\pi,\pi]$.

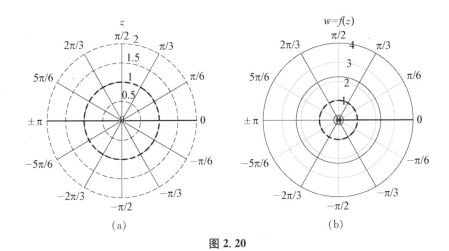

图 2. 20

图 2.21 所示是函数 $f(z) = z^2$ 的黎曼曲面,(a) 是空间直角坐标系,(b) 是空间柱坐标系,其中复数 z 的实部 $\mathrm{Re}\, z \in [-2, 2]$,虚部 $\mathrm{Im}\, z \in [-2, 2]$.

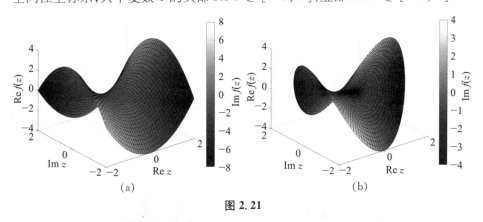

图 2. 21

§2.3.3   复数方程求解

1. 方程 $z^6 + 1 = 0$

考虑复数方程 $z^6 + 1 = 0$.

图 2.22 所示是函数 $f(z) = z^6$ 的黎曼曲面,(a) 是仰角为 $\dfrac{\pi}{6}$ 的侧视图,(b)

是仰角为 $\dfrac{\pi}{2}$ 的俯视图,其中复数 z 的实部 $\mathrm{Re}\, z \in [-1.3, 1.3]$,虚部 $\mathrm{Im}\, z \in$

$[-1.3, 1.3]$.进一步地,以虚线标示 $\mathrm{Re}\, z^6 = -1$,以实线标示 $\mathrm{Im}\, z^6 = 0$. 显然,虚

线与实线的交点(图2.22中的黑点)表示方程 $z^6+1=0$ 的6个解,即 $z^6=-1$.

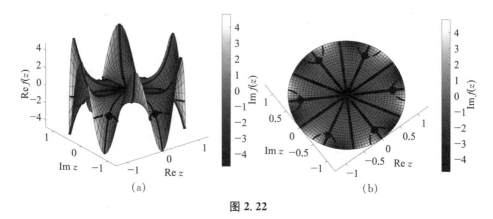

图 2.22

2. 方程 $1\pm e^z=0$

考虑复数方程 $1\pm e^z=0$.

图2.23所示是函数 $f(z)=e^z$ 的黎曼曲面,(a)是仰角为 $\frac{\pi}{6}$ 的侧视图,(b)

是仰角为 $\frac{\pi}{2}$ 的俯视图,其中复数 z 的实部 $\text{Re}\,z\in[-2,\,2]$,虚部 $\text{Im}\,z\in[-2\pi,$

$2\pi]$.进一步地,以虚线标示 $\text{Re}\,e^z=-1$,以点线标示 $\text{Re}\,e^z=+1$,以实线标示

$\text{Im}\,e^z=0$. 显然,虚线与实线的交点(图2.23中的黑点)表示方程 $1+e^z=0$ 的解,

即 $e^z=-1$;点线与实线的交点(图2.23中的黑点)表示方程 $1-e^z=0$ 的解,即

$e^z=+1$.

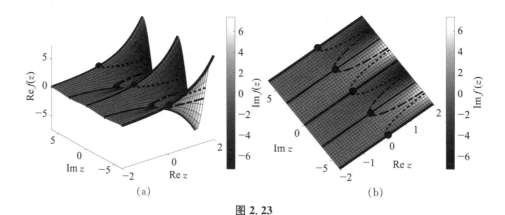

图 2.23

§2.3.4 初等多值函数的图形可视化

1. 根式函数 $w = \sqrt{z}$

(1) 利用"实部-虚部"的直角坐标系, 展示根式函数 $w = \sqrt{z}$ 的图形 (图 2.24).

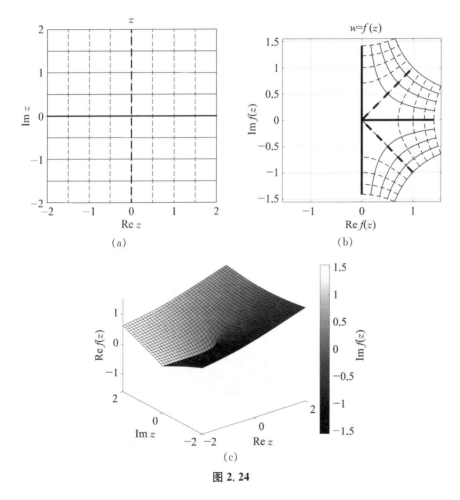

图 2.24

图 2.24(a)是一个均匀的矩形网格, 用来表示复平面(z 平面)上的复数 $z = x + \mathrm{i}y$, $(x, y) \in [-2, 2]^2$, 是映射之前的图形. 图 2.24(b) 是经过根式函数 $w = f(z) = \sqrt{z}$ 映射之后, 均匀矩形网格被映射成为的图形, 用来表示复平面(w 平面) 上根式函数 $w = f(z) = \sqrt{z}$ 的图形(其中的一个分支).

还可以利用黎曼曲面的描绘方法展示根式函数的图形,如图 2.24(c)所示. 在"实部-虚部-函数实部"的空间直角坐标系内,横坐标表示复数 z 的实部 $\operatorname{Re} z \in [-2, 2]$,纵坐标表示复数 z 的虚部 $\operatorname{Im} z \in [-2, 2]$,竖坐标表示复变函数 $w = f(z) = \sqrt{z}$ 的实部 $\operatorname{Re} f(z)$,并用不同的灰度标示复变函数虚部 $\operatorname{Im} f(z)$ 的大小. 灰度越亮,虚部的值越大;灰度越暗,虚部的值越小.

显然,当 z 在负实轴上沿时,根式函数 $f(z) = \sqrt{z}$ 取 $\operatorname{Im} f(z) > 0$,即白色; 当 z 在负实轴下沿时,根式函数 $f(z) = \sqrt{z}$ 取 $\operatorname{Im} f(z) < 0$,即黑色.

(2) 利用"模-辐角"的极坐标系,展示根式函数 $w = \sqrt{z}$ 的图形(图 2.25).

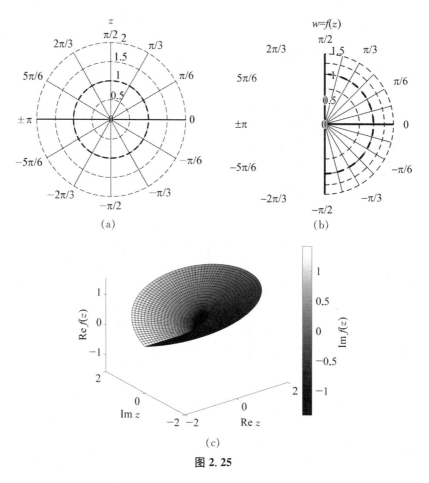

图 2.25

图 2.25(a)是一个均匀的辐射状网格,用来表示复平面(z 平面)上的复数 $z = re^{i\theta}$,$(r, \theta) \in [0, 2] \times (-\pi, \pi]$,是映射之前的图形. 图 2.25(b) 是经过根

式函数 $w=f(z)=\sqrt{z}$ 映射之后,均匀辐射状网格被映射成为的图形,用来表示复平面(w 平面) 上根式函数 $w=f(z)=\sqrt{z}$ 的图形(其中的一个分支).

同样可利用黎曼曲面的描绘方法展示根式函数的图形,如图 2.25(c)所示. 在"模-辐角-函数实部"的空间柱坐标系内,径向坐标表示复数 z 的模 $|z|\in[0,2]$,角坐标表示复数 z 的辐角 $\arg z\in(-\pi,\pi]$,竖坐标表示复变函数 $w=f(z)=\sqrt{z}$ 的实部 $\mathrm{Re}\,f(z)$,并用不同的灰度标示复变函数虚部 $\mathrm{Im}\,f(z)$ 的大小. 同样地,灰度越亮,虚部的值越大;灰度越暗,虚部的值越小.

显然,

$$f(z)=\sqrt{z}$$

是一个双值函数,并且可以通过以负实轴为割线,将它分为两个解析分支. 进一步地,通过计算辐角值大于 π(即($\pi,3\pi$])所对应的解析分支,可以将图 2.25(b)的根式函数图形补充完整. 进而,两个解析分支的根式函数图形见图 2.26(a);并且图 2.26(b)是根式函数的完整黎曼曲面.

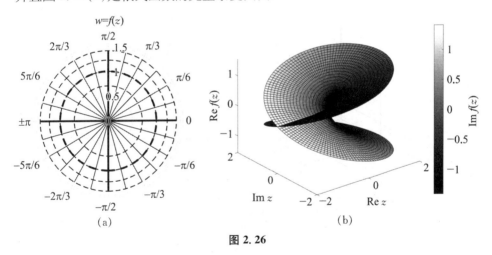

图 2.26

2. 根式函数 $w=\sqrt[3]{z}$

同理,

$$f(z)=\sqrt[3]{z}$$

是一个 3 值函数,并且可以通过以负实轴为割线,将它分为 3 个解析分支.

(1) 利用"实部-虚部"的直角坐标系,展示根式函数 $w=\sqrt[3]{z}$ 的图形(图 2.27).

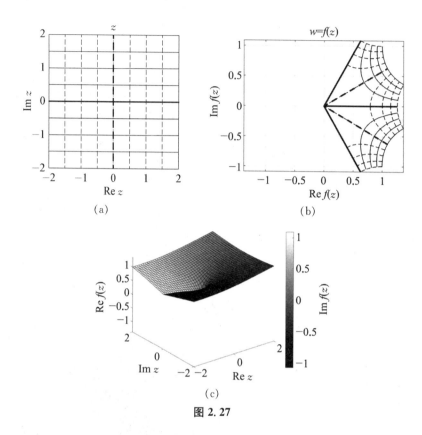

图 2.27

(2) 利用"模-辐角"的极坐标系,展示根式函数 $w = \sqrt[3]{z}$ 的图形(图 2.28).

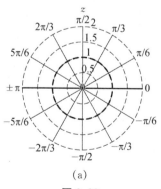

(a)

图 2.28

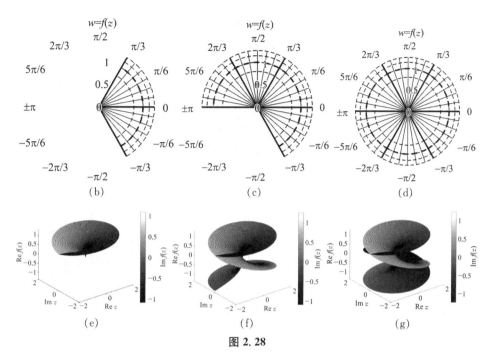

图 2.28

3. 对数函数 $w = \operatorname{Ln} z$

对数函数

$$w = \operatorname{Ln} z$$

是一个多值函数,并且可以通过以负实轴为割线,将它分为无穷多个解析分支.

(1) 利用"实部 - 虚部"的直角坐标系,展示对数函数 $w = \operatorname{Ln} z$ 的图形 (图 2.29).

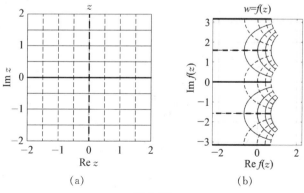

图 2.29

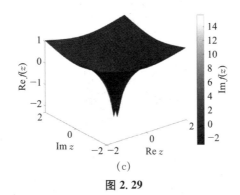

(c)

图 2.29

（2）利用"模–辐角"的极坐标系,展示对数函数 $w = \text{Ln}\, z$ 的图形（图 2.30）.

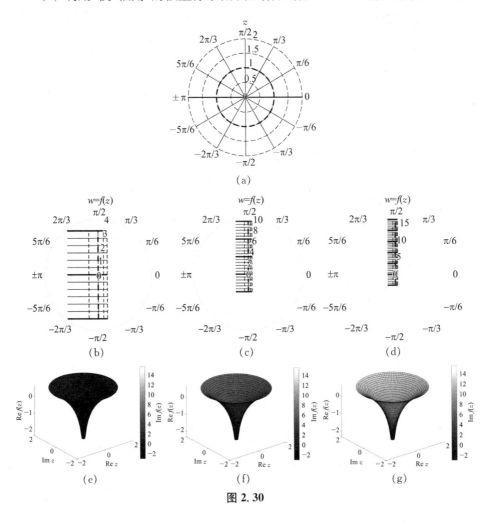

图 2.30

4. 函数 $f(z)=\sqrt{z(z-1)(z-2)}$

显然,它是一个双值函数,并且可以通过下述两种割线分为两个解析分支.

(1) 利用"实部-虚部"的直角坐标系,展示函数的图形(图 2.31).

第一种割线:图 2.31(c)中的虚线,标示 $\operatorname{Re} f(z)=0$.

第二种割线:图 2.31(e)中的点线,标示 $\operatorname{Im} f(z)=0$ 中的一个子集,即割线 $[0,1]\bigcup[2,+\infty)$.

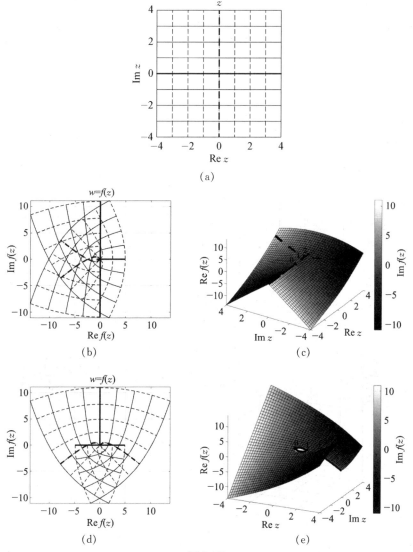

图 2.31

(2) 利用"模-辐角"的极坐标系,展示函数的图形(图 3.32、图 2.33).

第一种割线(图 2.32(e)~(g)中的虚线,标示 $\mathrm{Re}\,f(z)=0$)分成的两个解析分支,可见图 2.32 中的(b) ~ (g).

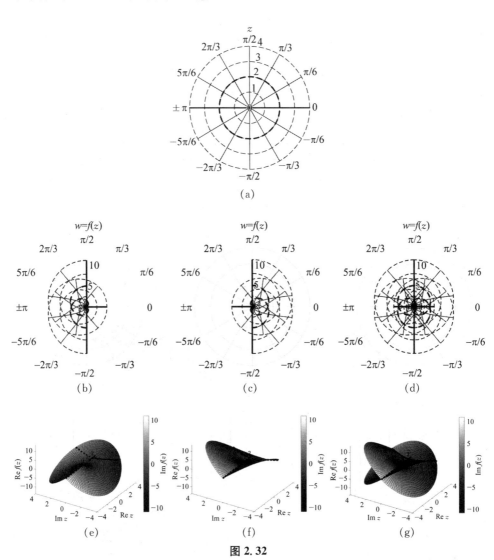

图 2.32

第二种割线(图 2.33(e)~(g)中的点线,标示 $[0, 1] \bigcup [2, +\infty))$ 分成的两个解析分支,可见图 2.33 中的(b) ~ (g).

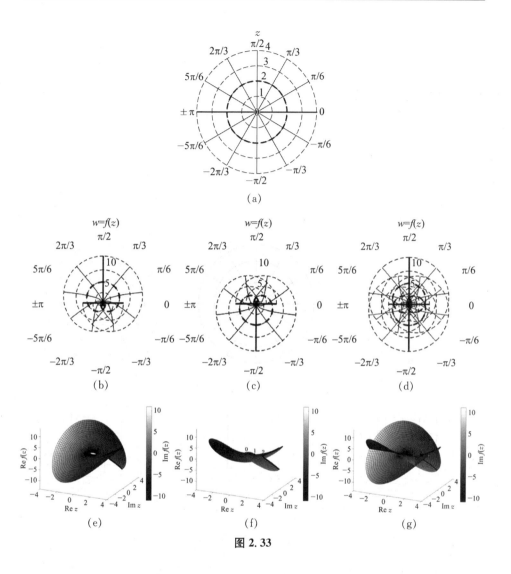

图 2.33

第二章习题

1. 设 $f(z) = \begin{cases} \dfrac{xy^2(x+\mathrm{i}y)}{x^2+y^4}, & z \neq 0, \\ 0, & z = 0, \end{cases}$ 试证 $f(z)$ 在原点满足柯西-黎曼方程,但却不可导.

2. 指出下列函数的解析区域和奇点,并求出可导点的导数:

(1) $(z-1)^5$;　(2) $z^3+2\mathrm{i}z$;　(3) $\dfrac{1}{z^2+1}$;　(4) $z+\dfrac{1}{z+3}$.

3. 判别下列函数在何处可导、何处解析,并求出可导点的导数:

(1) $f(z)=xy^2+\mathrm{i}x^2y$;　　(2) $f(z)=x^2+\mathrm{i}y^2$;

(3) $f(z)=x^2-\mathrm{i}y$;　　　　(4) $f(z)=x^3-3xy^2+\mathrm{i}(3x^2y-y^3)$.

4. 证明:(1) 函数 $f(z)=\sqrt{|xy|}$ 在 $z=0$ 不可微;　(2) 函数 $f(z)=x^3-\mathrm{i}y^3$ 仅仅在原点有导数.

5. 讨论下列函数的解析性:

(1) $f(z)=|z|^2$;　(2) $f(z)=\bar{z}\cdot z^2$.

6. 讨论函数 $f(z)=\mathrm{e}^{\bar{z}}$ 在复平面上的解析性.

7. 确定函数 $\dfrac{az+b}{cz+d}(c,d$ 至少有一不为零$)$ 的解析区域和奇点,并求出导数.

8. 证明:若 $f(z)$ 解析,则有 $\left(\dfrac{\partial}{\partial x}|f(z)|\right)^2+\left(\dfrac{\partial}{\partial y}|f(z)|\right)^2=|f'(z)|^2$.

9. 若函数 $f(z)=u+\mathrm{i}v$ 在区域 D 内解析,并满足下列条件之一,试证 $f(z)$ 必为常数.

(1) $\overline{f(z)}$ 在区域 D 内解析;

(2) $v=u^2$;

(3) $\arg f(z)$ 在 D 内为常数;

(4) $au+bv=c$　$(a,b,c$ 为不全为零的实常数$)$;

(5) u 在 D 内为常数;

(6) $|f(z)|$ 在 D 内为常数;

(7) 在区域 D 内 $f'(z)=0$.

10. 试证 C - R 方程的极坐标形式为

$$\frac{\partial u}{\partial r}=\frac{1}{r}\frac{\partial v}{\partial\theta},\ \frac{\partial v}{\partial r}=-\frac{1}{r}\frac{\partial u}{\partial\theta},$$

并且有

$$f'(z)=\frac{r}{z}\left(\frac{\partial u}{\partial r}+\mathrm{i}\frac{\partial v}{\partial r}\right)=\frac{1}{z}\left(\frac{\partial v}{\partial\theta}-\mathrm{i}\frac{\partial u}{\partial\theta}\right).$$

11. 如果 $f(z)=u+\mathrm{i}v$ 是一解析函数,试证:$\overline{\mathrm{i}f(z)}$ 也是解析函数.

12. 证明:若函数 $f(z)$ 在上半平面解析,则函数 $\overline{f(\bar{z})}$ 在下半平面解析.

13. 计算下列各值(若是对数还须求出主值):

(1) $\mathrm{e}^{-\frac{\pi}{2}\mathrm{i}}$;　　　　(2) $\mathrm{Ln}(-\mathrm{i})$;　　　　(3) $\mathrm{Ln}(-3+4\mathrm{i})$;

(4) $\sin\mathrm{i}$;　　　　(5) $\cos\mathrm{i}$;　　　　(6) $(1+\mathrm{i})^{\mathrm{i}}$;

(7) $(1-\mathrm{i})^{1+\mathrm{i}}$;　　(8) $27^{\frac{2}{3}}$;　　　　(9) $3^{3-\mathrm{i}}$.

14. 求 $|\mathrm{e}^{z^2}|$ 和 $\mathrm{Arg}\,\mathrm{e}^{z^2}$.

15. 设 $z = re^{i\theta}$，求 $\text{Re}[\,\text{Ln}(z-1)\,]$.

16. 解下列方程：

(1) $e^z = 1 + \sqrt{3}\,i$; 　　　　　　　　　(2) $\ln z = \dfrac{\pi}{2}i$;

(3) $\sin z + \cos z = 0$; 　　　　　　　　(4) $\sinh z = i$.

17. 证明洛必达(L'Hospital)法则：若 $f(z)$ 及 $g(z)$ 在 z_0 点解析，且 $f(z_0) = g(z_0) = 0$，$g'(z_0) \neq 0$，则 $\lim\limits_{z \to z_0} \dfrac{f(z)}{g(z)} = \dfrac{f'(z_0)}{g'(z_0)}$，并由此求极限 $\lim\limits_{z \to 0} \dfrac{\sin z}{z}$，$\lim\limits_{z \to 0} \dfrac{e^z - 1}{z}$.

18. 用对数计算公式直接验证：

(1) $\text{Ln}\, z^2 \neq 2\text{Ln}\, z$; 　　　　　　　(2) $\text{Ln}\sqrt{2} = \dfrac{1}{2}\text{Ln}\, z$.

19. 证明：$\overline{\sin z} = \sin \bar{z}$，$\overline{\cos z} = \cos \bar{z}$.

20. 证明：$|\,\text{Im}\, z\,| \leqslant |\,\sin z\,| \leqslant e^{|\text{Im}\, z|}$（即 $|\,y\,| \leqslant |\,\sin z\,| \leqslant e^{|y|}$）.

21. 设 $|\,z\,| \leqslant R$，证明：$|\,\sin z\,| \leqslant \cosh R$，$|\,\cos z\,| \leqslant \cosh R$.

22. 设 $f(z)$ 在区域 D 内解析，试证：$\left(\dfrac{\partial^2}{\partial x^2} + \dfrac{\partial^2}{\partial y^2} \right) |\, f(z)\,|^2 = 4\,|\, f'(z)\,|^2$.

23. 设区域 D 是沿正实轴割开的 z 平面，求函数 $w = \sqrt[3]{z}$ 在 D 内满足条件 $w(i) = -i$ 的单值连续解析分支在 $z = -i$ 处之值.

24. 试证：$f(z) = \sqrt{z(1-z)}$ 在割去线段 $0 \leqslant \text{Re}\, z \leqslant 1$ 的 z 平面内能分出两个单值解析分支，并求出支割线 $0 \leqslant \text{Re}\, z \leqslant 1$ 上岸取正值的那支在 $z = -1$ 的值.

25. 试证：$f(z) = \sqrt[3]{z(1-z)}$ 在将 z 平面适当割开后能分出 3 个单值解析分支，并求出在点 $z = 2$ 取负值的那个分支在 $z = i$ 的值.

26. (1) 作出一个含 i 的区域，使得函数

$$w = \sqrt{z(z-z)(z-2)}$$

在这个区域内可以分解成解析分支；求一个分支在 i 点的值.

(2) 求 w 在上述区域中的一个解析分支

$$w = \sqrt{z(z-z)(z-2)} \quad (w(-1) = -\sqrt{6}\,i)$$

在 $z = i$ 的值.

27. 验证函数 $w = \sqrt[4]{z(1-z)^3}$ 在区域 $D = \mathbf{C} - [0, 1]$ 内可以分解成解析分支；求出这个分支函数在 $(0, 1)$ 上沿取正实值的一个分支在 $z = -1$ 处的值及函数在 $(0, 1)$ 下沿的值.

下面是上机操作练习题.

28. 计算题：

(1) 求 $e^{\frac{1+3i}{4+i}}$ 的实部和虚部；

(2) 求 $e^{\sqrt{3-i}}$ 的模和辐角；

(3) 求 $\cos(5 + 2i)$ 的共轭复数.

29. 绘图题:

(1) 绘制方形区域 $[-2,2]^2$ 对应 z 平面,直角坐标系网格大小为 9×9.

(提示:利用 plot)

(2) 绘制相应于上题区域内指数函数 $w=e^z$ 的 w 平面图形.

(3) 绘制相应于上题区域内指数函数 $w=e^z$ 的黎曼曲面.

30. 绘图题:

(1) 绘制圆形区域 $[0,2]\times(-\pi,\pi)$ 对应 z 平面,极坐标系网格大小为 5×9.

(提示:利用 polarplot)

(2) 绘制相应于上题区域内指数函数 $w=e^z$ 的 w 平面图形.

(3) 绘制相应于上题区域内指数函数 $w=e^z$ 的黎曼曲面.

31. 绘图题:

(1) 生成方形区域 $[-2,2]^2$ 对应 z 平面的直角坐标系网格,大小为 9×9.

(2) 绘制相应于上题区域内根号函数 $w=\sqrt{z}$ 的黎曼曲面.

(3) 这是一个双值函数,绘制根号函数的两个解析分支.

部分习题答案与提示

2. (1) $(z-1)^5$ 处处解析,$[(z-1)^5]'=5(z-1)^4$.

(2) z^3+2iz 处处解析,$(z^3+2iz)'=3z^2+2i$.

(3) $\dfrac{1}{z^2+1}$ 的奇点为 $z^2+1=0$,即 $z=\pm i$,

$$\left(\frac{1}{z^2+1}\right)'=\frac{-(z^2+1)'}{(z^2+1)^2}=\frac{-2z}{(z^2+1)^2}\quad(z\neq\pm i).$$

(4) $z+\dfrac{1}{z+3}$ 的奇点为 $z=-3$,

$$\left(z+\frac{1}{z+3}\right)'=1-\frac{1}{(z+3)^2}\quad(z\neq-3).$$

3. (1) 函数在 $z=0$ 点可导,$f'(0)=(u_x+iv_x)|_{z=0}=0$,函数处处不解析.

(2) 函数在直线 $y=x$ 上可导,$f'(x+ix)=(u_x+iv_x)|_{y=x}=2x$,因而函数处处不解析.

(3) 在 z 平面上 $f(z)$ 处处不解析.

(4) 处处解析,且导数为 $f'(z)=u_x+iv_x=3x^2-3y^2+i6xy=3z^2$.

13. (1) $e^{-\frac{\pi}{2}i}=\cos\left(-\dfrac{\pi}{2}\right)+i\sin\left(-\dfrac{\pi}{2}\right)=-i$.

(2) $\text{Ln}(-i)=\ln 1+i\left(-\dfrac{\pi}{2}\right)+2k\pi i=\dfrac{-1+4k}{2}\pi i\quad(k=0,\pm1,\pm2,\cdots)$;

主值为 $\ln(-i) = -\dfrac{1}{2}\pi i$.

(3) $\operatorname{Ln}(-3+4i) = \ln|-3+4i| + \arg(-3+4i) + 2k\pi i$

$\qquad = \ln 5 + \left(\pi - \arctan\dfrac{4}{3} + 2k\pi\right)i$, k 为任意整数；

主值为 $\ln(-3+4i) = \ln 5 + \left(\pi - \arctan\dfrac{4}{3}\right)i$.

(4) $\sin i = \dfrac{e^{i(i)} - e^{-i(i)}}{2i} = \dfrac{e - e^{-1}}{2}i$.

(5) $\cos i = \dfrac{e^{i(i)} + e^{-i(i)}}{2} = \dfrac{e^{-1} + e}{2}$.

(6) $(1+i)^i = e^{i\operatorname{Ln}(1+i)} = e^{i\left(\ln\sqrt{2} + \frac{\pi}{4}i + 2k\pi i\right)} = e^{i\ln\sqrt{2} - \frac{\pi}{4} - 2k\pi}$

$\qquad = e^{-\frac{\pi}{4} - 2k\pi}\left[\cos(\ln\sqrt{2}) + i\sin(\ln\sqrt{2})\right]$, k 为任意整数.

(7) $(1-i)^{1+i} = e^{(1+i)\operatorname{Ln}(1-i)}$

$\qquad = e^{(1+i)\left[\ln\sqrt{2} + i\left(-\frac{\pi}{4} + 2k\pi\right)\right]}$

$\qquad = e^{\ln\sqrt{2} + \frac{\pi}{4} - 2k\pi + i\left(\ln\sqrt{2} + 2k\pi - \frac{\pi}{4}\right)}$

$\qquad = e^{\ln\sqrt{2} + \frac{\pi}{4} - 2k\pi}\left[\cos\left(\ln\sqrt{2} - \dfrac{\pi}{4}\right) + i\sin\left(\ln\sqrt{2} - \dfrac{\pi}{4}\right)\right]$.

(8) $27^{\frac{2}{3}} = e^{\frac{2}{3}\operatorname{Ln}27} = e^{\frac{2}{3}(\ln 27 + 2k\pi i)} = e^{\frac{2}{3}\ln 27}e^{\frac{4}{3}k\pi i} = 9e^{\frac{4}{3}k\pi i}$, 当 k 分别取 $0, 1, 2$ 时得到 3 个值.

(9) $3^{3-i} = e^{(3-i)\ln 3} = e^{(3-i)(\ln 3 + 2k\pi i)}$

$\qquad = e^{(3-i)\ln 3} \cdot e^{2k\pi} = e^{3\ln 3 + 2k\pi} \cdot e^{-i\ln 3}$

$\qquad = 27e^{2k\pi}\left[\cos(\ln 3) - i\sin(\ln 3)\right]$.

23. $f(-i) = |f(-i)| e^{i\Delta_{l_1}\arg f(z)} e^{i\arg f(i)} = e^{\frac{\pi i}{3}}e^{\frac{3\pi}{2}i} = e^{-\frac{\pi i}{6}} = \dfrac{\sqrt{3}}{2} - \dfrac{1}{2}i$.

24. $f(-1) = \sqrt{2}\,e^{\frac{\pi}{2}i} = \sqrt{2}\,i$.

25. $f(i) = -\sqrt[6]{2}\,e^{\frac{5}{12}\pi i}$.

26. (1) 取 $[0, 1]$ 及 $[2, +\infty)$ 作为复平面上的割线.

(2) $z = i$ 的值是 $-\sqrt[4]{10}\,e^{\frac{i}{2}\left(\frac{\pi}{4} - \arctan\frac{1}{2}\right)} = -\sqrt[4]{10}\,e^{\frac{i}{2}\arctan\frac{1}{3}}$.

27. (1) $w(-1) = \sqrt[4]{8}\,e^{\frac{\pi}{4}i} = \sqrt[4]{2}(1+i)$; 　(2) $z = x$ 在 $(0, 1)$ 的下沿时，$w = i\sqrt[4]{x(1-x)^3}$.

28. (1)

z1 = 1 + 3i;

z2 = 4 + 1i;

z = z1 / z2;

```
w = exp(z);
real(w)
imag(w)
 (2)
z = sqrt(3) - 1i;
w = exp(z);
abs(w)
angle(w)
 (3)
z = 5 + 2i;
w = cos(z);
conj(w)
29. (1)
x = linspace( - 2, 2, 9);
y = linspace( - 2, 2, 9);
[X, Y] = meshgrid(x, y);
figure;
plot(X, Y, 'k - - ', X.', Y.', 'k - ');
 (2)
Z = X + 1i * Y;
W = exp(Z);
U = real(W);
V = imag(W);
figure;
plot(U, V, 'k - - ', U.', V.', 'k - ');
 (3)
figure;
surf(X, Y, U, V);
30. (1)
r = linspace(0, 2, 5);
theta = linspace( - pi, pi, 9);
[R, Theta] = meshgrid(r, theta);
figure;
polarplot(Theta, R, 'k - - ', Theta.', R.', 'k - ');
```

(2)

```
Z = R. * exp(1i * Theta);
W = exp(Z);
Rho = abs(W);
Phi = angle(W);
figure;
polarplot(Phi, Rho, 'k - -', Phi.', Rho.', 'k -');
```

(3)

```
X = real(Z);
Y = imag(Z);
U = real(W);
V = imag(W);
figure;
surf(X, Y, U, V);
```

31. (1)

```
x = linspace( - 2, 2, 9);
y = linspace( - 2, 2, 9);
[X, Y] = meshgrid(x, y);
```

(2)

```
Z = X + 1i * Y;
W = sqrt(Z);
U = real(W);
V = imag(W);
figure;
surf(X, Y, U, V);
```

(3)

```
R = abs(Z);
Theta = angle(Z);
W1 = sqrt(R). * exp(1i * Theta /2);
U1 = real(W1);
V1 = imag(W1);
figure;
surf(X, Y, U1, V1);
W2 = sqrt(R). * exp(1i * Theta /2 + i1 * pi);
```

```
U2 = real(W2);
V2 = imag(W2);
figure;
surf(X,Y,U2,V2);
```

第三章　复变函数的积分

§3.1　复变函数积分的定义及其性质

§3.1.1　复变函数积分的定义

复变函数积分主要研究沿复平面上曲线的积分. 今后除非特别声明, 我们研究的曲线都是指光滑或逐段光滑的曲线. 设 C 为平面上给定的一条光滑(或逐段光滑)曲线, 若选定 C 的两个可能方向中的一个作为正方向, 那么就把 C 称为**有向曲线**.

设有向曲线 C 的两个端点为 A 与 B, 如果把两个端点中的一个 A 作为**起点**, 另一个 B 作为**终点**, 那么从 A 到 B 的方向称为 C 的正方向, 记作 C^+ 或 C, 从 B 到 A 的方向就是 C 的负方向, 并把它记作 C^-.

简单闭曲线的正方向和负方向我们已经在第一章第二节中讨论过.

定义 3.1　如图 3.1 所示, 设 C 是起点为 A、终点为 B 的一条有向曲线, 函数 $w = f(z)$ 在 C 上有定义, 把曲线 C 任意分成 n 个弧段, 设分点为

$$A = z_0, z_1, z_2, \cdots, z_{n-1}, z_n = B.$$

在每个小弧段 $\overparen{z_{k-1}z_k}$ 上任取一点 ζ_k, 作和

$$S_n = \sum_{k=1}^{n} f(\zeta_k) \Delta z_k,$$

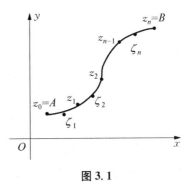

图 3.1

其中 $\Delta z_k = z_k - z_{k-1}$, 记 $\Delta s_k = \overparen{z_{k-1}z_k}$ 的长度, $\delta = \max\limits_{1 \leqslant k \leqslant n} \{\Delta s_k\}$. 当分点无限增加, 即 n 趋于无穷, 且 δ 趋于零时, 这时对 C 的任意分法及 ζ_k 的任意取法, S_n 有唯一极限, 那么称 $f(z)$ 沿 C 可积, 这个极限值为**函数 $f(z)$ 沿曲线 C 的积分**, 记为

$$\int_C f(z)\mathrm{d}z = \lim_{\delta \to 0} \sum_{k=1}^{n} f(\zeta_k)\Delta z_k.$$

C 称为积分路径, $\int_C f(z)\mathrm{d}z$ 表示沿 C 的正方向的积分, $\int_{C^-} f(z)\mathrm{d}z$ 表示沿 C 的负方向的积分. 如果 C 为有向闭曲线, 且正向为逆时针方向, 那么沿此闭曲线的积分可记作 $\oint_C f(z)\mathrm{d}z$.

注 容易看出, 当 C 是 x 轴上的区间 $a \leqslant x \leqslant b$, 而 $f(z) = u(x)$ 时, 这个积分定义就是一元实变函数定积分的定义.

§3.1.2 复变函数积分的计算

设光滑或逐段光滑的曲线 C 由参数方程

$$z = z(t) = x(t) + \mathrm{i}y(t), \ a \leqslant t \leqslant \beta$$

给出, t 为实参数, 参数 α 及 β 对应于起点 A 及终点 B, 正方向为参数增加的方向, 即由 $a = z(\alpha)$ 到 $b = z(\beta)$ 的方向为正方向, 且 $z'(t) \neq 0$, $\alpha < t < \beta$.

如果 $f(z) = u(x, y) + \mathrm{i}v(x, y)$ 在 C 上连续, 那么 $u(x, y)$ 及 $v(x, y)$ 均为 C 上的连续函数.

设 $z_k = x_k + y_k$, $\Delta x_k = x_k - x_{k-1}$, $\Delta y_k = y_k - y_{k-1}$,

$\zeta_k = \xi_k + \eta_k$, $u(\xi_k, \eta_k) = u_k$, $v(\xi_k, \eta_k) = v_k$,

则

$$S_n = \sum_{k=1}^{n} f(\zeta_k)\Delta z_k = \sum_{k=1}^{n} (u_k + \mathrm{i}v_k)(\Delta x_k + \mathrm{i}\Delta y_k)$$

$$= \sum_{k=1}^{n} (u_k \Delta x_k - v_k \Delta y_k) + \mathrm{i}\sum_{k=1}^{n} (u_k \Delta y_k + v_k \Delta x_k).$$

因为 $f(z) = u(x, y) + \mathrm{i}v(x, y)$ 在 C 上连续, $u(x, y)$ 及 $v(x, y)$ 均沿 C 连续. 上式右端的两个和数是对应的两个曲线积分的积分和数, 根据线积分的存在定理, 这两个曲线积分均存在, 故积分 $\int_C f(z)\mathrm{d}z$ 存在且有下面的定理.

定理 3.1 若 $f(z) = u(x, y) + \mathrm{i}v(x, y)$ 沿曲线 C 连续, 则 $f(z)$ 沿 C 可积, 且

$$\int_C f(z)\mathrm{d}z = \int_C (u\mathrm{d}x - v\mathrm{d}y) + \mathrm{i}\int_C (v\mathrm{d}x + u\mathrm{d}y).$$

注 1　为便于记忆,令 $dz = dx + idy$,则上面定理可以看成

$$\int_C f(z)dz = \int_C (u+iv)(dx+idy) = \int_C udx - vdy + i\int_C vdx + udy.$$

这样就可以通过两个二元实变函数的线积分来计算复变函数的积分.

注 2　和数学分析中实积分一样,我们容易得到:(1)只要被积函数连续,则复变函数可积.今后我们所讨论的积分,如无特别说明,总假定被积函数是连续的,曲线是逐段光滑的.(2)可积一定有界($f(z)$ 沿 C 可积,则 $f(z)$ 沿 C 有界).

我们进一步由定理 3.1 得到:

$$\int_C f(z)dz = \int_\alpha^\beta [ux'(t) - vy'(t)]dt + i\int_\alpha^\beta [vx'(t) + uy'(t)]dt$$

$$= \int_\alpha^\beta (u+iv)[x'(t) + iy'(t)]dt = \int_\alpha^\beta f(z(t))z'(t)dt,$$

即

$$\int_C f(z)dz = \int_\alpha^\beta f(z(t))z'(t)dt.$$

§3.1.3　复变函数积分的性质

设 $f(z)$, $g(z)$ 沿曲线 C 连续,不难验证复变函数积分具有下列性质,它们与实分析中定积分的性质相类似:

(1) $\int_C \alpha f(z)dz = \alpha \int_C f(z)dz$,其中 α 是一个复常数;

(2) $\int_C [f(z) \pm g(z)]dz = \int_C f(z)dz \pm \int_C g(z)dz$;

(3) $\int_C f(z)dz = \int_{C_1} f(z)dz + \int_{C_2} f(z)dz + \cdots + \int_{C_n} f(z)dz$,其中曲线 C 由光滑的曲线 C_1, C_2, $\cdots$, C_n 连接而成;

(4) $\int_{C^-} f(z)dz = -\int_C f(z)dz$;

(5) (积分估值不等式)如果在 C 上,$|f(z)| < M$,而 L 是曲线 C 的长度,那么有

$$|\int_C f(z)dz| \leqslant ML.$$

我们仅仅给出性质(5)的证明:

由不等式 $|\sum_{k=1}^{n} f(\zeta_k) \Delta z_k| \leqslant M \sum_{k=1}^{n} |\Delta z_k| \leqslant ML$ 取极限即得.

注 和数学分析中实积分不同,这里我们没有积分中值定理.

例 3.1 计算 $\int_C z\mathrm{d}z$,其中 C 为从原点到点 $1+\mathrm{i}$ 的直线段.

【解】 **解法一**

连接 0 及 $1+\mathrm{i}$ 的直线段的参数方程为 $z=(1+\mathrm{i})t(0 \leqslant t \leqslant 1)$,故

$$\int_C z\mathrm{d}z = \int_0^1 [(1+\mathrm{i})t](1+\mathrm{i})\mathrm{d}t = (1+\mathrm{i})^2 \int_0^1 t\mathrm{d}t = \frac{(1+\mathrm{i})^2}{2} = \mathrm{i}.$$

解法二

设 C 为从起点 a 到 b 的任意一条曲线,由积分定义有

$$\int_C z\mathrm{d}z = \lim_{\delta \to 0} S_n = \lim_{\delta \to 0} \sum_{k=1}^{n} f(\zeta_k) \Delta z_k.$$

分别选取左右端点 $\zeta_k = z_{k-1}$ 和 $\zeta_k = z_k$,得到和式

$$\sum_1 = \sum_{k=1}^{n} z_{k-1} \Delta z_k$$

及

$$\sum_2 = \sum_{k=1}^{n} z_k \Delta z_k.$$

于是

$$\lim_{\delta \to 0} \sum_1 = \lim_{\delta \to 0} \sum_2 = \lim_{\delta \to 0} S_n,$$

所以

$$\int_C z\mathrm{d}z = \lim_{\lambda \to 0} S_n = \frac{1}{2}(\lim_{\lambda \to 0} \sum_1 + \lim_{\lambda \to 0} \sum_2)$$

$$= \frac{1}{2} \lim_{\delta \to 0}(\sum_1 + \sum_2) = \frac{1}{2} \lim_{\delta \to 0}[\sum_{k=1}^{n}(z_k^2 - z_{k-1}^2)]$$

$$= \frac{1}{2} \lim_{\delta \to 0}(b^2 - a^2) = \frac{1}{2}(b^2 - a^2).$$

故,当 C 为从原点到点 $1+\mathrm{i}$ 的直线段时,利用上面结论得到:

$$\int_C z\mathrm{d}z = \frac{1}{2} \lim_{\delta \to 0}(b^2 - a^2) = \frac{(1+\mathrm{i})^2}{2} = \mathrm{i}.$$

注 不论 C 是怎样的曲线，$\int_C z\mathrm{d}z$ 的值都等于 i，这说明有些函数的积分值与积分路径无关.

例 3.2（必须熟练掌握的例题） 证明

$$\oint_C \frac{\mathrm{d}z}{(z-z_0)^{n+1}} = \begin{cases} 2\pi\mathrm{i}, & n=0, \\ 0, & n \text{ 为不等于 } 0 \text{ 的整数}, \end{cases}$$

其中 C 是以 z_0 为心、r 为半径的圆周.

【证明】 C 的参数方程为 $z-z_0 = r\mathrm{e}^{\mathrm{i}\theta}(0 \leqslant \theta \leqslant 2\pi)$，于是

$$\oint_C \frac{\mathrm{d}z}{(z-z_0)^{n+1}} = \int_0^{2\pi} \frac{\mathrm{i}r\mathrm{e}^{\mathrm{i}\theta}}{r^{n+1}\mathrm{e}^{\mathrm{i}(n+1)\theta}} \mathrm{d}\theta = \frac{\mathrm{i}}{r^n} \int_0^{2\pi} \mathrm{e}^{-\mathrm{i}n\theta} \mathrm{d}\theta.$$

因此，当 $n=0$ 时，$\oint_C \dfrac{\mathrm{d}z}{(z-z_0)^{n+1}} = \mathrm{i}\int_0^{2\pi} \mathrm{d}\theta = 2\pi\mathrm{i}$；当 n 为整数且 $n \neq 0$ 时，

$$\oint_C \frac{\mathrm{d}z}{(z-z_0)^{n+1}} = \frac{\mathrm{i}}{r^n} \int_0^{2\pi} (\cos n\theta - \mathrm{i}\sin n\theta) \mathrm{d}\theta = 0.$$

例 3.3 计算 $\int_C \bar{z} \cdot z^2 \mathrm{d}z$ 的值，其中 C 分别为（如图 3.2 所示）：

(1) 连接从原点到点 $z_0 = 1+\mathrm{i}$ 的直线段 $C_1: z = (1+\mathrm{i})t, 0 \leqslant t \leqslant 1$；

(2) 连接从原点到点 $z_1 = 1$ 的直线段 C_2：$z = t, 0 \leqslant t \leqslant 1$ 与从 z_1 到 z_0 的直线段 C_3 所组成的折线.

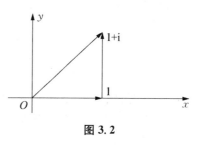

图 3.2

【解】 (1) $\int_C \bar{z} \cdot z^2 \mathrm{d}z = \int_{C_1} \bar{z} \cdot z^2 \mathrm{d}z = \int_0^1 (1-\mathrm{i})(1+\mathrm{i})^3 t^3 \mathrm{d}t = 2(1+\mathrm{i})^2 \int_0^1 t^3 \mathrm{d}t$

$= \dfrac{1}{2}(1+\mathrm{i})^2 = \mathrm{i}.$

(2) C_3 是从 z_1 到 z_0 的直线段，参数方程为 $z = (1-t) + (1+\mathrm{i})t, 0 \leqslant t \leqslant 1$，即

$$z = 1 + \mathrm{i}t, 0 \leqslant t \leqslant 1,$$

于是

$$\int_C \bar{z} \cdot z^2 \mathrm{d}z = \int_{C_2} \bar{z} \cdot z^2 \mathrm{d}z + \int_{C_3} \bar{z} \cdot z^2 \mathrm{d}z$$

$$= \int_0^1 t^3 \mathrm{d}t + \int_0^1 (1-\mathrm{i}t)(1+\mathrm{i}t)^2 \mathrm{i}\mathrm{d}t$$

$$= \int_0^1 t^3 \mathrm{d}t + \int_0^1 (\mathrm{i} - t + \mathrm{i}t^2 - t^3)\mathrm{d}t$$

$$= \frac{1}{4} + \mathrm{i} - \frac{1}{2} + \frac{1}{3}\mathrm{i} - \frac{1}{4} = -\frac{1}{2} + \frac{4\mathrm{i}}{3}.$$

注 $\int_C \bar{z} \cdot z^2 \mathrm{d}z$ 的积分值与积分路径有关.

§3.2　柯西积分定理与柯西积分公式

§3.2.1　柯西积分定理

从上一节例 3.1 至例 3.3 来看,积分的值与路径无关或沿封闭曲线的积分值为零的条件可能与被积函数的解析性及区域的单连通性有关. 柯西在 1825 年给出了相关定理——著名的柯西积分定理.

定理 3.2(柯西积分定理)　若函数 $f(z)$ 在单连通区域 D 内解析,则对 D 内的任何一条封闭曲线 C 的积分为零:

$$\int_C f(z)\mathrm{d}z = 0.$$

注　定理中的 C 可以不是简单闭曲线.

该定理的古尔萨(Goursat)证明较难,这里略去,读者可以参考文献[1, 2].

1851 年,黎曼在附加条件"$f'(z)$ 在 D 内连续"的情况下,给出柯西积分定理一个简单的证明:

黎曼证明　设 $z = x + \mathrm{i}y$, $f(z) = u(x, y) + \mathrm{i}v(x, y)$,则

$$\int_C f(z)\mathrm{d}z = \int_C u\mathrm{d}x - v\mathrm{d}y + \mathrm{i}\int_C v\mathrm{d}x + u\mathrm{d}y.$$

由假设 $f'(z)$ 在 D 内连续,从而 u_x, u_y, v_x, v_y 在 D 内连续,且满足 C-R 条件:

$$u_x = v_y, \quad u_y = -v_x,$$

根据格林(Green)公式,有

$$\int_C u\mathrm{d}x - v\mathrm{d}y = 0, \int_C v\mathrm{d}x + u\mathrm{d}y = 0,$$

因此 $\int_C f(z)\mathrm{d}z = 0$.

定理 3.3(柯西积分定理的推广) 设 C 是一条围线,D 是 C 的内部,$f(z)$ 在 D 内解析,在 $\bar{D}=D+C$ 上连续,则 $\int_C f(z)\mathrm{d}z=0$.

该定理证明比较复杂,这里略去. 读者可以参考文献[2].

推论 3.4 设 $f(z)$ 在单连通区域 D 内解析,则对于 D 内任意两点 z_1 与 z_2,积分值 $\int_{z_1}^{z_2} f(z)\mathrm{d}z$ 与连接起点 z_1 与终点 z_2 的路径无关.

【证明】 设 C_1 与 C_2 是 D 内连接 z_1 与 z_2 的两条曲线,正方向曲线 C_1 与负方向曲线 C_2^- 就连接成 D 内的一条闭曲线 C,则由柯西积分定理得到:

$$0=\int_C f(z)\mathrm{d}z=\int_{C_1} f(z)\mathrm{d}z+\int_{C_2^-} f(z)\mathrm{d}z,$$

故

$$\int_{C_1} f(z)\mathrm{d}z=\int_{C_2} f(z)\mathrm{d}z.$$

§3.2.2 关于多连通区域的柯西积分定理

下面将柯西积分定理推广到多连通区域,首先给出相关概念.

在 §1.2 我们介绍了多连通区域和复围线(复周线),如图 3.3 所示,C_1,$\cdots$,C_n 是 n 条围线,每一条都在其余各条的外部,又全都在 C_0 的内部. 既在 C_0 内部又在 C_1,$\cdots$,C_n 外部的点集构成一个有界的多连通区域 D,以 C_0,C_1,$\cdots$,C_n 为它的边界. 我们称区域 D 的边界是一条**复围线** $C=C_0+C_1^-+\cdots+C_n^-$,它包括取正方向的 C_0,以及取负方向的 C_1,C_2,$\cdots$,C_n. 显然,当我们沿复围线 C 的正方向行走时,区域 D 的点总在它的左手边.

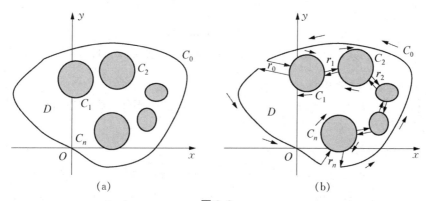

(a)　　　　　　　　　　(b)

图 3.3

定理 3.5(多连通区域的柯西积分定理,即复合闭路定理) 设 D 是由复围线 $C=C_0+C_1^-+\cdots+C_n^-$ 所围成的有界多连通区域,$f(z)$ 在 D 内解析,在 $\overline{D}=D+C$ 上连续,则

$$\int_C f(z)\mathrm{d}z=0,$$

或写成

$$\int_{C_0} f(z)\mathrm{d}z+\int_{C_1^-} f(z)\mathrm{d}z+\cdots+\int_{C_n^-} f(z)\mathrm{d}z=0,$$

即

$$\int_{C_0} f(z)\mathrm{d}z=\int_{C_1} f(z)\mathrm{d}z+\cdots+\int_{C_n} f(z)\mathrm{d}z.$$

【证明】 取 $n+1$ 条互不相交且全在 D 内(端点除外)的曲线 r_0, r_1, $\cdots$, r_n 作为割线. 用它们顺次与 C_0, C_1, $\cdots$, C_n 连接. 可以把 D 沿割线割破,于是 D 就被分成两个单连通区域(图 3.3(b)),其边界各是一条围线,分别记为 L_1 和 L_2,而由柯西积分定理,我们得到

$$\int_{L_1} f(z)\mathrm{d}z=0, \int_{L_2} f(z)\mathrm{d}z=0.$$

将这两个等式相加,并注意到沿着 r_0, r_1, $\cdots$, r_n 的积分,分别从相反的两个方向取了一次,在相加的过程中互相抵消. 于是,我们得到

$$\int_C f(z)\mathrm{d}z=0.$$

例 3.4(例 3.2 的推广) 证明:

$$\int_\Gamma \frac{\mathrm{d}z}{(z-z_0)^{n+1}}=\begin{cases}2\pi\mathrm{i} & (n=0), \\ 0 & (n \text{ 为整数},\text{且 } n\neq 0),\end{cases}$$

其中 Γ 是包含 z_0 的围线.

【证明】 如图 3.4(a)所示,取 C 以 z_0 为心的圆周(C 含于 Γ 内部),则由定理 3.5 得到

$$\int_\Gamma \frac{\mathrm{d}z}{(z-z_0)^{n+1}}=\int_C \frac{\mathrm{d}z}{(z-z_0)^{n+1}},$$

再利用例 3.2 得到结果.

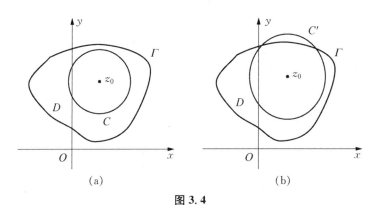

图 3.4

注　如图 3.4(b)所示,在例 3.3 的证明过程中圆周 C 不包含于 Γ 内部也可以,只要是以 z_0 为心的圆周即可.

例 3.5　设 C 为包含点 0 和 1 在内的任何简单闭曲线,计算积分

$$\oint_C \frac{5z-2}{z^2-z} \mathrm{d}z$$

的值.

【**解**】　如图 3.5(a)所示,函数

$$f(z) = \frac{5z-2}{z^2-z}$$

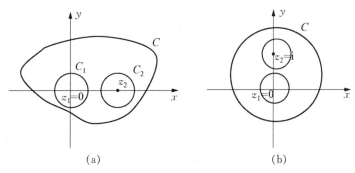

图 3.5

在复平面内除 $z_1=0$, $z_2=1$ 两个奇点外是处处解析的,在 C 内作两个互不包含且不相交的正向圆周 C_1, C_2, C_1 只包含奇点 $z_1=0$, C_2 只包含奇点 $z_2=1$,那么根据定理 3.5 得到

$$\oint_C \frac{5z-2}{z^2-z}dz = \oint_{C_1} \frac{5z-2}{z^2-z}dz + \oint_{C_2} \frac{5z-2}{z^2-z}dz$$

$$= 3\oint_{C_1} \frac{1}{z-1}dz + 2\oint_{C_1} \frac{1}{z}dz + 3\oint_{C_2} \frac{1}{z-1}dz + 2\oint_{C_2} \frac{1}{z}dz$$

$$= 0 + 4\pi i + 6\pi i + 0 = 10\pi i.$$

例 3.6 计算积分

$$\oint_C \frac{1-z^2}{z(z^2+1)}dz$$

的值,其中 C 为圆周 $|z-i| = \frac{4}{3}$.

【解】 如图 3.5(b)所示,函数

$$f(z) = \frac{1-z^2}{z(z^2+1)}$$

包含在 C:$|z-i| = \frac{4}{3}$ 内的两个奇点是 $z_1 = 0$,$z_2 = i$,在 C 内作两个互不包含且不相交的正向圆周 C_1,C_2,C_1 只包含奇点 $z_1 = 0$,C_2 只包含奇点 $z_2 = i$,那么根据定理 3.5 得到

$$\oint_C \frac{1-z^2}{z(z^2+1)}dz = \oint_{C_1} \frac{1-z^2}{z(z^2+1)}dz + \oint_{C_2} \frac{1-z^2}{z(z^2+1)}dz.$$

由于

$$\frac{1-z^2}{z(z^2+1)} = \frac{1}{z} - \frac{1}{z-i} - \frac{1}{z+i},$$

于是

$$\oint_C \frac{1-z^2}{z(z^2+1)}dz = \oint_{C_1} \frac{1}{z}dz - \oint_{C_2} \frac{1}{z-i}dz = 2\pi i - 2\pi i = 0.$$

§3.2.3 柯西积分公式

定理 3.6(柯西积分公式) 设围线 C 是区域 D 的边界,$f(z)$ 在 D 内解析,在 $\bar{D} = D + C$ 上连续,则 $f(z_0) = \frac{1}{2\pi i}\int_C \frac{f(\zeta)}{\zeta - z_0}d\zeta$(任意 $z_0 \in D$).

【证明】 对于任意一点 $z_0 \in D$,因为 $f(z)$ 在 D 内解析,则 $F(\zeta) = \frac{f(\zeta)}{\zeta - z_0}$

作为 ζ 的函数在 D 内除点 z 外解析. 如图 3.6 所示,现以点 z_0 为圆心、充分小的 $r>0$ 为半径作圆周 Γ_r,使 $\Gamma_r \subset D$. 对于复围线 $L=C_0+C_1^-+\cdots+C_n^-+\Gamma_r^-=C+\Gamma_r^-$ 及函数 $F(\zeta)$,应用定理 3.5 有

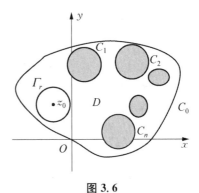

图 3.6

$$\int_C \frac{f(\zeta)}{\zeta-z_0}\mathrm{d}\xi = \int_{\Gamma_r} \frac{f(\zeta)}{\zeta-z_0}\mathrm{d}\zeta.$$

由例 3.2 得到

$$\int_{\Gamma_r} \frac{f(\zeta)}{\zeta-z_0}\mathrm{d}\zeta = 2\pi \mathrm{i},$$

因此

$$\begin{aligned}
\left| \int_C \frac{f(\xi)}{\xi-z_0}\mathrm{d}\xi - 2\pi \mathrm{i} f(z_0) \right| &= \left| \int_{\Gamma_r} \frac{f(\zeta)}{\zeta-z_0}\mathrm{d}\zeta - 2\pi \mathrm{i} f(z_0) \right| \\
&= \left| \int_{\Gamma_r} \frac{f(\zeta)}{\zeta-z_0}\mathrm{d}\zeta - \int_{\Gamma_r} \frac{f(z_0)}{\zeta-z_0}\mathrm{d}\zeta \right| \\
&= \left| \int_{\Gamma_r} \frac{f(\zeta)-f(z_0)}{\zeta-z_0}\mathrm{d}\zeta \right|.
\end{aligned}$$

又由 $f(z_0)$ 的连续性知对 $\forall \varepsilon > 0$,$\exists \delta > 0$,只要 $|\zeta-z_0|=r<\delta$ 时,就有

$$|f(\zeta)-f(z_0)| < \frac{\varepsilon}{2\pi} \quad (\zeta \in \Gamma_r).$$

于是,由积分估值不等式得到

$$\left| \int_C \frac{f(\zeta)}{\zeta-z_0}\mathrm{d}\xi - 2\pi \mathrm{i} f(z_0) \right| = \left| \int_{\Gamma_r} \frac{f(\zeta)-f(z_0)}{\zeta-z_0}\mathrm{d}\zeta \right| < \frac{\varepsilon}{2\pi r} \cdot 2\pi r = \varepsilon,$$

由 ε 的任意性即知,有 $\int_C \dfrac{f(\xi)}{\zeta-z_0}\mathrm{d}\xi = 2\pi \mathrm{i} f(z_0)$(任意 $z_0 \in D$),故有

$$f(z_0) = \frac{1}{2\pi \mathrm{i}} \int_C \frac{f(\zeta)}{\zeta-z_0}\mathrm{d}\zeta.$$

　　注　柯西积分公式中区域 D 可以是单连通区域也可以是多连通区域,这时,区域 D 的边界 C 是复围线(或周线).

　　作为柯西积分公式的特例,容易得到下面的**解析函数平均值定理**.

　　定理 3.7　若函数 $f(z)$ 在圆 $|\zeta-z_0|<R$ 内解析,在闭圆 $|\zeta-z_0| \leqslant R$

上连续,则

$$f(z_0) = \frac{1}{2\pi} \int_0^{2\pi} f(z_0 + R e^{i\theta}) d\theta.$$

【证明】 设 C 表示圆周 $|\zeta - z_0| = R$,则 $\zeta - z_0 = R e^{i\theta}$, $0 \leqslant \theta \leqslant 2\pi$,根据定理 3.6 得到

$$f(z_0) = \frac{1}{2\pi i} \int_C \frac{f(\zeta)}{\zeta - z_0} d\zeta$$

$$= \frac{1}{2\pi i} \int_0^{2\pi} \frac{f(z_0 + R e^{i\theta})}{R e^{i\theta}} i R e^{i\theta} d\theta = \frac{1}{2\pi} \int_0^{2\pi} f(z_0 + R e^{i\theta}) d\theta.$$

进一步,我们得到如下推论.

推论 3.8(泊松(Poisson)积分公式) 若函数 $f(z)$ 在圆 $|\xi - z_0| < R$ 内解析,在闭圆 $|\xi - z_0| \leqslant R$ 上连续,令 C 表示圆周 $|\xi - z_0| = R$,取 z 为 C 内任意一点 $z = z_0 + r e^{i\varphi}$,记

$$f(z) = f(z_0 + r e^{i\varphi}) = u(r, \varphi) + iv(r, \varphi),$$
$$f(z_0 + R e^{i\theta}) = u(R, \theta) + iv(R, \theta),$$

则有如下**泊松积分公式**:

$$u(r, \varphi) = \frac{1}{2\pi} \int_0^{2\pi} u(R, \theta) \frac{R^2 - r^2}{R^2 - 2rR\cos(\theta - \varphi) + r^2} d\theta.$$

例 3.7 设 C 为包含点 0 和 1 在内的任何简单闭曲线,计算下面积分的值:

$$\oint_C \frac{5z - 2}{z^2 - z} dz.$$

【解】 例题 3.5 用定理 3.5 求出了积分

$$\oint_C \frac{5z - 2}{z^2 - z} dz$$

的值,下面我们用定理 3.6 计算该积分.

如图 3.5(a)所示,函数

$$f(z) = \frac{5z - 2}{z^2 - z}$$

在复平面内除 $z_1 = 0$, $z_2 = 1$ 两个奇点外是处处解析的,在 C 内作两个互不包含且不相交的正向圆周 C_1, C_2, C_1 只包含奇点 $z_1 = 0$, C_2 只包含奇点 $z_2 = 1$,那

么根据定理 3.5 得到

$$\oint_C \frac{5z-2}{z^2-z}dz = \oint_{C_1} \frac{5z-2}{z^2-z}dz + \oint_{C_2} \frac{5z-2}{z^2-z}dz,$$

由定理 3.6 得到

$$\oint_{C_1} \frac{5z-2}{z^2-z}dz = \oint_{C_1} \frac{\dfrac{5z-2}{z-1}}{z}dz = 2\pi i \frac{5z-2}{z-1}\bigg|_{z=0} = 4\pi i,$$

$$\oint_{C_2} \frac{5z-2}{z^2-z}dz = \oint_{C_2} \frac{\dfrac{5z-2}{z}}{z-1}dz = 2\pi i \frac{5z-2}{z}\bigg|_{z=1} = 6\pi i,$$

故

$$\oint_C \frac{5z-2}{z^2-z}dz = \oint_{C_1} \frac{5z-2}{z^2-z}dz + \oint_{C_2} \frac{5z-2}{z^2-z}dz = 4\pi i + 6\pi i = 10\pi i.$$

例 3.8 计算积分

$$\oint_C \frac{1-z^2}{z(z^2+1)}dz$$

的值,其中 C 为圆周 $|z-i|=\dfrac{4}{3}$.

【解】 例题 3.6 用定理 3.5 求出了积分

$$\oint_C \frac{1-z^2}{z(z^2+1)}dz$$

的值,下面我们利用定理 3.6 计算积分值.

如图 3.5(b)所示,函数

$$f(z) = \frac{1-z^2}{z(z^2+1)}$$

包含在 $C:|z-i|=\dfrac{4}{3}$ 内的两个奇点是 $z_1=0$, $z_2=i$,在 C 内作两个互不包含且不相交的正向圆周 C_1, C_2, C_1 只包含奇点 $z_1=0$, C_2 只包含奇点 $z_2=i$,那么根据定理 3.5 得到

$$\oint_C \frac{1-z^2}{z(z^2+1)}dz = \oint_{C_1} \frac{1-z^2}{z(z^2+1)}dz + \oint_{C_2} \frac{1-z^2}{z(z^2+1)}dz.$$

由定理 3.6 得到

$$\oint_{C_1} \frac{1-z^2}{z(z^2+1)} dz = \oint_{C_1} \frac{\frac{1-z^2}{(z^2+1)}}{z} dz = 2\pi i \frac{1-z^2}{(z^2+1)} \bigg|_{z=0} = 2\pi i,$$

$$\oint_{C_2} \frac{1-z^2}{z(z^2+1)} dz = \oint_{C_2} \frac{\frac{1-z^2}{z(z+i)}}{z-i} dz = 2\pi i \frac{1-z^2}{z(z+i)} \bigg|_{z=i} = -2\pi i,$$

故

$$\oint_C \frac{1-z^2}{z(z^2+1)} dz = \oint_{C_1} \frac{1-z^2}{z(z^2+1)} dz + \oint_{C_2} \frac{1-z^2}{z(z^2+1)} dz = 2\pi i - 2\pi i = 0.$$

§3.3　原函数与不定积分

由柯西积分定理我们知道,如果 $f(z)$ 在单连通区域 D 内解析,则沿 D 内任意一条曲线 C 的积分 $\int_C f(z)dz$ 只与起点和终点有关,因而类似数学分析,对于一个固定点 $z_0 \in D$,可以定义一个单值函数(变上限函数)

$$F(z) = \int_{z_0}^{z} f(\xi)d\xi \quad (z \in D).$$

定理 3.9 设 $f(z)$ 在单连通区域 D 内解析,则函数 $F(z) = \int_{z_0}^{z} f(\xi)d\xi$ 在 D 内解析,且 $F'(z) = f(z)$.

【证明】 任意 $z \in D$,作一个以 z 为心、充分小的 r 为半径的圆 C_r,使得 $C_r \subset D$,在 C_r 内取动点 $z + \Delta z (\Delta z \neq 0)$,则

$$\frac{F(z+\Delta z) - F(z)}{\Delta z} = \frac{1}{\Delta z} \left[\int_{z_0}^{z+\Delta z} f(\zeta)d\zeta - \int_{z_0}^{z} f(\zeta)d\zeta \right].$$

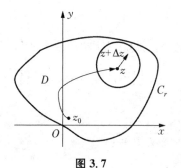

由于积分与路径无关,因而我们可取 $\int_{z_0}^{z+\Delta z} f(\zeta)d\zeta$ 的积分路径为由 z_0 沿与 $\int_{z_0}^{z} f(\zeta)d\zeta$ 相同的路径到 z,再从 z 沿直线段到 $z + \Delta z$(图 3.7).

于是,有

图 3.7

$$\frac{F(z+\Delta z)-F(z)}{\Delta z}=\frac{1}{\Delta z}\int_z^{z+\Delta z}f(\zeta)\mathrm{d}\zeta,$$

则

$$\begin{aligned}
\frac{F(z+\Delta z)-F(z)}{\Delta z}-f(z)&=\frac{1}{\Delta z}\int_z^{z+\Delta z}f(\zeta)\mathrm{d}\zeta-f(z)\\
&=\frac{1}{\Delta z}\int_z^{z+\Delta z}f(\zeta)\mathrm{d}\zeta-\frac{1}{\Delta z}\int_z^{z+\Delta z}f(z)\mathrm{d}\zeta\\
&=\frac{1}{\Delta z}\int_z^{z+\Delta z}[f(\zeta)\mathrm{d}\zeta-f(z)\mathrm{d}\zeta].
\end{aligned}$$

又因为 $f(z)$ 在 D 内连续,所以对 $\forall\varepsilon>0$,可取上述的 r 充分小,使得在 C_r 内的一切点 ζ 均有 $|f(\zeta)-f(z)|<\varepsilon$,于是由积分估值不等式得到

$$\left|\frac{F(z+\Delta z)-F(z)}{\Delta z}-f(z)\right|=\left|\frac{1}{\Delta z}\int_z^{z+\Delta z}[f(\zeta)-f(z)]\mathrm{d}\zeta\right|\leqslant\varepsilon\frac{|\Delta z|}{|\Delta z|}=\varepsilon,$$

即

$$F'(z)=\lim_{\Delta z\to 0}\frac{F(z+\Delta z)-F(z)}{\Delta z}=f(z).$$

注 1 对于复变函数,积分中值定理不再成立,所以和数学分析中的相关证明有所不同.

注 2 从证明过程可以看出,定理 3.9 的条件可以减弱为 $f(z)$ 在单连通区域 D 内连续且在 D 内积分与路径无关.

我们给出原函数和不定积分的定义.

定义 3.2 设 $f(z)$ 在区域 D 内连续,则称满足条件 $[\varphi(z)]'=f(z)(z\in D)$ 的函数 $\varphi(z)$ 为 $f(z)$ 的一个原函数. 原函数全体称为不定积分.

对于 $f(z)$ 的任意一个原函数 $\varphi(z)$,

$$[\varphi(z)-F(z)]'=f(z)-f(z)=0\quad(z\in D),$$

因此由第二章习题 9 有

$$\varphi(z)-F(z)=C\quad(C\text{ 为复常数}),$$

即

$$\varphi(z)=F(z)+C=\int_{z_0}^z f(\zeta)\mathrm{d}\zeta+C.$$

令 $z=z_0$,即得 $C=\varphi(z_0)$.

于是我们得到如下定理.

定理 3.10 如果 $f(z)$ 在单连通区域 D 内处处解析, $\varphi(z)$ 为 $f(z)$ 的一个原函数, 那么

$$\int_{z_0}^{z} f(\zeta)\mathrm{d}\zeta = \varphi(z) - \varphi(z_0) \quad (z_0, z \in D).$$

例 3.9 计算 $\int_{0}^{1-i} z^5 \mathrm{d}z$.

【解】 因为 z^5 在 z 平面上解析, $\dfrac{z^6}{6}$ 为 z^5 的一个原函数, 故

$$\int_{0}^{1+i} z^5 \mathrm{d}z = \frac{z^6}{6}\bigg|_{0}^{1-i} = \frac{1}{6}(1-i)^6 = \frac{4}{3}i.$$

例 3.10 计算 $(1) \int_{0}^{i} z\sin z\,\mathrm{d}z$; $(2) \int_{a}^{b} z\cos z^2\,\mathrm{d}z$.

【解】 (1) $f(z) = z\sin z$ 是复平面上的解析函数, 可以得到

$$\int_{0}^{i} z\sin z\,\mathrm{d}z = \int_{0}^{i} z\,\mathrm{d}(-\cos z) = -z\cos z\bigg|_{0}^{i} + \int_{0}^{i}\cos z\,\mathrm{d}z = -i\cos i + \sin z\bigg|_{0}^{i}$$
$$= -i\cos i + \sin i.$$

(2) 因为 $z\cos z^2$ 在平面上解析, 且 $\dfrac{1}{2}\sin z^2$ 为它的一个原函数, 故

$$\int_{a}^{b} z\cos z^2\,\mathrm{d}z = \frac{1}{2}\sin z^2\bigg|_{a}^{b} = \frac{1}{2}(\sin b^2 - \sin a^2).$$

注 数学分析中的分部积分法和换元积分法对于解析函数仍然成立.

例 3.11 对于多值函数来说, 在各解析分支才能计算积分, 例如, 对于多值函数 $\mathrm{Ln}(1+z)$ 来说, 取其主值支 $\ln(1+z)$, 则有

$$\int_{|z|=\frac{1}{2}} \ln(1+z)\mathrm{d}z = 0.$$

§3.4 柯西积分公式的应用

§3.4.1 解析函数的无穷可微性

由柯西积分公式我们可以推得高阶导数公式.

定理 3.11 设围线 C 是区域 D 的边界, $f(z)$ 在 D 内解析, 在 $\overline{D} = D + C$ 上

连续,则函数 $f(z)$ 在区域 D 内有各阶导数,且有

$$f^{(n)}(z) = \frac{n!}{2\pi i} \int_C \frac{f(\zeta)}{(\zeta - z)^{n+1}} d\zeta \quad (z \in D,\; n = 1,\, 2,\, \cdots).$$

【证明】 我们用数学归纳法证明. 首先,当 $n=1$ 时,由定理 3.6(柯西积分公式) 可以得到

$$\frac{f(z + \Delta z) - f(z)}{\Delta z} = \frac{1}{\Delta z} \left[\frac{1}{2\pi i} \int_C \frac{f(\zeta)}{\zeta - z - \Delta z} d\zeta - \frac{1}{2\pi i} \int_C \frac{f(\zeta)}{\zeta - z} d\zeta \right]$$

$$= \frac{1}{2\pi i} \int_C \frac{f(\zeta)}{(\zeta - z)(\zeta - z - \Delta z)} d\zeta.$$

因此

$$\left| \frac{f(z + \Delta z) - f(z)}{\Delta z} - \frac{1}{2\pi i} \int_C \frac{f(\zeta)}{(\zeta - z)^2} d\zeta \right|$$

$$= \left| \frac{1}{2\pi i} \int_C \frac{f(\zeta)}{(\zeta - z)(\zeta - z - \Delta z)} d\zeta - \frac{1}{2\pi i} \int_C \frac{f(\zeta)}{(\zeta - z)^2} d\zeta \right|$$

$$= \left| \frac{1}{2\pi i} \int_C \frac{\Delta z f(\zeta)}{(\zeta - z)^2 (\zeta - z - \Delta z)} d\zeta \right|.$$

因为函数 $f(z)$ 在 C 上连续,所以 $\exists M > 0$,使得 $f(z) \leqslant M (\forall z \in C)$.

如图 3.8 所示,设 d 表示 z 与 D 边界 $C = C_0 + C_1^- + \cdots + C_n^-$ 上点 ζ 间最短距离,于是当 $\zeta \in C$ 时,均有 $|\zeta - z| \geqslant d > 0$. 取 $|\Delta z| < \dfrac{d}{2}$,从而

$$|\zeta - z - \Delta z| \geqslant |\zeta - z| - |\Delta z| > \frac{d}{2},$$

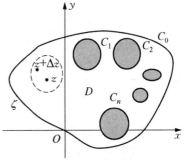

图 3.8

因此,由积分估值不等式知

$$\left| \frac{1}{2\pi i} \int_C \frac{\Delta z f(\zeta)}{(\zeta - z)^2 (\zeta - z - \Delta z)} d\zeta \right| \leqslant \frac{|\Delta z|}{2\pi} \cdot \frac{ML}{\dfrac{d}{2} \cdot d^2} = \frac{|\Delta z| \cdot ML}{\pi d^3},$$

其中 L 为 C 的长度,故对 $\forall \varepsilon > 0$,$\exists \delta = \min\left(\dfrac{d}{2}, \dfrac{\pi d^3}{ML} \varepsilon \right) > 0$,只要 $|\Delta z| < \delta$,有

$$\left| \frac{f(z+\Delta z)-f(z)}{\Delta z} - \frac{1}{2\pi i}\int_C \frac{f(\zeta)}{(\zeta-z)^2}d\zeta \right| \leqslant \frac{|\Delta z| \cdot ML}{\pi d^3} < \varepsilon,$$

即有 $f'(z)=\lim\limits_{\Delta z\to 0}\dfrac{f(z+\Delta z)-f(z)}{\Delta z}=\dfrac{1}{2\pi i}\int_C \dfrac{f(\zeta)}{(\zeta-z)^2}d\zeta.$

于是,当 $n=1$ 时结论成立.

假设 $n=k$ 时结论成立,类似 $n=1$ 的情形,可以证明 $n=k+1$ 时结论也成立,只是稍微复杂一些,故略去不证.

例 3.12 计算 $\displaystyle\int_C \frac{e^z}{(z-i)^{10}}dz$,其中 C 是绕 i 一周的围线.

【解】 因为 e^z 在 z 平面上解析,故应用定理 3.11 得到

$$\int_C \frac{e^z}{(z-i)^{10}}dz = \frac{2\pi i}{9!}(e^z)^{(9)}\Big|_{z=i} = \frac{2\pi i}{9!}e^i.$$

由定理 3.11,我们可得到解析函数的无穷可微性.

定理 3.12 设 $f(z)$ 在区域 D 内解析,则 $f(z)$ 在 D 内具有任意阶导数,并且它们也都在 D 内解析.

注 定理 3.12 说明,只要 $f(z)$ 在区域 D 内解析(仅假设 $f'(z)$ 在 D 内存在),就可推出 $f(z)$ 的各阶导数在 D 内存在且连续,这和数学分析中的实函数是不一样的.

由定理 3.12 容易得到解析函数的第二个充要条件.

定理 3.13 函数 $f(z)=u(x,y)+iv(x,y)$ 在区域 D 内解析的充要条件是:

(1) u_x,u_y,v_x,v_y 在 D 内连续;

(2) $u(x,y)$,$v(x,y)$ 在 D 内满足 C-R 条件.

§3.4.2 莫雷拉定理

柯西积分定理说明,只要 $f(z)$ 在单连通区域 D 内解析,则对 D 内任一围线均有 $\displaystyle\int_C f(z)dz=0$,我们现在证明其逆也是正确的.

定理 3.14(莫雷拉(Morera)定理) 设函数 $f(z)$ 在单连通区域 D 内连续,且对 D 内任一围线 C,有 $\displaystyle\int_C f(z)dz=0$,则 $f(z)$ 在 D 内解析.

【证明】 在假设条件下,由定理 3.9 知,函数 $F(z)=\displaystyle\int_{z_0}^z f(\xi)d\xi(z_0\in D)$ 在 D 内解析,且 $F'(z)=f(z)(z\in D)$,再由定理 3.12 知 $F'(z)$ 在 D 内还是解析的,于是 $f(z)$ 在 D 内是解析的.

因此我们得到解析函数的第三个充要条件.

定理 3.15　函数 $f(z)$ 在区域 D 内解析的充要条件是：

(1) $f(z)$ 在 D 内连续；

(2) 对任一围线 C, 只要 C 及其内部全含于 D 内, 就有

$$\int_C f(z)\mathrm{d}z = 0.$$

§3.4.3　柯西积分不等式和刘维尔定理

应用定理 3.11 于 $\bar{k}: |\zeta - z_0| \leqslant R$ 上, 则有

$$|f^{(n)}(z_0)| = \left| \frac{n!}{2\pi\mathrm{i}} \int_{|\zeta - z_0| = R} \frac{f(\zeta)\mathrm{d}\zeta}{(\zeta - z_0)^{n+1}} \right| \leqslant \frac{n!}{2\pi} \cdot \frac{M(R)}{R^{(n+1)}} \cdot 2\pi R$$

$$= \frac{n!\, M(R)}{R^n} \quad (n = 1, 2, \cdots).$$

于是, 我们得到柯西积分不等式.

定理 3.16(柯西积分不等式)　设 $f(z)$ 在区域 D 内解析, z_0 为 D 内一点, 区域 $\bar{k}: |\zeta - z_0| \leqslant R$ 包含于 D, 则有 $|f^{(n)}(z_0)| \leqslant \dfrac{n!\, M(R)}{R^n}$ $(n = 1, 2, \cdots)$, 其中 $M(R) = \max\limits_{|z - a| = R} |f(z)|$.

由柯西积分不等式, 我们又可得到如下定理.

定理 3.17(刘维尔(Liouville)定理)　z 平面上解析且有界的函数(整函数) $f(z)$ 必为常数.

【证明】　设 $|f(z)|$ 的上界为 M, 则对任意的 $R > 0$, 均有 $M(R) \leqslant M$, 于是在柯西不等式中当 $n = 1$ 时有 $|f'(z)| \leqslant \dfrac{M}{R}$, 由 R 的任意性即知有 $f'(z) = 0$, 再由 z 的任意性知在 z 平面上有 $f'(z) \equiv 0$, 故 $f(z)$ 在 z 平面上恒为常数(参看第二章习题 9).

注　可以利用刘维尔定理证明如下**代数学基本定理**：在 z 平面上, n 次多项式 $p(z) = a_n z^n + a_{n-1} z^{n-1} + \cdots + a_1 z + a_0 (a_n \neq 0)$ 至少有一个零点(参看第三章习题 20).

§3.5　解析函数与调和函数的关系

本节我们介绍调和函数的基本概念, 给出解析函数与调和函数的关系, 并且

得到解析函数的第四个充要条件.

设 $f(z)=u+\mathrm{i}v$ 在区域 D 内解析,则由 C-R 条件

$$\frac{\partial u}{\partial x}=\frac{\partial v}{\partial y},\ \frac{\partial u}{\partial y}=-\frac{\partial v}{\partial x}$$

得 $\frac{\partial^2 u}{\partial x^2}=\frac{\partial^2 v}{\partial x\partial y},\ \frac{\partial^2 u}{\partial y^2}=-\frac{\partial^2 v}{\partial y\partial x}.$

因为 $f(z)=u+\mathrm{i}v$ 在区域 D 内解析,因此具有任意阶的导数. 于是,在区域 D 内它的实部 u 与虚部 v 都有二阶连续偏导数,故 $\frac{\partial^2 v}{\partial x\partial y}$ 及 $\frac{\partial^2 v}{\partial y\partial x}$ 在 D 内连续,它们必定相等:

$$\frac{\partial^2 v}{\partial x\partial y}=\frac{\partial^2 v}{\partial y\partial x}.$$

于是

$$\frac{\partial^2 u}{\partial x^2}+\frac{\partial^2 u}{\partial y^2}=0.$$

同理,在 D 内有

$$\frac{\partial^2 v}{\partial x^2}+\frac{\partial^2 v}{\partial y^2}=0.$$

我们称 u 与 v 在 D 内满足拉普拉斯(Laplace)方程.

定义 3.3　如果二元实函数 $G(x,y)$ 在区域 D 内有二阶连续偏导数,且满足拉普拉斯方程

$$\frac{\partial^2 G}{\partial x^2}+\frac{\partial^2 G}{\partial y^2}=0,$$

则称 $G(x,y)$ 为区域 D 内的调和函数.

定义 3.4　在区域 D 内满足 C-R 条件

$$\frac{\partial u}{\partial x}=\frac{\partial v}{\partial y},\ \frac{\partial u}{\partial y}=-\frac{\partial v}{\partial x}$$

的两个调和函数 u 与 v 中,v 称为 u 在区域 D 内的共轭调和函数.

由上面的讨论,我们已经证明了下述定理.

定理 3.18　若 $f(z)=u(x,y)+\mathrm{i}v(x,y)$ 在区域 D 内解析,则在区域 D 内 $v(x,y)$ 必为 $u(x,y)$ 的共轭调和函数.

注1 v 是 u 的共轭调和函数时,不能得出 u 是 v 的共轭调和函数,例如 $u(x, y)=x^2-y^2,v(x, y)=2xy$.

注2 如果 v 是 u 的共轭调和函数,那么 v 的共轭调和函数是 $-u$.

现在反过来,如果 u 与 v 是任意选取的在区域 D 内的两个调和函数,则 $u+iv$ 在 D 内不一定解析. 例如 $f(z)=u(x, y)+iv(x, y)=x-iy,u$ 与 v 都是 z 平面上的调和函数,但 $f(z)=x-iy$ 在 z 平面上处处不解析.

因此,要想 $u+iv$ 在区域 D 内解析,u 与 v 还必须满足 C-R 条件. 也就是说 $v(x, y)$ 为 $u(x, y)$ 的共轭调和函数. 因此,如果已知一个解析函数的实部 $u(x, y)$(或虚部 $v(x, y)$),就可以求出它的虚部 $v(x, y)$(或实部 $u(x, y)$).

假设 D 是一个单连通区域,$u(x, y)$ 是区域 D 内的调和函数,则 $u(x, y)$ 在 D 内有二阶连续偏导数,且 $\dfrac{\partial^2 u}{\partial x^2}+\dfrac{\partial^2 u}{\partial y^2}=0$.

即 $\dfrac{\partial u}{\partial y}$,$\dfrac{\partial u}{\partial x}$ 在 D 内有一阶连续偏导数,且 $\dfrac{\partial}{\partial y}\left(-\dfrac{\partial u}{\partial y}\right)=\dfrac{\partial}{\partial x}\left(\dfrac{\partial u}{\partial x}\right)$.

由数学分析相关定理可知 $-\dfrac{\partial u}{\partial y}\mathrm{d}x+\dfrac{\partial v}{\partial x}\mathrm{d}y$ 是一个函数的全微分. 令

$$\mathrm{d}v(x, y)=-\frac{\partial u}{\partial y}\mathrm{d}x+\frac{\partial u}{\partial x}\mathrm{d}y,$$

则

$$v(x, y)=\int_{(x_0, y_0)}^{(x, y)}-\frac{\partial u}{\partial y}\mathrm{d}x+\frac{\partial u}{\partial x}\mathrm{d}y+C,$$

其中 (x_0, y_0) 是 D 内的任意给定定点,(x, y) 是 D 内的动点,C 是一个任意常数,积分与路径无关.

容易得到 $u+iv$ 在 D 内解析,于是有下述定理.

定理 3.19 设 $u(x, y)$ 是在单连通区域 D 内的调和函数,则存在确定的函数 $v(x, y)$,使 $u+iv=f(z)$ 是 D 内的解析函数.

类似可以得到下述定理.

定理 3.19′ 设 $v(x, y)$ 是在单连通区域 D 内的调和函数,则存在确定的函数 $u(x, y)$,使 $u+iv=f(z)$ 是 D 内的解析函数.

注 已知 $u(x, y)$ 计算 $v(x, y)$ 或已知 $v(x, y)$ 计算 $u(x, y)$ 的公式不必强记,可以如下去推导:

$$\mathrm{d}v(x, y)=v_x\mathrm{d}x+v_y\mathrm{d}y\underline{\text{C-R 条件}}-u_y\mathrm{d}x+u_x\mathrm{d}y,$$

或

$$\mathrm{d}u(x,y)=u_x\mathrm{d}x+u_y\mathrm{d}y\underline{\text{C-R条件}}v_y\mathrm{d}x-v_x\mathrm{d}y,$$

然后两端积分,得到

$$v(x,y)=\int_{(x_0,y_0)}^{(x,y)}-\frac{\partial u}{\partial y}\mathrm{d}x+\frac{\partial u}{\partial x}\mathrm{d}y+C,$$

或

$$u(x,y)=\int_{(x_0,y_0)}^{(x,y)}v_y\mathrm{d}x-v_x\mathrm{d}y+C.$$

于是我们得到解析函数的第四个充要条件.

定理 3.20 $f(z)=u(x,y)+\mathrm{i}v(x,y)$ 在区域 D 内解析的充分必要条件是在区域 D 内 $v(x,y)$ 必为 $u(x,y)$ 的共轭调和函数.

例 3.13 已知 $u(x,y)=x^2-y^2+xy$ 是 z 平面上的调和函数,求以 $u(x,y)$ 为实部的解析函数 $f(z)=u(x,y)+\mathrm{i}v(x,y)$,满足条件 $f(\mathrm{i})=-1+\mathrm{i}$.

【解】 解法一(不定积分法)

先由 C-R 条件中的一个得

$$v_x=-u_y=2y-x,$$

于是 $v=2xy-\dfrac{x^2}{2}+\varphi(y)$.

再由 C-R 条件中的另一个得

$$v_y=2x+\varphi'(y)=u_x=2x+y,$$

故 $\varphi'(y)=y$,即 $\varphi(y)=\dfrac{y^2}{2}+C$,因此

$$v(x,y)=2xy-\frac{x^2}{2}+\frac{y^2}{2}+C,$$

于是得到解析函数

$$f(z)=u+\mathrm{i}v=x^2-y^2+xy+\mathrm{i}\left(2xy-\frac{x^2}{2}+\frac{y^2}{2}+C\right)$$

$$=(x^2+2\mathrm{i}xy-y^2)-\frac{\mathrm{i}}{2}(x^2+2\mathrm{i}xy-y^2)+\mathrm{i}C=\frac{z^2}{2}\cdot(2-\mathrm{i})+\mathrm{i}C.$$

由条件 $f(\mathrm{i})=-1+\mathrm{i}$，得到 $\frac{\mathrm{i}^2}{2}\cdot(2-\mathrm{i})+\mathrm{i}C=-1+\mathrm{i}$，$C=\frac{1}{2}$，

$$f(z)=u+\mathrm{i}v=x^2+xy-y^2+\mathrm{i}\left(\frac{1}{2}y^2-\frac{1}{2}x^2+2xy+\frac{1}{2}\right),$$

整理后可得 $f(z)=\left(1-\frac{1}{2}\mathrm{i}\right)z^2+\frac{1}{2}\mathrm{i}$.

解法二（线积分法）

如图 3.9 选择积分路径，则

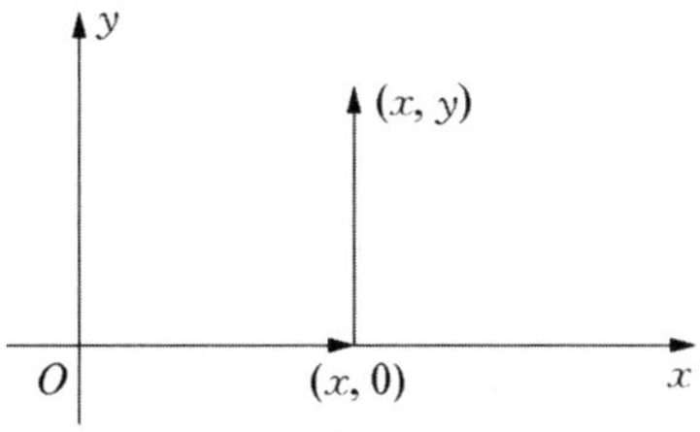

图 3.9

$$\begin{aligned}
v(x, y) &= \int_{(0,0)}^{(x,y)} \mathrm{d}v(x, y)+C \\
&= \int_{(0,0)}^{(x,y)} \frac{\partial v}{\partial x}\mathrm{d}x+\frac{\partial v}{\partial y}\mathrm{d}y+C \\
&= \int_{(0,0)}^{(x,y)} -\frac{\partial u}{\partial y}\mathrm{d}x+\frac{\partial u}{\partial x}\mathrm{d}y+C \\
&= \int_{(0,0)}^{(x,y)} (2y-x)\mathrm{d}x+(2x+y)\mathrm{d}y+C \\
&= \int_{(0,0)}^{(x,0)} (2y-x)\mathrm{d}x+\int_{(0,0)}^{(x,0)} (2x+y)\mathrm{d}y \\
&\quad +\int_{(x,0)}^{(x,y)} (2y-x)\mathrm{d}x+\int_{(x,0)}^{(x,y)} (2x+y)\mathrm{d}y+C \\
&= \int_0^x (0-x)\mathrm{d}x+\int_0^y (2x+y)\mathrm{d}y+C \\
&= -\frac{x^2}{2}+2xy+\frac{y^2}{2}+C \quad (C\text{ 为任意常数}).
\end{aligned}$$

解法三（全微分法）

因为

$$\begin{aligned}
\mathrm{d}v &= \frac{\partial v}{\partial x}\mathrm{d}x+\frac{\partial v}{\partial y}\mathrm{d}y=-\frac{\partial u}{\partial y}\mathrm{d}x+\frac{\partial u}{\partial x}\mathrm{d}y=(2y-x)\mathrm{d}x+(2x+y)\mathrm{d}y \\
&= 2(y\mathrm{d}x+x\mathrm{d}y)+(y\mathrm{d}y-x\mathrm{d}x)=2\mathrm{d}(xy)+\mathrm{d}\left(\frac{y^2}{2}-\frac{x^2}{2}\right) \\
&= \mathrm{d}\left(2xy+\frac{y^2}{2}-\frac{x^2}{2}\right),
\end{aligned}$$

于是

$$v(x, y)=2xy+\frac{y^2}{2}-\frac{x^2}{2}+C \quad (C\text{ 为任意常数}).$$

后面同解法一,略去.

例 3.14 已知 $u+v=x^2-y^2+2xy-5x-5y$,试确定解析函数

$$f(z)=u+\mathrm{i}v.$$

【解】 首先,等式两端分别对 x, y 求偏导数,得

$$u_x+v_x=2x+2y-5, \quad u_y+v_y=-2y+2x-5,$$

再联立 C-R 条件

$$u_x=v_y, \quad u_y=-v_x,$$

从上述方程组中解出 u_x, u_y,得

$$u_x=2x-5, \quad u_y=-2y.$$

这样,对 u_x 积分,得 $u=x^2-5x+c(y)$,再代入 u_y 中,得

$$c'(y)=-2y, \quad c(y)=-y^2+c_0.$$

至此得到 $u=x^2-5x-y^2+c_0$,由二者之和又可解出 $v=2xy-5y-c_0$,因此

$$f(z)=u+\mathrm{i}v=z^2-5z+c_0-c_0\mathrm{i},$$

其中 c_0 为任意实常数.

§3.6 MATLAB:求积分

考虑积分

$$\oint_C \frac{\mathrm{d}z}{(z-z_0)^{n+1}}=\begin{cases}2\pi\mathrm{i}, & n=0,\\ 0, & n\neq 0,\end{cases}$$

其中 C 是以 z_0 为心、r 为半径的圆周.

(1) 先考虑 $n=0$ 的情况.

此时,被积函数为

$$w=f(z)=\frac{1}{z-z_0},$$

它的图形如图 3.10 所示,为"实部-虚部"直角坐标系. 在图 3.10(a)所示的 z 平面中标示了点 z_0 和半径 r,曲线 C;相应地,在图 3.10(b)所示的 w 平面中标示

了对应的曲线(圆周);或者用图 3.10(c) 的黎曼曲面表示函数的图形和曲线. 而图 3.11 所示是"模-辐角"极坐标系的情况.

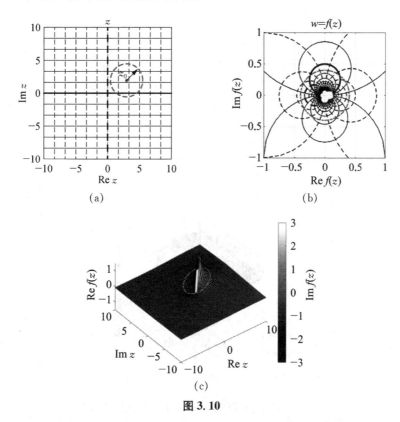

(a)

(b)

(c)

图 3.10

由积分的定义可知和式

$$S_m = \sum_{k=1}^{m} f(\xi_k) \Delta z_k$$

的极限 S 存在,那么积分还可以看成 m 个复数

$$s_k = f(\xi_k) \Delta z_k$$

之和 S_m 的极限.

再由复数四则运算的向量形式,可以将这些向量 s_k 首尾相连,得到一个和向量 S_m,最后取其极限所得的向量 S 即是所求积分值.

根据图 3.10 或图 3.11 所示的积分路径 C,图 3.12 展示了求向量之和(即积分)的过程,其中第一个向量的起点是原点 O,而最后一个向量的终点是 $2\pi i$.

这正好验证了结果.

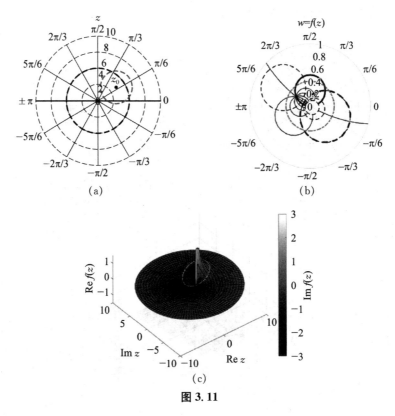

(a)

(b)

(c)

图 3.11

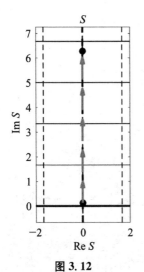

图 3.12

(2) 再考虑 $n=1$ 的情况.

此时,被积函数为

$$w = f(z) = \frac{1}{(z - z_0)^2}.$$

图 3.13 所示为"实部-虚部"直角坐标系;图 3.14 所示为"模-辐角"极坐标系.

根据图 3.13 或图 3.14 所示的积分路径 C,图 3.15 展示了求向量之和(即积分)的过程,其中第一个向量的起点是原点 O,而最后一个向量的终点也是 O. 这也验证了结果.

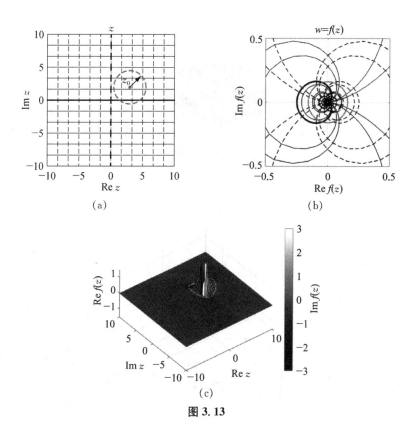

图 3.13

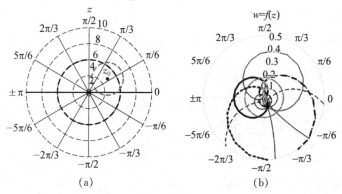

图 3.14

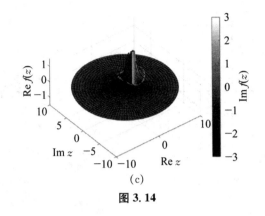

图 3.14

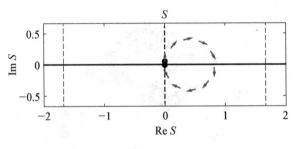

图 3.15

第三章习题

1. 计算积分 $\int\limits_{C}(x-y+\mathrm{i}x^2)\mathrm{d}z$,其中 C 为从原点到 $1+\mathrm{i}$ 的直线段.

2. 计算积分 $\int\limits_{C}\mathrm{e}^z\mathrm{d}z$,其中 C 为

(1) 从 0 到 1 再到 $1+\mathrm{i}$ 的折线;   (2) 从 0 到 $1+\mathrm{i}$ 的直线.

3. 计算积分 $\int\limits_{C}(x^2+\mathrm{i}y)\mathrm{d}z$,其中 C 为

(1) 沿 $y=x$ 从 0 到 $1+\mathrm{i}$;   (2) 沿 $y=x^2$ 从 0 到 $1+\mathrm{i}$.

4. 计算积分 $\int\limits_{C}|z|\mathrm{d}z$,其中 C 为

(1) 从 -1 到 $+1$ 的直线段;   (2) 从 -1 到 $+1$ 的圆心在原点的上半圆周.

5. 估计积分 $\int\limits_{C}\dfrac{1}{z^2+2}\mathrm{d}z$ 的模,其中 C 为 $+1$ 到 -1 的圆心在原点的上半圆周.

6. 用积分估计式证明:若 $f(z)$ 在整个复平面上有界,则当正整数 $n>1$ 时,

$$\lim_{R\to+\infty}\int_{C_R}\frac{f(z)}{z^n}\mathrm{d}z=0,$$

其中 C_R 为圆心在原点、半径为 R 的正向圆周.

7. 通过分析被积函数的奇点情况说明下列积分为 0 的原因,其中积分曲线 C 皆为 $|z|=1$:

$(1)\oint_C\dfrac{\mathrm{d}z}{(z+2)^2}$; $\qquad(2)\oint_C\dfrac{\mathrm{d}z}{z^2+2z+4}$; $\qquad(3)\oint_C\dfrac{\mathrm{d}z}{z^2+2}$;

$(4)\oint_C\dfrac{\mathrm{d}z}{\cos z}$; $\qquad(5)\oint_C z\mathrm{e}^z\mathrm{d}z$.

8. 计算下列积分:

$(1)\displaystyle\int_0^{\frac{\pi}{4}\mathrm{i}}\mathrm{e}^{2z}\mathrm{d}z$; $\qquad(2)\displaystyle\int_{-\pi\mathrm{i}}^{\pi\mathrm{i}}\sin^2 z\mathrm{d}z$; $\qquad(3)\displaystyle\int_0^1 z\sin z\mathrm{d}z$.

9. 计算 $\displaystyle\oint_C\dfrac{\mathrm{d}z}{z^2-a^2}$,其中 C 为不经过 $\pm a$ 的任一简单正向闭曲线.

10. (1) 设函数 $f(z)=\displaystyle\int_C\dfrac{3s^2+4s}{(s-z)(s-2)}\mathrm{d}s$,其中,曲线 $C:x^2+y^2=1$,求 $f'\left(\dfrac{1}{2}\right)$, $f'(3+3\mathrm{i})$.

(2) 计算 $\displaystyle\int_{|z|=2}\dfrac{\mathrm{e}^z\mathrm{d}z}{(z^2+1)^2}$.

11. 计算下列各积分:

$(1)\displaystyle\oint_{|z|=1}\dfrac{1}{\left(z-\dfrac{\mathrm{i}}{2}\right)(z+2)}\mathrm{d}z$; $\qquad(2)\displaystyle\oint_{|z-2\mathrm{i}|=\frac{3}{2}}\dfrac{\mathrm{e}^{\mathrm{i}z}}{z^2+1}\mathrm{d}z$;

$(3)\displaystyle\oint_{|z|=\frac{3}{2}}\dfrac{\mathrm{d}z}{(z^2+1)(z^2+4)}$; $\qquad(4)\displaystyle\oint_{|z-2|=2}\dfrac{z}{z^4-1}\mathrm{d}z$;

$(5)\displaystyle\oint_{|z|=2}\dfrac{1}{z^2-1}\sin\dfrac{\pi}{4}z\mathrm{d}z$; $\qquad(6)\displaystyle\oint_{|z|=2}\dfrac{z^{2n}}{(z-1)^n}\mathrm{d}z$, n 为正整数.

12. 计算积分 $\dfrac{1}{2\pi\mathrm{i}}\displaystyle\oint_C\dfrac{\mathrm{e}^z}{z(z-1)^3}\mathrm{d}z$,其中 C 为

$(1)\ |z|=\dfrac{1}{2}$; $\qquad(2)\ |z-1|=\dfrac{1}{2}$; $\qquad(3)\ |z|=2$.

13. 积分 $\displaystyle\oint_{|z|=1}\dfrac{1}{z+2}\mathrm{d}z$ 的值是什么? 并由此证明 $\displaystyle\int_0^\pi\dfrac{1+2\cos\theta}{5+4\cos\theta}\mathrm{d}\theta=0$.

14. 设 $f(z)$ 在 $|z|<R(R>1)$ 内解析,且 $f(0)=1$, $f'(0)=2$,试计算积分

$$\oint_{|z|=1}(z+1)^2\frac{f(z)}{z^2}\mathrm{d}z,$$

并由此得出 $\displaystyle\int_0^{2\pi}\cos^2\dfrac{\theta}{2}f(\mathrm{e}^{\mathrm{i}\theta})\mathrm{d}\theta$ 之值.

15. 设 $f(z) = (z-a_1)(z-a_2)\cdots(z-a_n)$,其中 $a_j(j=1,2,\cdots,n)$ 各不相同,围线 C 不通过 $a_1,a_2,\cdots,a_n$,证明积分

$$\frac{1}{2\pi i}\int_C \frac{f'(z)}{f(z)}\mathrm{d}z$$

等于位于 C 内部的零点个数.

16. 设 $f(z)$,$g(z)$ 都在简单闭曲线 C 上及 C 内解析,且在 C 上 $f(z) = g(z)$,证明在 C 内也有 $f(z) = g(z)$.

17. 设 $f(z)$ 在单连通区域 D 内解析,且 $|f(z)-1|<1$,证明:

(1) 在 D 内 $f(z) \neq 0$;

(2) 对于 D 内任一简单闭曲线 C,皆有 $\oint_C \frac{f'(z)}{f(z)}\mathrm{d}z = 0$.

18. 设在 $|z| \leqslant 1$ 上 $f(z)$ 解析,且 $|f(z)| \leqslant 1$,证明:$|f'(0)| \leqslant 1$.

19. 若 $f(z)$ 在闭圆盘 $|z-z_0| \leqslant R$ 上解析,且 $|f(z)| \leqslant M$,试证明柯西不等式: $|f^{(n)}(z_0)| \leqslant \frac{n!}{R^n}M$,并由此证明刘维尔定理:在整个复平面上有界且处处解析的函数一定为常数.

20. 利用刘维尔定理证明代数学基本定理:在 z 平面上,n 次多项式

$$p(z) = a_n z^n + a_{n-1}z^{n-1} + \cdots + a_1 z + a_0 \quad (a_n \neq 0)$$

至少有一个零点.

21. 证明:$\frac{1}{2\pi i}\int_C \frac{z^n \mathrm{e}^{z\xi}}{n!}\cdot \frac{\mathrm{d}\xi}{\xi^n} = \left(\frac{z^n}{n!}\right)^2$. 此处 C 是围绕原点的一条简单曲线.

22. 证明:函数 $u(x,y) = x^2 - y^2 + xy$ 为调和函数,并且求一解析函数 $f(z) = u(x,y) + iv(x,y)$,使 $f(0) = 0$.

23. 验证 $u(x,y) = x^3 - 3xy^2$ 是 z 平面上的调和函数,并求以 $u(x,y)$ 为实部的解析函数 $f(z)$,使得 $f(0) = i$.

24. 由下列条件求解析函数 $f(z) = u + iv$:

(1) $u = (x-y)(x^2+4xy+y^2)$;　　(2) $v = 2xy + 3x$;

(3) $u = 2(x-1)y$,$f(2) = -i$.

25. 设 $v = \mathrm{e}^{px}\sin y$,求 p 的值使 v 为调和函数,并求出解析函数 $f(z) = u + iv$.

部分习题答案与提示

1. $\int_C (x-y+ix^2)\mathrm{d}z = \int_0^1 it^2(1+i)\mathrm{d}t = \frac{-1+i}{3}t^3\Big|_0^1 = \frac{-1+i}{3}$.

2. (1) $\mathrm{e}^{1+i}-1$;　(2) $\mathrm{e}^{1+i}-1$.

3. (1) $-\frac{1}{6}+\frac{5}{6}i$;　　(2) $-\frac{1}{6}+\frac{5}{6}i$.

4. (1) 1;　(2) 2.

7. 被积函数的奇点为:(1) $z = -2$;　(2) $z = -1 \pm \sqrt{3}\,\mathrm{i}$;　(3) $z = \pm\sqrt{2}\,\mathrm{i}$;

(4) $z = k\pi + \dfrac{\pi}{2}$, k 为任意整数;　(5) 被积函数处处解析,无奇点.

8. (1) $\displaystyle\int_0^{\frac{\pi}{4}\mathrm{i}} \mathrm{e}^{2z}\,\mathrm{d}z = \frac{1}{2}\mathrm{e}^{2z}\bigg|_0^{\frac{\pi}{4}\mathrm{i}} = \frac{1}{2}(\mathrm{e}^{\frac{\pi}{2}\mathrm{i}} - \mathrm{e}^0) = \frac{1}{2}(\mathrm{i}-1).$

(2) $\displaystyle\int_{-\pi\mathrm{i}}^{\pi\mathrm{i}} \sin^2 z\,\mathrm{d}z = \pi\mathrm{i} - \frac{1}{2}\sin(2\pi\mathrm{i}) = \pi\mathrm{i} - \frac{1}{4\mathrm{i}}(\mathrm{e}^{-2\pi} - \mathrm{e}^{2\pi}) = \left[\pi - \frac{1}{2}\sinh(2\pi)\right]\mathrm{i}.$

(3) $\displaystyle\int_0^1 z\sin z\,\mathrm{d}z = -\cos 1 + \sin z\bigg|_0^1 = \sin 1 - \cos 1.$

9. 被积函数的奇点为 $\pm a$,根据其与 C 的位置分 4 种情况讨论:

(1) $\pm a$ 皆在 C 外,积分为 0;　(2) a 在 C 内,$-a$ 在 C 外,积分为 $\dfrac{\pi\mathrm{i}}{a}$;

(3) $-a$ 在 C 内,a 在 C 外,积分为 $-\dfrac{\pi\mathrm{i}}{a}$;　(4) $\pm a$ 皆在 C 内,积分为 0.

10. (1) $f'\left(\dfrac{1}{2}\right) = -\dfrac{106}{9}\pi\mathrm{i}$, $f'(3+3\mathrm{i}) = 0$;

(2) $\pi\mathrm{i}(\sin 1 - \cos 1)$.

11. (1) $\dfrac{4\pi\mathrm{i}}{4+\mathrm{i}}$;　(2) $\dfrac{\pi}{\mathrm{e}}$;　(3) 0;　(4) $\dfrac{\pi\mathrm{i}}{2}$;　(5) $\sqrt{2}\,\pi\mathrm{i}$;　(6) $2\pi\mathrm{i}\dfrac{(2n)!}{(n-1)!\,(n+1)!}$.

12. (1) -1;　(2) $\dfrac{\mathrm{e}}{2}$;　(3) $\dfrac{\mathrm{e}}{2} - 1$.

14. $\displaystyle\oint_{|z|=1} (z+1)^2\frac{f(z)}{z^2}\,\mathrm{d}z = 8\pi\mathrm{i}$, $\displaystyle\int_0^{2\pi}\cos^2\frac{\theta}{2}f(\mathrm{e}^{\mathrm{i}\theta})\,\mathrm{d}\theta = 2\pi.$

22. $f(z) = x^2 - y^2 + xy + \mathrm{i}\left(\dfrac{1}{2}y^2 + 2xy - \dfrac{1}{2}x^2\right).$

23. $f(z) = u + \mathrm{i}v = x^3 - 3xy^2 + \mathrm{i}(3x^2 y - y^3 + C) = (x+\mathrm{i}y)^3 + \mathrm{i}C = z^3 + \mathrm{i}C$, $f(0) = \mathrm{i}$,故 $f(z) = z^3 + \mathrm{i}.$

24. (1) $f(z) = u + \mathrm{i}v = (1-\mathrm{i})z(x^2 - y^2 - 2xy\mathrm{i}) + C\mathrm{i} = (1-\mathrm{i})z^3 + \mathrm{i}C.$

(2) $f(z) = x^2 - y^2 - 3y + C + \mathrm{i}(2xy + 3x).$

(3) $f(z) = 2(x-1)y + \mathrm{i}[-(x-1)^2 + y^2 + C]$,由 $f(2) = -\mathrm{i}$ 推出 $C = 0$,即

$$f(z) = 2(x-1)y + \mathrm{i}(y^2 - x^2 + 2x - 1) = \mathrm{i}(-z^2 + 2z - 1) = -\mathrm{i}(z-1)^2.$$

25. $f(z) = \begin{cases} \mathrm{e}^x(\cos y + \mathrm{i}\sin y) + C = \mathrm{e}^z + C, & p = 1, \\ -\mathrm{e}^{-x}(\cos y - \mathrm{i}\sin y) + C = -\mathrm{e}^z + C, & p = -1. \end{cases}$

第四章 解析函数的泰勒展式和洛朗展式

§4.1 复级数和序列的性质

复级数的基本理论和数学分析中实级数相关结论类似,本节我们仅给出简单介绍而不予详细证明.

§4.1.1 复数项级数和复数序列

我们称 $z_1 = a_1 + ib_1$, $z_2 = a_2 + ib_2$, $\cdots$, $z_n = a_n + ib_n$, $\cdots$ 为**复数序列**,其中 z_n 是复数,$\mathrm{Re}\, z_n = a_n$, $\mathrm{Im}\, z_n = b_n$,一般简单记为 $\{z_n\}$. 按照 $\{|z_n|\}$ 是有界或无界序列,我们也称 $\{z_n\}$ 为**有界或无界序列**.

设 z_0 是一个复常数,如果任给 $\varepsilon > 0$,可以找到一个正数 N,使得当 $n > N$ 时 $|z_n - z_0| < \varepsilon$,那么我们说 $\{z_n\}$ 收敛或有极限 z_0,或者说 $\{z_n\}$ 是**收敛序列**,并且收敛于 z_0,记作 $\lim\limits_{n\to\infty} z_n = z_0$.

如果序列 $\{z_n\}$ 不收敛,则称 $\{z_n\}$ 发散,或者说它是**发散序列**.

令 $z_0 = a + ib$,其中 a 和 b 是实数. 由不等式

$$|a_n - a| \ \text{及} \ |b_n - b| \leqslant |z_n - z_0| \leqslant |a_n - a| + |b_n - b|$$

容易看出,$\lim\limits_{n\to\infty} z_n = z_0$ 的充要条件是

$$\lim_{n\to\infty} a_n = a, \ \lim_{n\to\infty} b_n = b.$$

利用两个实数序列的相应的结果,我们可以证明,两个收敛复数序列的和、差、积、商仍收敛,并且其极限是相应极限的和、差、积、商.

定义 4.1 如下表示式

$$\sum_{n=1}^{\infty} z_n = z_1 + z_2 + \cdots + z_n + \cdots$$

称为**复数项级数**,其中每项都是复数 $z_n \in \mathbf{C}(n=1, 2, \cdots)$.

定义 4.2 对于复数项级数 $\sum\limits_{n=1}^{\infty} z_n$,设部分和序列

$$s_n = \sum_{k=1}^{n} z_k = z_1 + z_2 + \cdots + z_n,$$

若 $\lim\limits_{n\to\infty} s_n = s$ 存在,则称级数 $\sum\limits_{n=1}^{\infty} z_n$ 收敛,$\sum\limits_{n=1}^{\infty} z_n$ 的和是 s,记为 $\sum\limits_{n=1}^{\infty} z_n = s$;否则为发散.

由定义 4.2,我们立即得到级数 $\sum\limits_{n=1}^{\infty} z_n$ 收敛的必要条件:

$$\lim_{n\to\infty} z_n = \lim_{n\to\infty}(s_n - s_{n-1}) = 0.$$

注 1 对于一个复数序列 $\{z_n\}$,我们可以作一个复数项级数如下:

$$z_1 + (z_2 - z_1) + (z_3 - z_2) + \cdots + (z_n - z_{n-1}) + \cdots,$$

则序列 $\{z_n\}$ 的敛散性和此级数的敛散性相同.

注 2 级数 $\{z_n\}$ 收敛于 s 的 ε-N 定义可以叙述为:$\forall \varepsilon > 0$, $\exists N > 0$,使得当 $n > N$ 时,有

$$\left| \sum_{k=1}^{n} z_k - s \right| < \varepsilon.$$

由复数的性质易于推得如下定理.

定理 4.1 设

$$\sum_{n=1}^{\infty} z_n = \sum_{n=1}^{\infty} a_n + \mathrm{i}\sum_{n=1}^{\infty} b_n,$$

其中 a_n, $b_n(n=1, 2, \cdots)$ 均为实数,则级数 $\sum\limits_{n=1}^{\infty} z_n$ 收敛于 $s=a+ib$ 的充要条件为级数 $\sum\limits_{n=1}^{\infty} a_n$ 与 $\sum\limits_{n=1}^{\infty} b_n$ 分别收敛于 a 和 b.

关于实数项级数的一些基本结果,可以不加改变地推广到复数项级数,例如下面的柯西收敛原理.

定理 4.2 (1) **柯西收敛原理(复数项级数)**:级数 $\sum\limits_{n=1}^{\infty} z_n$ 收敛的充要条件

是：$\forall \varepsilon > 0$，$\exists N$，使 $n > N$ 及 $\forall P \in N$，均有

$$\left| \sum_{k=1}^{P} z_{n+k} \right| = | z_{n+1} + \cdots + z_{n+P} | < \varepsilon.$$

（2）**柯西收敛原理（复数序列）**：序列 $\{z_n\}$ 收敛的充要条件是：$\forall \varepsilon > 0$，$\exists N$，使得当 m 及 $n > N$ 时，$| z_n - z_m | < \varepsilon$.

对于复数项级数 $\sum_{n=1}^{\infty} | z_n |$，我们也引入绝对收敛的概念.

定义 4.3 如果级数

$$| z_1 | + | z_2 | + \cdots + | z_n | + \cdots$$

收敛，我们称级数 $\sum_{n=1}^{\infty} z_n$ **绝对收敛**. 非绝对收敛的收敛级数 $\sum_{n=1}^{\infty} z_n$ 称为**条件收敛**.

由关系式 $\sum_{k=1}^{n} | a_k |$ 及 $\sum_{k=1}^{n} | b_k | \leqslant \sum_{k=1}^{n} | z_k | = \sum_{k=1}^{n} \sqrt{a_k^2 + b_k^2} \leqslant \sum_{k=1}^{n} | a_k | + \sum_{k=1}^{n} | b_k |$，以及定理 4.1，即可推得下述定理.

定理 4.3 级数 $\sum_{n=1}^{\infty} z_n$ 绝对收敛的充要条件为：级数 $\sum_{k=1}^{\infty} a_k$ 及 $\sum_{k=1}^{\infty} b_k$ 绝对收敛.

再由定理 4.2 和定理 4.3 可知：绝对收敛级数必为收敛级数.

例 4.1 证明：当 $| z | < 1$ 时，$\sum_{k=0}^{\infty} z^k = 1 + z + z^2 + \cdots + z^n + \cdots = \dfrac{1}{1-z}$.

【证明】 对于级数 $\sum_{n=1}^{\infty} z^n$，当 $| z | < 1$ 时，由于

$$s_n = \sum_{k=0}^{n} z^k = 1 + 2 + \cdots + z^n = \frac{1 - z^{n+1}}{1 - z},$$

而当 $| z | < 1$ 时，$\lim\limits_{n \to \infty} z^{n+1} = 0$，于是 $\lim\limits_{n \to \infty} s_n = \dfrac{1}{1-z}$.

因此级数 $\sum_{n=1}^{\infty} z^n (| z | < 1)$ 收敛且有 $\sum_{n=1}^{\infty} z^n = \dfrac{1}{1-z}$.

显然，当 $| z | < 1$ 时，级数 $\sum_{n=1}^{\infty} z^n$ 亦为绝对收敛的级数.

定理 4.4 如果复数项级数 $\sum_{n=1}^{\infty} z_n'$ 及 $\sum_{n=1}^{\infty} z_n''$ 绝对收敛，并且它们的和分别为 α'，α''，那么级数

$$\sum_{n=1}^{\infty}(z'_1 z''_n + z'_2 z''_{n-1} + \cdots + z'_n z''_1)$$

也绝对收敛,并且它的和为 $\alpha'\alpha''$.

注　复数项级数具有与实数项级数相同的性质,不再一一给出.

例 4.2　判别级数 $\displaystyle\sum_{n=1}^{\infty}\left(\frac{1+4\mathrm{i}}{2}\right)^n$ 的敛散性.

【解】　因为 $\displaystyle\left|\left(\frac{1+4\mathrm{i}}{2}\right)^n\right|=\left(\frac{\sqrt{17}}{2}\right)^n$, $\displaystyle\lim_{n\to\infty}\left(\frac{\sqrt{17}}{2}\right)^n\neq 0$,所以 $\displaystyle\sum_{n=1}^{\infty}\left(\frac{1+4\mathrm{i}}{2}\right)^n$

发散.

例 4.3　判别级数 $\displaystyle\sum_{n=1}^{\infty}\left(\frac{1}{3+4\mathrm{i}}\right)^n$ 的敛散性.

【解】　设 $c_n=\dfrac{1}{(3+4\mathrm{i})^n}$,因为

$$\lim_{n\to\infty}\frac{|c_{n+1}|}{|c_n|}=\lim_{n\to\infty}\frac{1}{|3+4\mathrm{i}|}=\frac{1}{5}<1,$$

由正项级数的比值判别法知 $\displaystyle\sum_{n=1}^{\infty}\frac{1}{(3+4\mathrm{i})^n}$ 绝对收敛.

§4.1.2　复变函数项级数和复变函数序列

定义 4.4　设函数 $f_n(z)(n=1,2,\cdots)$ 在复平面的点集 E 上有定义,则称级数

$$\sum_{n=1}^{\infty}f_n(z)=f_1(z)+\cdots+f_n(z)+\cdots$$

为定义在 E 上的复函数项级数.

设函数 $f(z)$ 在 E 上有定义,如果 $\forall z\in E$,级数 $\displaystyle\sum_{n=1}^{\infty}f_n(z)$ 均收敛于 $f(z)$,即 $\displaystyle\lim_{n\to\infty}\sum_{k=1}^{n}f_k(z)=\lim_{n\to\infty}s_n(z)=f(z)$,则称级数 $\displaystyle\sum_{n=1}^{\infty}f_n(z)$ 在 E 上收敛于 $f(z)$,或者说级数 $\displaystyle\sum_{n=1}^{\infty}f_n(z)$ 的和函数为 $f(z)$,记作

$$\sum_{n=1}^{\infty}f_n(z)=f(z).$$

定义 4.5　设 $f_1(z),f_2(z),\cdots,f_n(z),\cdots$ 是 E 上的复函数列,记作

$\{f_n(z)\}_{n=1}^{\infty}$ 或$\{f_n(z)\}$. 设函数$\varphi(z)$在E上有定义,如果在E上每一点z,序列$\{f_n(z)\}$都收敛于$\varphi(z)$,那么我们说此复函数序列在E上收敛于$\varphi(z)$,或者说此序列在E上有极限函数$\varphi(z)$,记作

$$\lim_{n \to \infty} f_n(z) = \varphi(z).$$

注1 复变函数项级数$\sum_{n=1}^{\infty} f_n(z)$收敛于$f(z)$的$\varepsilon$-$N$定义可以叙述为:$\forall \varepsilon > 0$,$\exists N > 0$,使得当$n > N$时,有

$$\left| \sum_{k=1}^{n} f_k(z) - f(z) \right| < \varepsilon.$$

注2 复变函数序列$\{f_n(z)\}$收敛于$\varphi(z)$的ε-N定义可以叙述为:$\forall \varepsilon > 0$,$\exists N > 0$,使得当$n > N$时,有

$$| f_n(z) - \varphi(z) | < \varepsilon.$$

定义4.6 如果$\forall \varepsilon > 0$,$\exists N = N(\varepsilon)$,使得当$n > N$时,对任意$z \in E$,有

$$\left| \sum_{k=1}^{n} f_k(z) - f(z) \right| < \varepsilon,$$

或

$$| f_n(z) - \varphi(z) | < \varepsilon,$$

那么我们说级数$\sum_{n=1}^{\infty} f_n(z)$或序列$\{f_n(z)\}$在$E$上**一致收敛**于$f(z)$或$\varphi(z)$.

与实函数项级数及序列一样,我们也有相应的柯西一致收敛原理.

定理4.5 **(1) 柯西一致收敛原理(复函数项级数)** 复函数项级数$\sum_{n=1}^{\infty} f_n(z)$在$E$上一致收敛的充要条件是:任给$\varepsilon > 0$,可以找到一个只与$\varepsilon$有关,而与$z$无关的正整数$N = N(\varepsilon)$,使得当$n > N$,$z \in E$,$p = 1, 2, 3, \cdots$时,有

$$| f_{n+1}(z) + f_{n+2}(z) + \cdots + f_{n+p}(z) | < \varepsilon.$$

(2) 柯西一致收敛原理(复函数序列) 复变函数序列$\{f_n(z)\}$在E上一致收敛的充要条件是:任给$\varepsilon > 0$,可以找到一个只与ε有关,而与z无关的正整数$N = N(\varepsilon)$,使得当$m, n > N$,$z \in E$时,有

$$| f_n(z) - f_m(z) | < \varepsilon.$$

定理 4.6(一致收敛的魏尔斯特拉斯(Weierstrass)判别法(M-判别法))
设 $\{f_n(z)\}(n=1, 2, \cdots)$ 在复平面点集 E 上有定义,并且设

$$a_1 + a_2 + \cdots + a_n + \cdots$$

是一个收敛的正项级数. 设在 E 上,$| f_n(z) | \leqslant a_n (n=1, 2, \cdots)$,那么级数 $\sum\limits_{n=1}^{\infty} f_n(z)$ 在 E 上绝对收敛且一致收敛.

类似数学分析中的实函数,我们可以得到级数的分析运算性质.

定理 4.7　设复平面点集 E 表示区域、闭区域或简单曲线. $\{f_n(z)\}(n=1, 2, \cdots)$ 在集 E 上连续,并且级数 $\sum\limits_{n=1}^{\infty} f_n(z)$ 或序列 $\{f_n(z)\}$ 在 E 上一致收敛于 $f(z)$ 或 $\varphi(z)$,那么 $f(z)$ 或 $\varphi(z)$ 在 E 上连续.

定理 4.8(逐项积分)　设 $f_n(z)(n=1, 2, \cdots)$ 在简单曲线 C 上连续,并且级数 $\sum\limits_{n=1}^{\infty} f_n(z)$ 或序列 $\{f_n(z)\}$ 在 C 上一致收敛于 $f(z)$ 或 $\varphi(z)$,那么

$$\sum_{n=1}^{\infty} \int_C f_n(z) \mathrm{d}z = \int_C f(z) \mathrm{d}z,$$

或

$$\lim_{n\to\infty} \int_C f_n(z) \mathrm{d}z = \int_C \varphi(z) \mathrm{d}z.$$

最后,我们给出逐项求导分析运算性质,先给出下面的定义.

定义 4.7　设函数 $\{f_n(z)\}(n=1, 2, \cdots)$ 在复平面 $\mathbf{C}$ 上的区域 D 内解析. 如果级数 $\sum\limits_{n=1}^{\infty} f_n(z)$ 或序列 $\{f_n(z)\}$ 在 D 内任一有界闭区域(或在一个紧集)上一致收敛于 $f(z)$ 或 $\varphi(z)$,那么我们说此级数或序列在 D 中**内闭(或内紧)一致收敛于** $f(z)$ 或 $\varphi(z)$.

应用莫雷拉定理及柯西积分公式,可以得到下面的逐项求导定理.

定理 4.9(魏尔斯特拉斯定理)　设函数 $f_n(z)(n=1, 2, \cdots)$ 在区域 D 内解析,且级数 $\sum\limits_{n=1}^{\infty} f_n(z)$ 或序列 $\{f_n(z)\}$ 在 D 内闭一致收敛于函数 $f(z)$ 或 $\varphi(z)$,那么 $f(z)$ 或 $\varphi(z)$ 在区域 D 内解析,且在 D 内

$$f^{(k)}(z) = \sum_{n=1}^{\infty} f_n^{(k)}(z),$$

或

$$\varphi^{(k)}(z) = \lim_{n \to \infty} f_n^{(k)}(z), \ k = 1, 2, 3, \cdots.$$

§4.2 幂级数

§4.2.1 幂级数的基本性质

本节研究一类特别的函数项级数,即幂级数.

定义 4.8 形如

$$\sum_{n=0}^{\infty} a_n(z - z_0)^n = a_0 + a_1(z - z_0) + \cdots + a_n(z - z_0)^n + \cdots$$

的级数称为幂级数,其中 z 是复变量,$a_n(n = 1, 2, \cdots)$ 是复常数.

特别地,当 $z_0 = 0$ 时,级数变为

$$\sum_{n=0}^{\infty} a_n z^n = a_0 + a_1 z + \cdots + a_n z^n + \cdots.$$

幂级数在复变函数论中有着特殊重要意义,它不仅是研究解析函数的工具,而且在实际计算中应用也比较方便. 我们首先研究幂级数的收敛性,有下述定理.

定理 4.10(阿贝尔(Abel)定理) 如果幂级数 $\sum\limits_{n=0}^{\infty} a_n(z - z_0)^n$ 在 $z_1(\neq z_0)$ 收敛,那么它在 $|z - z_0| < |z_1 - z_0|$ 内绝对收敛且内闭一致收敛.

【证明】 因为幂级数 $\sum\limits_{n=0}^{\infty} a_n(z - z_0)^n$ 在 $z_1(\neq z_0)$ 收敛,所以有

$$\lim_{n \to \infty} a_n(z_1 - z_0)^n = 0,$$

从而 $\exists M > 0$,使得 $|a_n(z_1 - z_0)^n| < M(n = 0, 1, \cdots)$,把级数改写成

$$\sum_{n=0}^{\infty} a_n(z_1 - z_0)^n \left(\frac{z - z_0}{z_1 - z_0}\right)^n,$$

则有

$$|a_n(z - z_0)^n| = |a_n(z_1 - z_0)^n| \cdot \left|\frac{z - z_0}{z_1 - z_0}\right|^n \leqslant M \cdot \left|\frac{z - z_0}{z_1 - z_0}\right|^n.$$

因为 $\left|\dfrac{z-z_0}{z_1-z_0}\right|<1$，所以级数 $\sum\limits_{n=0}^{\infty}M\cdot\left|\dfrac{z-z_0}{z_1-z_0}\right|^{n}$ 收敛．则级数 $\sum\limits_{n=0}^{\infty}a_n(z-z_0)^n$ 在满足 $|z-z_0|<|z_1-z_0|$ 的任何点 z 绝对收敛，且内闭一致收敛．

推论 4.11　若幂级数 $\sum\limits_{n=0}^{\infty}a_n(z-z_0)^n$ 在 z_2 发散，则它在以 z_0 为心并通过 z_2 的圆周外部发散．

§4.2.2　幂级数的收敛半径

由前面结论，可知存在实数 $R(0<R<+\infty)$，使得级数 $\sum\limits_{n=0}^{\infty}a_n(z-z_0)^n$ 当 $|z-z_0|<R$ 时绝对收敛，当 $|z-z_0|>R$ 时发散．

我们称 R 为级数 $\sum\limits_{n=0}^{\infty}a_n(z-z_0)^n$ 的收敛半径，$|z-z_0|<R$ 称为收敛圆．当 $R=+\infty$ 时，我们说 $\sum\limits_{n=0}^{\infty}a_n(z-z_0)^n$ 的收敛半径是 $+\infty$，收敛圆为复平面．当 $R=0$ 时，我们说 $\sum\limits_{n=0}^{\infty}a_n(z-z_0)^n$ 的收敛半径是 0，收敛圆只有一点 $z=0$．以下说幂级数有收敛圆均指收敛半径大于 0 的情况．幂级数 $\sum\limits_{n=0}^{\infty}a_n(z-z_0)^n$ 的收敛半径可用以下公式求得．

定理 4.12(柯西-阿达玛(Cauchy-Hadamard)公式)　若以下条件之一成立：

(1) $l=\lim\limits_{n\to\infty}\left|\dfrac{a_{n+1}}{a_n}\right|$；　(2) $l=\lim\limits_{n\to\infty}\sqrt[n]{|a_n|}$；　(3) $l=\varlimsup\limits_{n\to\infty}\sqrt[n]{|a_n|}$；

则当 $0<l<+\infty$ 时，$\sum\limits_{n=0}^{\infty}a_n(z-z_0)^n$ 的收敛半径 $R=\dfrac{1}{l}$；当 $l=0$ 时，$R=+\infty$；当 $l=+\infty$ 时，$R=0$．

证明略，可以参考文献[7]．

注 1　公式中的 l 总是存在的．

注 2　**上极限的定义**．(1) 对于实数序列 $\{a_n\}$，数 $l\in(-\infty,+\infty)$，如果对任给 $\varepsilon>0$，满足：(i) 至多有有限个 $a_n>L+\varepsilon$；(ii) 有无穷个 $a_n>L-\varepsilon$，那么说序列 $\{a_n\}$ 的上极限是 L，记作 $\varlimsup\limits_{n\to\infty}a_n=L$．

(2) 如果任给 $M>0$，有无穷个 $a_n>M$，那么说序列 $\{a_n\}$ 的上极限是 $+\infty$，记作 $\varlimsup\limits_{n\to\infty}a_n=+\infty$．

(3) 如果任给 $M>0$，至多有有限个 $a_n>-M$，那么说序列 $\{a_n\}$ 的上极限是

$-\infty$,记作$\overline{\lim\limits_{n\to\infty}}a_n=-\infty$.

例4.4 试求下列各幂级数的收敛半径R：

(1) $\sum\limits_{n=0}^{\infty}\dfrac{z^n}{n^3}$； (2) $\sum\limits_{n=0}^{\infty}\dfrac{z^n}{n!}$； (3) $\sum\limits_{n=0}^{\infty}(n+1)!\ z^n$； (4) $\sum\limits_{k=1}^{\infty}z^{k^2}$.

【解】 (1) $R=\lim\limits_{n\to\infty}\left|\dfrac{a_n}{a_{n+1}}\right|=\lim\limits_{n\to\infty}\left|\dfrac{(n+1)^3}{(n)^3}\right|=1.$

(2) $l=\lim\limits_{n\to\infty}\left|\dfrac{a_{n+1}}{a_n}\right|=\lim\limits_{n\to\infty}\left|\dfrac{n!}{(n+1)!}\right|=0,\ R=+\infty.$

(3) $l=\lim\limits_{n\to\infty}\left|\dfrac{(n+1)!}{n!}\right|=+\infty,\ R=0.$

(4) 级数是缺项级数，即 $a_n=\begin{cases}0, & n\neq k^2,\\ 1, & n=k^2.\end{cases}$

因为 $\overline{\lim\limits_{n\to\infty}}a_n=1$，所以 $R=1.$

例4.5 证明级数 $\sum\limits_{n=1}^{\infty}\dfrac{z^{n+1}}{(n-1)(n+1)}$ 的收敛域为单位圆盘 $|z|\leqslant 1.$

【证明】 容易得到收敛半径为1.

在收敛圆 $|z|=1$ 上，$\left|\dfrac{z^{n+1}}{(n-1)(n+1)}\right|=\dfrac{1}{(n-1)(n+1)}$，而级数 $\sum\limits_{n=1}^{\infty}$

$\dfrac{1}{(n-1)(n+1)}$ 收敛，故此级数在收敛圆上也处处收敛.

注 幂级数在其收敛圆上可能收敛，也可能发散，例如级数

$$\frac{1}{1-z}=1+z+z^2+\cdots+z^n+\cdots$$

的收敛半径为1，由于在收敛圆 $|z|=1$ 上，此级数一般不趋于0，因而在 $|z|=1$ 上级数处处发散，但其和函数却在除 $z=1$ 外处处解析.

§4.2.3 幂级数和函数的解析性

类似定理 4.7～定理 4.9，我们可以得到幂级数的分析运算性质，这里只给出如下逐项求导定理.

定理4.13 设幂级数 $\sum\limits_{n=0}^{\infty}a_n(z-z_0)^n$ 的收敛圆为 B：$|z-z_0|<R(0<R\leqslant+\infty)$，则它的和函数

$$f(z)=a_0+a_1(z-z_0)+\cdots+a_n(z-z_0)^n+\cdots=\sum_{n=0}^{\infty}a_n(z-z_0)^n$$

在 B 内解析,且 $\sum\limits_{n=0}^{\infty} a_n (z-z_0)^n$ 可以逐项求导:

$$f^{(m)}(z) = m! \, a_m + (m+1)m\cdots 2a_{m+1}(z-z_0) + \cdots$$
$$+ n(n-1)\cdots(n-m+1)a_n(z-z_0)^{n-m}$$
$$+ \cdots \quad (m=1, 2, \cdots, z \in B).$$

【证明】 对 $\forall\, 0 < r < R$,在 $|z-z_0| = r$ 上,$|a_n(z-z_0)^n| < |a_n| R^n$.

由定理 4.10 知级数 $\sum\limits_{n=0}^{\infty} a_n(z-z_0)^n$ 在 $|z-z_0| = r$ 上绝对收敛,从而根据 $M-$

判别法知 $\sum\limits_{n=0}^{\infty} a_n(z-z_0)^n$ 在 $|z-z_0| \leqslant r$ 上一致收敛,故 $\sum\limits_{n=0}^{\infty} a_n(z-z_0)^n$ 在

$|z-z_0| < r$ 中内闭一致收敛. 由定理 4.9 知道,在 $|z-z_0| < r$ 内,函数 $f(z)$

解析,其可以逐项求导:

$$f^{(m)}(z) = m! \, a_m + (m+1)m\cdots 2a_{m+1}(z-z_0) + \cdots$$
$$+ n(n-1)\cdots(n-m+1)a_n(z-z_0)^{n-m} + \cdots \quad (m=1, 2, \cdots).$$

由 $0 < r < R$ 的任意性即知定理成立.

注 取 $z = z_0$,得到 $f^{(m)}(z_0) = m! \, a_m$,即 $a_m = \dfrac{f^{(m)}(z_0)}{m!}$.

§4.3 解析函数的泰勒展式和洛朗展式

§4.3.1 泰勒定理

定理 4.14(泰勒(Taylor)定理) 设函数 $f(z)$ 在区域 D 内解析,$z_0 \in D$,圆盘 $B: |z-z_0| < R$ 含于 D,那么在 B 内,$f(z)$ 能展开成幂级数:

$$f(z) = \sum_{n=0}^{\infty} a_n(z-z_0)^n = a_0 + a_1(z-z_0) + \cdots + a_n(z-z_0)^n + \cdots$$

$$= f(z_0) + \frac{f'(z_0)}{1!}(z-z_0) + \frac{f''(z_0)}{2!}(z-z_0) + \cdots$$

$$+ \frac{f^{(n)}(z_0)}{n!}(z-z_0)^n + \cdots,$$

其中系数 $a_n = \dfrac{f^{(n)}(z_0)}{n!} = \dfrac{1}{2\pi i}\int_C \dfrac{f(\zeta)}{(\zeta-z_0)^{n+1}}\mathrm{d}\zeta$ ($0 < r < R$, $C: |z-z_0| = r$,

$n=0, 1, 2, \cdots$),且展式是唯一的.

注 我们称级数

$$f(z_0) + \frac{f'(z_0)}{1!}(z - z_0) + \frac{f''(z_0)}{2!}(z - z_0) + \cdots + \frac{f^{(n)}(z_0)}{n!}(z - z_0)^n + \cdots$$

为 $f(z)$ 在 z_0 的泰勒级数, 其系数称为泰勒系数; 相应地, $z_0 = 0$ 时为麦克劳林 (Maclaurin) 级数.

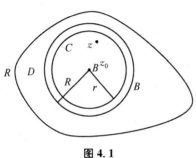

图 4.1

【证明】 如图 4.1, $\forall z \in B$, 可以作圆 $C: |z - z_0| = r(0 < r < R)$, 使得 z 含于 C 内部.

则由柯西公式,

$$f(z) = \frac{1}{2\pi i} \int_C \frac{f(\zeta)}{\zeta - z} d\zeta.$$

而当 $\zeta \in C$ 时, $\left| \dfrac{z - z_0}{\zeta - z_0} \right| < 1.$ 又因为

$$\frac{1}{1 - \alpha} = 1 + \alpha + \alpha^2 + \cdots + \alpha^n + \cdots \quad (|\alpha| < 1),$$

所以

$$\frac{1}{\zeta - z} = \frac{1}{\zeta - z_0 - (z - z_0)} = \frac{1}{\zeta - z_0} \cdot \frac{1}{1 - \dfrac{z - z_0}{\zeta - z_0}} = \sum_{n=0}^{\infty} \frac{(z - z_0)^n}{(\zeta - z_0)^{n+1}}.$$

上式右端级数当 $\zeta \in C$ 时是一致收敛的, 因此

$$\frac{f(\zeta)}{\zeta - z} = \sum_{n=0}^{\infty} (z - z_0)^n \frac{f(\zeta)}{(\zeta - z_0)^{n+1}},$$

$$f(z) = \frac{1}{2\pi i} \int_C \frac{f(\zeta)}{\zeta - z} d\zeta = \frac{1}{2\pi i} \int_C \sum_{n=0}^{\infty} (z - z_0)^n \frac{f(\zeta)}{(\zeta - z_0)^{n+1}} d\zeta.$$

逐项积分得

$$f(z) = a_0 + a_1(z - z_0) + \cdots + a_n(z - z_0)^n + \cdots$$
$$= f(z_0) + \frac{f'(z_0)}{1!}(z - z_0) + \frac{f''(z_0)}{2!}(z - z_0) + \cdots$$
$$+ \frac{f^{(n)}(z_0)}{n!}(z - z_0)^n + \cdots,$$

其中系数 $a_n = \dfrac{f^{(n)}(z_0)}{n!} = \dfrac{1}{2\pi i}\displaystyle\int_C \dfrac{f(\zeta)}{(\zeta-z_0)^{n+1}}\mathrm{d}\zeta\,(0 < r < R,\,C:\mid z-z_0\mid = r).$

由 z 为 B 内任意一点知定理成立.

下面证明展式的唯一性.

设另有展式

$$f(z) = \sum_{n=0}^{\infty} a'_n (z-z_0)^n,$$

由定理 4.13 可知

$$a_n = \frac{f^{(n)}(z_0)}{n!} \quad (n = 0,\,1,\,2,\,\cdots),$$

故展式是唯一的.

　　注 1　在一点解析的函数在这点的一个邻域内可以用幂级数表示出来,因此一个函数在某个点解析的充要条件是:它在这个点的某个邻域内可以展开成一个幂级数.

　　注 2　若幂级数 $\displaystyle\sum_{n=0}^{\infty} a_n(z-z_0)^n$ 的收敛半径 $R>0$ 且 $f(z)=\displaystyle\sum_{n=0}^{\infty} a_n(z-z_0)^n$,则 $f(z)$ 在收敛圆周 $C:\mid z-z_0\mid = R$ 上至少有一奇点,即不可能有这样的函数 $f(z)$ 存在,它在 $\mid z-z_0\mid < R$ 内与 $f(z)$ 恒等,而在 C 上处处解析.即使幂级数在其收敛圆周上处处收敛,其和函数在收敛圆周上仍然至少有一个奇点.

　　例如,级数 $1-z+z^2+\cdots+(-1)^{n-1}z^n+\cdots$ 的收敛半径为 1,此级数的和函数 $\dfrac{1}{1+z^2}$ 在收敛圆 $\mid z\mid = 1$ 上有两个奇点 $\pm i$(但是,在实数范围是无奇点的).

§4.3.2　初等函数的泰勒展式

　　例 4.6　求 $\mathrm{e}^z,\sin z,\cos z$ 在 $z=0$ 的麦克劳林展式.

　　【解】　由于 $(\mathrm{e}^z)' = \mathrm{e}^z$,因此 $(\mathrm{e}^z)^{(n)}\big|_{z=0} = 1$,故

$$\mathrm{e}^z = 1 + z + \frac{1}{2!}z^2 + \cdots + \frac{1}{n!}z^n + \cdots \quad (\mid z\mid < +\infty).$$

利用 e^z 的展式容易得到:

$$\cos z = 1 - \frac{1}{2!}z^2 + \frac{1}{4!}z^4 - \cdots + (-1)^n\,\frac{1}{(2n)!}z^{2n} + \cdots \quad (\mid z\mid < +\infty).$$

$$\sin z = z - \frac{1}{3!}z^3 + \frac{1}{5!}z^5 - \cdots + (-1)^n \frac{1}{(2n-1)!}z^{2n+1} + \cdots \quad (|z|<+\infty).$$

例 4.7 求函数 $\dfrac{e^z}{1-z}$ 在 $z=0$ 的麦克劳林展式.

【解】 $\dfrac{e^z}{1-z} = \left(1 + z + \dfrac{z^2}{2!} + \dfrac{z^3}{3!} + \cdots\right)(1 + z + z^2 + z^3 + \cdots) \quad (|z|<1)$

$$= 1 + \left(1 + \frac{1}{1!}\right)z + \left(1 + \frac{1}{1!} + \frac{1}{2!}\right)z^2$$

$$+ \left(1 + \frac{1}{1!} + \frac{1}{2!} + \frac{1}{3!}\right)z^3 + \cdots = \sum_{n=0}^{\infty}\left(\sum_{p=0}^{n}\frac{1}{p!}\right)z^n.$$

由于在复平面上,以某些射线为割线而得的区域内,一些多值函数可以分解成解析分支,因此在已给区域中任一圆盘内,可以作出这些分支的泰勒展式.

例 4.8 求 $\mathrm{Ln}(1+z)$ 的各解析分支的麦克劳林展式.

【解】 考虑 $\mathrm{Ln}(1+z)$ 的主值支

$$\ln(1+z) = \ln|1+z| + \mathrm{i}\arg(1+z), \quad -\pi < \arg(1+z) < \pi.$$

已给解析分支在 $z=0$ 的值为 0,它在 $z=0$ 的一阶导数为 1,二阶导数为 -1,n 阶导数为 $(-1)^n(n-1)!$,因此,它在 $z=0$ 或在 $|z|<1$ 的麦克劳林展式是

$$\ln(1+z) = z - \frac{z^2}{2} + \frac{z^3}{3} - \cdots + (-1)^{n-1}\frac{z^n}{n} + \cdots,$$

其收敛半径为 1.

$\mathrm{Ln}(1+z)$ 的各解析分支的麦克劳林展式是

$$(\mathrm{Ln}(1+z))_k = 2k\pi\mathrm{i} + z - \frac{z^2}{2} + \frac{z^3}{3} - \cdots + (-1)^{n-1}\frac{z^n}{n} + \cdots$$
$$(|z|<1, \ k=0, \pm 1, \pm 2, \cdots).$$

例 4.9 求 $(1+z)^\alpha$ 的解析分支 $e^{\alpha\ln(1+z)}$ ($\ln 1 = 0$) 在 $z=0$ 的麦克劳林展式 (其中 α 不是整数).

【解】 已给解析分支在 $z=0$ 的值为 1,它在 $z=0$ 的一阶导数为 α,二阶导数为 $\alpha(\alpha-1)$,n 阶导数为 $\alpha(\alpha-1)\cdots(\alpha-n+1)$,因此,它在 $z=0$ 或在 $|z|<1$ 的麦克劳林展式是

$$e^{\alpha\ln(z+1)} = 1 + \alpha z + \binom{\alpha}{2}z^2 + \cdots + \binom{\alpha}{n}z^n + \cdots,$$

其中 $\dbinom{\alpha}{n} = \dfrac{\alpha(\alpha-1)\cdots(\alpha-n+1)}{n!}$，其收敛半径为 1.

§4.3.3 解析函数的洛朗展式

前面介绍了解析函数 $f(x)$ 的泰勒展式,但是在奇点的邻域 $f(x)$ 则不能展开成泰勒级数,例如函数 $\mathrm{e}^{\frac{1}{z-a}}$ 在点 $z=a$. 现在我们考虑挖去了奇点 a 的圆环 $r < |z-a| < R(0 \leqslant r < R \leqslant +\infty)$,并讨论在圆环内解析函数的级数展开,这样将得到推广的幂级数 —— **洛朗(Laurent)级数**. 洛朗级数也是研究解析函数的有力工具.

1. 洛朗级数

定义 4.9 级数

$$\sum_{n=-\infty}^{+\infty} a_n(z-z_0)^n = \cdots + \frac{a_{-n}}{(z-z_0)^n} + \cdots + \frac{a_{-1}}{z-z_0} + a_0 + a_1(z-z_0) + \cdots \qquad (4.1)$$

称为洛朗级数,a_n 称为其系数.

对于点 z,如果级数

$$\sum_{n=0}^{+\infty} a_n(z-z_0)^n = a_0 + a_1(z-z_0) + \cdots + a_n(z-z_0)^n + \cdots \qquad (4.2)$$

收敛于 $f_1(x)$,且级数

$$\sum_{n=-\infty}^{-1} a_n(z-z_0)^n = \cdots + \frac{a_{-n}}{(z-z_0)^n} + \cdots + \frac{a_{-1}}{z-z_0} \qquad (4.3)$$

收敛于 $f_2(x)$,则称级数(4.1)在点 z 收敛,其和函数为 $f_1(x) + f_2(x)$.

当 $a_{-n} = 0(n=1, 2, \cdots)$ 时, (4.1) 即变为幂级数.

注 级数(4.1)也称为双边幂级数,在圆环 $r < |z-a| < R$ 内有类似幂级数的分析运算性质.

2. 解析函数的洛朗展式

类似于幂级数,我们有下述定理.

定理 4.15(洛朗定理) 设 $f(z)$ 在圆环 $D: R_1 < |z-z_0| < R_2(0 \leqslant R_1 < R_2 < +\infty)$ 内解析,则在 D 内

$$f(z) = \sum_{n=-\infty}^{+\infty} a_n(z-z_0)^n, \qquad (4.4)$$

其中

$$a_n = \frac{1}{2\pi i} \int_{\Gamma} \frac{f(z)}{(z-z_0)^{n+1}} dz \quad (n=0, \pm 1, \cdots), \tag{4.5}$$

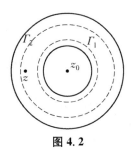

图 4.2

$\Gamma : |z-z_0| = \rho$，且 $R_1 < \rho < R_2$，系数 a_n 被 $f(z)$ 及 D 唯一确定.

(4.4)称为 $f(z)$ 的洛朗展式.

【证明】 如图 4.2,对 $\forall z \in D$,作 $\Gamma_1 : |z-z_0| = \rho_1$, $\Gamma_2 : |z-z_0| = \rho_2$(其中 $r < \rho_1 < \rho_2 < R$),且使 z 在圆环 $\rho_1 < |z-z_0| < \rho_2$ 内. $f(z)$ 在圆环 $\rho_1 \leqslant |z-z_0| \leqslant \rho_2$ 上解析,由柯西积分公式,有

$$f(z) = \frac{1}{2\pi i} \int_{\Gamma_2} \frac{f(\zeta)}{\zeta - z} d\zeta + \frac{1}{2\pi i} \int_{\Gamma_1} \frac{f(\zeta)}{z - \zeta} d\zeta.$$

对于第一个积分,类似泰勒定理证明中相应部分,可以得到:

$$\frac{1}{2\pi i} \int_{\Gamma_2} \frac{f(\zeta)}{\zeta - z} d\zeta = \sum_{n=0}^{\infty} a_n (z-z_0)^n,$$

其中 $a_n = \dfrac{1}{2\pi i} \displaystyle\int_{\Gamma_2} \dfrac{f(\zeta)}{(\zeta - z_0)^{n+1}} d\zeta = \dfrac{1}{2\pi i} \displaystyle\int_{\Gamma} \dfrac{f(z)}{(z-z_0)^{n+1}} dz = \dfrac{f^n(z_0)}{n!}.$

对于第二个积分 $\dfrac{1}{2\pi i} \displaystyle\int_{\Gamma_1} \dfrac{f(\zeta)}{z - \zeta} d\zeta$,

$$\frac{f(\zeta)}{z - \zeta} = \frac{f(\zeta)}{(z-z_0) - (\zeta - z_0)} = \frac{f(\zeta)}{(z-z_0)\left(1 - \dfrac{\zeta - z_0}{z - z_0}\right)}.$$

当 $\zeta \in \Gamma_1$ 时,$\left| \dfrac{\zeta - z_0}{z - z_0} \right| = \dfrac{\rho_1}{|z - z_0|} < 1$,故

$$\frac{1}{1 - \dfrac{\zeta - z_0}{z - z_0}} = \sum_{n=1}^{\infty} \left(\frac{\zeta - z_0}{z - z_0}\right)^{n-1} \quad (\text{右边级数对于 } \zeta \in \Gamma_1 \text{ 是一致收敛的}).$$

上式两边乘上 $\dfrac{f(\zeta)}{z - z_0}$,得

$$\frac{f(\zeta)}{z - \zeta} = \frac{f(\zeta)}{z - z_0} \sum_{n=1}^{\infty} \left(\frac{\zeta - z_0}{z - z_0}\right)^{n-1} = \sum_{n=1}^{\infty} \frac{1}{(z-z_0)^n} \frac{f(\zeta)}{(\zeta - z_0)^{-n+1}}.$$

右边级数对 $\zeta \in \Gamma_1$ 仍一致收敛,沿 Γ_1 逐项积分,可得

$$\frac{1}{2\pi i}\int_{\Gamma_1}\frac{f(\zeta)}{z-\zeta}\mathrm{d}\zeta = \sum_{n=1}^{\infty}\frac{1}{(z-z_0)^n}\frac{1}{2\pi i}\int_{\Gamma_1}\frac{f(\zeta)}{(\zeta-z_0)^{n+1}}\mathrm{d}\zeta,$$

其中

$$a_n = \frac{1}{2\pi i}\int_{\Gamma_1}\frac{f(\zeta)}{(\zeta-z_0)^{-n+1}}\mathrm{d}\zeta = \frac{1}{2\pi i}\int_{\Gamma}\frac{f(\zeta)}{(\zeta-z_0)^{-n+1}}\mathrm{d}\zeta,$$

所以

$$f(z) = \sum_{n=-\infty}^{+\infty}a_n(z-z_0)^n,$$

其中 $a_n = \dfrac{1}{2\pi i}\displaystyle\int_{\Gamma}\frac{f(\zeta)}{(\zeta-z_0)^{n+1}}\mathrm{d}\xi\,(n=0,\pm 1,\cdots).$

下面证明展式唯一. 若在 D 内 $f(z)$ 另有展开式 $f(z) = \displaystyle\sum_{n=-\infty}^{+\infty}a'_n(z-z_0)^n$, 右边级数在 Γ 上一致收敛, 两边乘上 $\dfrac{1}{(z-z_0)^{m+1}}$, 得

$$\frac{f(z)}{(z-z_0)^{m+1}} = \sum_{n=-\infty}^{+\infty}\frac{a'_n}{(z-z_0)^{m-n+1}}.$$

右边级数在 Γ 上仍一致收敛, 沿 Γ 逐项积分, 可得

$$\frac{1}{2\pi i}\int_{\Gamma}\frac{f(z)}{(z-z_0)^{m+1}}\mathrm{d}z = \sum_{n=-\infty}^{+\infty}a'_n\frac{1}{2\pi i}\int_{\Gamma}\frac{1}{(z-z_0)^{m-n+1}}\mathrm{d}z.$$

令 $m=n$, 得到

$$a'_n = \frac{1}{2\pi i}\int_{\Gamma}\frac{f(z)}{(z-z_0)^{m+1}}\mathrm{d}z \quad (m=0,\pm 1,\cdots).$$

故 $a'_n = a_n$, 即展式是唯一的.

注 1 我们称 $\displaystyle\sum_{n=0}^{+\infty}a_n(z-z_0)^n$ 为 $f(z)$ 的解析部分(正则部分), 而称 $\displaystyle\sum_{n=-\infty}^{-1}a_n(z-z_0)^n$ 为其主要部分.

注 2 我们称 $f(z) = \displaystyle\sum_{n=-\infty}^{+\infty}a_n(z-z_0)^n$ 为 $f(z)$ 的洛朗展式, 级数称为洛朗级数, a_n 称为洛朗系数.

注 3 泰勒展式是洛朗展式的特例.

例 4. 10 求 $f(z) = \dfrac{1}{(z-1)(z-2)}$ 在

(1) $|z| < 1$; (2) $1 < |z| < 2$; (3) $2 < |z| < \infty$; (4) $0 < |z-1| < 1$

中的洛朗展式.

【解】 $f(z) = \dfrac{1}{z-2} - \dfrac{1}{z-1}$.

(1) $f(z) = \dfrac{1}{1-z} - \dfrac{1}{2\left(1 - \dfrac{z}{2}\right)} = \sum_{n=0}^{\infty} z^n - \dfrac{1}{2} \sum_{n=0}^{\infty} \left(\dfrac{z}{2}\right)^n$

$\quad = \sum_{n=0}^{\infty} z^n - \sum_{n=0}^{\infty} \dfrac{z^n}{2^{n+1}} = \sum_{n=0}^{\infty} \left(1 - \dfrac{1}{2^{n+1}}\right) z^n \quad (|z| < 1)$.

(2) $f(z) = \dfrac{1}{z-2} - \dfrac{1}{z-1} = -\dfrac{1}{2\left(1 - \dfrac{z}{2}\right)} - \dfrac{1}{z\left(1 - \dfrac{1}{z}\right)}$

$\quad = -\sum_{n=0}^{\infty} \left(\dfrac{z^n}{2^{n+1}}\right) - \dfrac{1}{z} \sum_{n=0}^{\infty} \dfrac{1}{z^n}$

$\quad = -\sum_{n=0}^{\infty} \left(\dfrac{z^n}{2^{n+1}}\right) - \sum_{n=0}^{\infty} \dfrac{1}{z^{n+1}} \quad (1 < |z| < 2)$.

(3) $f(z) = \dfrac{1}{z-2} - \dfrac{1}{z-1} = \dfrac{1}{z\left(1 - \dfrac{2}{z}\right)} - \dfrac{1}{z\left(1 - \dfrac{1}{z}\right)}$

$\quad = \dfrac{1}{z}\left(\sum_{n=0}^{\infty} \dfrac{2^n}{z^n} - \sum_{n=0}^{\infty} \dfrac{1}{z^n}\right) = \sum_{n=0}^{\infty} (2^n - 1) \dfrac{1}{z^{n+1}} \quad (2 < |z| < \infty)$.

(4) $f(z) = \dfrac{1}{z-2} - \dfrac{1}{z-1} = \dfrac{-1}{z-1} - \dfrac{1}{1-(z-1)}$

$\quad = -\dfrac{1}{z-1} - \sum_{n=0}^{\infty} (z-1)^n \quad (0 < |z-1| < 1)$.

注 此例子说明:同一个函数在不同的圆环内的洛朗展式可能不同.

例 4. 11 求 $\dfrac{\sin z}{z^2}$ 及 $\dfrac{\sin z}{z}$ 在 $0 < |z| < +\infty$ 内的洛朗展式.

【解】 $\dfrac{\sin z}{z^2} = \dfrac{1}{z} - \dfrac{z}{3!} + \dfrac{z^3}{5!} + \cdots + \dfrac{(-1)^n z^{2n-1}}{(2n+1)!} + \cdots$.

$\quad \dfrac{\sin z}{z} = 1 - \dfrac{z^2}{3!} + \dfrac{z^4}{5!} + \cdots + \dfrac{(-1)^n z^{2n}}{(2n+1)!} + \cdots$.

例 4. 12 $e^{\frac{1}{z}}$ 在 $0 < |z| < +\infty$ 内的洛朗展式为

$$e^{\frac{1}{z}} = 1 + \frac{1}{z} + \frac{1}{2!}\frac{1}{z^2} + \cdots + \frac{1}{n!}\frac{1}{z^n} + \cdots.$$

注 设 $f(z)$ 在点 a 的某去心邻域内解析,但在点 a 不解析,则称 a 为 f 的孤立奇点. 例如,例 4.11 和例 4.12 中的 $\dfrac{\sin z}{z}$,$e^{\frac{1}{z}}$ 以 $z=0$ 为孤立奇点. $\sqrt{z}$ 以 $z=0$ 为奇点,但不是孤立奇点,是支点. $\dfrac{1}{\sin\dfrac{1}{z}}$ 以 $z=0$ 为奇点(又由 $\sin\dfrac{1}{z}=0$,得 $z=\dfrac{1}{k\pi}$ $(k=\pm1,\pm2,\cdots)$,故 $z=0$ 不是孤立奇点).

例 4.13 求函数 $\dfrac{1}{(z^2-1)(z-3)}$ 在圆环 $1<|z|<3$ 内的洛朗展式.

【解】 由于 $1<|z|<3$,那么 $\left|\dfrac{1}{z}\right|<1$,$\left|\dfrac{z}{3}\right|<1$,利用当 $|\alpha|<1$ 时的幂级数展式

$$\frac{1}{1-\alpha} = 1 + \alpha + \alpha^2 + \cdots + \alpha^n + \cdots,$$

我们得

$$\frac{1}{(z^2-1)(z-3)} = \frac{1}{8}\left(\frac{1}{z-3} - \frac{z+3}{z^2-1}\right) = \frac{1}{8}\left(\frac{1}{z-3} - \frac{z}{z^2-1} - \frac{3}{z^2-1}\right),$$

而

$$\frac{1}{z-3} = \frac{-1}{3\left(1-\dfrac{z}{3}\right)} = \frac{-1}{3}\sum_{n=0}^{\infty}\frac{z^n}{3^n}, \quad \frac{1}{z^2-1} = \frac{1}{z^2\left(1-\dfrac{1}{z^2}\right)} = \frac{1}{z^2}\sum_{n=0}^{\infty}\frac{1}{z^{2n}},$$

所以有

$$\frac{1}{(z^2-1)(z-3)} = \frac{1}{8}\left(-\sum_{n=0}^{\infty}\frac{z^n}{3^{n+1}} - \sum_{n=0}^{\infty}\frac{1}{z^{2n+1}} - \sum_{n=0}^{\infty}\frac{3}{z^{2n+2}}\right).$$

§4.4 解析函数零点及唯一性定理

§4.4.1 解析函数零点的孤立性

定义 4.10 设函数 $f(z)$ 在 z_0 的邻域 U 内解析且 $f(z_0)=0$,则称 z_0 为

$f(z)$ 的零点.

如果 $f(z)$ 在 U 内的泰勒展式为

$$f(z) = a_1(z-z_0) + \cdots + a_n(z-z_0)^n + \cdots,$$

则可能有下列两种情形:

(1) $a_n = 0 (n = 1, 2, \cdots)$,此时在 U 内 $f(z) \equiv 0$.

(2) a_n 不全为 0,则存在正整数 m,使得 $a_m \neq 0$,且对一切 $n < m$ 均有 $a_n = 0$,此时我们说 z_0 为 $f(z)$ 的 m 阶(级)零点. $m = 1$ 时称 z_0 为 $f(z)$ 的单零点; $m > 1$ 时称 z_0 为 $f(z)$ 的 m 重零点.

设 z_0 为解析函数 $f(z)$ 的一个 m 阶零点,则在 z_0 的某个邻域内

$$f(z) = (z-z_0)^m \varphi(z), \quad \varphi(z) \neq 0,$$

其中 $\varphi(z)$ 在 U 内解析. $\exists \varepsilon > 0$,使得当 $0 < |z-z_0| < \varepsilon$ 时,$\varphi(z) \neq 0$,于是 $f(z) \neq 0$. 此即说明存在 z_0 的一个邻域,使得在此邻域内 z_0 为 $f(z)$ 的唯一零点,即零点的孤立性.

根据上述讨论,我们得到下述定理.

定理 4.16 设函数 $f(z)$ 在 z_0 解析且 $f(z_0) = 0$,则或者 $f(z)$ 在 z_0 的一个邻域内恒等于 0,或者存在 z_0 的一个邻域,在其中 z_0 是 $f(z)$ 的唯一零点.

推论 4.17 设(1)函数 $f(z)$ 在邻域 $U: |z-a| < R$ 内解析;(2)在 U 内有 $f(z)$ 的一列零点 $\{z_n\}(z_n \neq a)$ 收敛于 a,则 $f(z)$ 在 U 内恒为零.

注 若 $f(z)$ 在点 z_0 解析,则 z_0 为 $f(z)$ 的 m 阶零点的充要条件是: $f(z_0) = 0$, $f'(z_0) = 0$, $f''(z_0) = 0$, $\cdots$, $f^{(m-1)}(z_0) = 0$,但 $f^{(m)}(z_0) \neq 0$.

例 4.14 指出下列各函数的所有零点,并说明其阶数:

(1) $g(z) = \sin z^2$; (2) $g(z) = (1+z^2)(1+e^{\pi z})$.

【解】 (1) ① $z = 0$ 时,因 $g(z) = \sin z^2 = z^2 - \dfrac{z^6}{3!} + \cdots + (-1)^n \dfrac{z^{4n+2}}{(2n+1)!} + \cdots$, 所以 $z = 0$ 是 $g(z)$ 的 2 阶零点.

② $z = \pm\sqrt{k\pi}$, $z = \pm i\sqrt{k\pi}$, $k = 1, 2, \cdots$ 时,$g(z) = 0$, $g'(z) \neq 0$,所以 $z = \pm\sqrt{k\pi}$, $z = \pm i\sqrt{k\pi}$, $k = 1, 2, \cdots$ 是 $g(z)$ 的 1 阶零点.

(2) $z = (2k+1)i$, $k \in \mathbf{Z}, g(z) = 0$,

$$g'(z) = 2z(1+e^{\pi z}) + \pi e^{\pi z}(1+z^2),$$
$$g''(z) = 2(1+e^{\pi z}) + 4\pi z e^{\pi z} + \pi^2 e^{\pi z}(1+z^2).$$

① $z_0 = \pm i$ 时,$g(z_0) = 0$, $g'(z_0) = 0$, $g''(z_0) \neq 0$, $z_0 = \pm i$ 是 $g(z)$ 的 2

阶零点.

② $z_1=(2k+1)\mathrm{i}$, $k=1, \pm2, \cdots$ 时, $g(z_1)=0$, $g'(z_1)\neq0$, $z_1=(2k+1)\mathrm{i}$, $k=1, \pm2, \cdots$ 是 $g(z)$ 的 1 阶零点.

§4.4.2 解析函数的唯一性

我们知道,已知一般有导数或偏导数的单实变或多实变函数在它的定义范围内某一部分的函数值,不能断定同一个函数在其他部分的函数值.解析函数的情形与这不同:已知某一个解析函数在它区域内某些部分的值,同一函数在这区域内其他部分的值就可完全确定.

定理 4.18(解析函数的唯一性定理) 设函数 $f(z)$ 及 $g(z)$ 在区域 D 内解析.设 z_k 是 D 内彼此不同的点 $(k=1, 2, 3, \cdots)$,并且点列 $\{z_k\}$ 在 D 内有极限点.如果 $f(z_k)=g(z_k)(k=1, 2, 3, \cdots)$,那么在 D 内,$f(z)=g(z)$.

【证明】 下面我们简单叙述证明过程.

反设在 D 内,解析函数 $F(z)=f(z)-g(z)$ 不恒等于 0,显然 $F(z_k)=0$ $(k=1, 2, \cdots)$.设 z_0 是点列 $\{z_k\}$ 在 D 内的极限点,由于 $F(z)$ 在 z_0 连续,可见 $F(z_0)=0$.这时找不到 z_0 的一个邻域,在其中 z_0 是 $F(z)$ 唯一的零点,与解析函数零点的孤立性矛盾.所以在 D 内,$f(z)=g(z)$.

例 4.15 用唯一性定理证明 $\sin^2z+\cos^2z=1(z\in\mathbf{C})$.

【证明】 令 $F(z)=\sin^2z+\cos^2z(z\in\mathbf{C})$, $g(x)=\sin^2x+\cos^2x$, $x\in\mathbf{R}$. 因为 $F(z)=g(x)(z\in\mathbf{R})$,由唯一性定理得到 $\sin^2z+\cos^2z=1(z\in\mathbf{C})$.

例 4.16 判断是否存在在原点解析的函数 $f(z)$,满足下列条件:

(1) $f\left(\dfrac{1}{2n-1}\right)=0$, $f\left(\dfrac{1}{2n}\right)=\dfrac{1}{2n}$;

(2) $f\left(\dfrac{1}{n}\right)=\dfrac{n}{n+1}$.

其中 $n=1, 2, 3, \cdots$.

【解】 (1) 由解析函数的唯一性定理,$f(z)=z$ 是在原点解析并满足 $f\left(\dfrac{1}{2n}\right)=\dfrac{1}{2n}$ 的唯一的解析函数;但此函数不满足前一个条件,因此在原点解析并满足这些条件的函数不存在.

(2) 由解析函数的唯一性定理,$f(z)=\dfrac{1}{1+z}$ 是在原点解析并满足此条件的唯一的解析函数.

§4.4.3 最大模原理

最大模原理是复变函数中一个重要且有用的定理,它的突出贡献是断言解析函数的模在其区域内部永远无法达到最大值,除非该解析函数恒等于常数. 最大模原理说明了解析函数在区域边界上的最大模可以限制区域内的最大模,这是解析函数特有的性质.

定理 4.19(最大模原理) 设函数 $f(z)$ 在区域 D 内解析,则 $f(z)$ 在 D 内任何点都不能达到最大值,除非在 D 内 $f(z)$ 恒等于常数.

【证明】 如果用 M 表示 $|f(z)|$ 在 D 内的最小上界,则有 $0 < M < +\infty$. 假定在 D 内有一点 z_0,函数 $f(z)$ 的模在 z_0 达到最大值,即 $|f(z_0)| = M$.

应用平均值定理于以 z_0 为中心,并且连同它的周界一起全含于区域 D 内的一个圆 $|z - z_0| < R$,就得到

$$f(z) = \frac{1}{2\pi} \int_0^{2\pi} f(z_0 + Re^{i\varphi}) d\varphi,$$

于是

$$|f(z_0)| \leqslant \frac{1}{2\pi} \int_0^{2\pi} |f(z_0 + Re^{i\varphi})| d\varphi.$$

因为 $|f(z_0 + Re^{i\varphi})| \leqslant M$,而 $|f(z_0)| = M$,从上式可看出 $\forall \varphi : 0 \leqslant \varphi \leqslant 2\pi$,有 $|f(z_0 + Re^{i\varphi})| = M$.

否则,如果对于某一个值 $\varphi = \varphi_0$,有 $|f(z_0 + Re^{i\varphi})| < M$,那么根据 $|f(z)|$ 的连续性,不等式 $|f(z_0 + Re^{i\varphi})| < M$ 在某个充分小的区间 $\varphi_0 - \varepsilon < \varphi < \varphi_0 + \varepsilon$ 内成立. 同时在这个区间之外总是 $|f(z_0 + Re^{i\varphi})| \leqslant M$,于是得到

$$M = |f(z_0)| \leqslant \frac{1}{2\pi} \int_0^{2\pi} |f(z_0 + Re^{i\varphi})| d\varphi < M.$$

矛盾.

因此,在以点 z_0 为中心的每一个充分小的圆周上 $|f(z)| = M$,即在点 z_0 的足够小的邻域 B 内有 $|f(z)| = M$.

因此,由第二章习题 9,$f(z)$ 在 D 内为一常数.

推论 4.20 设(1)$f(z)$ 在有界区域 D 内解析,在闭域 $\bar{D} = D + \partial D$ 上连续;(2)$|f(z)| \leqslant M(z \in \bar{D})$,则除 $f(z)$ 为常数的情形外,$|f(z)| < M(z \in D)$.

例 4.17 运用最大模原理证明代数学基本定理:z 平面上的 n 次多项式 $f(z) = z^n + a_1 z^{n-1} + \cdots + a_{n-1} z + a_n$ 至少有一个零点.

【证明】　对于 z 平面上的 n 次多项式 $f(z)=z^n+a_1z^{n-1}+\cdots+a_{n-1}z+a_n$,我们现假设其在 z 平面内是没有零点的,由复变函数的基本性质可知,函数 $g(z)=\dfrac{1}{f(z)}$ 也是 z 平面上的解析函数.

现不妨设 z 的模为 R,即 $|z|=R$. 当 R 充分大的时候,有

$$
\begin{aligned}
|f(z)| &= |z|^n\left|1+\frac{a_1}{z}+\frac{a_2}{z^2}+\cdots+\frac{a_n}{z^n}\right| \\
&\geqslant R^n\left(1-\frac{|a_1|}{R}+\frac{|a_2|}{R^2}+\cdots+\frac{|a_n|}{R^n}\right) \\
&\geqslant \frac{1}{2}R^n.
\end{aligned}
$$

而由题设知

$$
|g(z)|=\left|\frac{1}{f(z)}\right|\leqslant\frac{2}{R^n},
$$

令 $z=0$,有

$$
|f(0)|=|a_n|\leqslant\frac{R^n}{2},
$$

$$
|g(0)|=\left|\frac{1}{f(0)}\right|\geqslant\frac{2}{R^n},
$$

因而,对于在圆 $|z|=R$ 上的解析函数 $g(z)$,有 $|g(0)|\geqslant|g(z)|$,且 $g(z)$ 在圆内也必定非常数,根据最大模原理,得出矛盾.

进而我们可以得出前面的假设 $f(z)$ "在 z 平面内是没有零点的" 是不成立的. 因而,z 平面上的 n 次多项式 $f(z)=z^n+a_1z^{n-1}+\cdots+a_{n-1}z+a_n$ 至少有一个零点.

第四章习题

1. 考察下列数列是否收敛. 如果收敛,求出其极限:

(1) $z_n=\mathrm{i}^n+\dfrac{1}{n}$;　(2) $z_n=\left(1+\dfrac{\mathrm{i}}{2}\right)^{-n}$;

(3) $z_n=\dfrac{1}{n}\mathrm{e}^{-\frac{n\pi}{2}\mathrm{i}}$;　(4) $z_n=\left(\dfrac{z}{\bar{z}}\right)^n$.

2. 下列级数是否收敛? 是否绝对收敛?

(1) $\sum_{n=1}^{\infty} \dfrac{\mathrm{i}^n}{n!}$;   (2) $\sum_{n=2}^{\infty} \dfrac{\mathrm{i}^n}{\ln n}$;   (3) $\sum_{n=0}^{\infty} \dfrac{\cos(\mathrm{i}n)}{2^n}$;   (4) $\sum_{n=0}^{\infty} \dfrac{(3+5\mathrm{i})^n}{n!}$.

3. 试确定下列幂级数的收敛半径:

(1) $\sum_{n=0}^{\infty} (1+\mathrm{i})^n z^n$;   (2) $\sum_{n=0}^{\infty} \dfrac{n!}{n^n} z^n$;   (3) $\sum_{n=1}^{\infty} \mathrm{e}^{\mathrm{i}\frac{\pi}{n}} z^n$;   (4) $\sum_{n=1}^{\infty} \dfrac{2n-1}{2^n} z^{2n-2}$.

4. 设级数 $\sum_{n=0}^{\infty} \alpha_n$ 收敛,而 $\sum_{n=0}^{\infty} |\alpha_n|$ 发散,证明 $\sum_{n=0}^{\infty} \alpha_n z^n$ 的收敛半径为 1.

5. 如果级数 $\sum_{n=0}^{\infty} c_n z^n$ 在它的收敛圆的圆周上一点 z_0 处绝对收敛,证明它在收敛圆所围的闭区域上绝对收敛.

6. 将下列函数展开为 z 的幂级数,并指出其收敛区域:

(1) $\dfrac{1}{(1+z^2)^2}$;

(2) $\dfrac{1}{(z-a)(z-b)}$ $(a \neq 0, b \neq 0)$;

(3) $\cos z^2$;

(4) $\sinh z$;

(5) $\sin^2 z$;

(6) $\mathrm{e}^z \sin z$.

7. 求下列函数在指定点 z_0 处的泰勒展式,并写出展式成立的区域:

(1) $\dfrac{z}{(z+1)(z+2)}$, $z_0 = 2$;

(2) $\dfrac{1}{z^2}$, $z_0 = 1$;

(3) $\dfrac{1}{4-3z}$, $z_0 = 1+\mathrm{i}$;

(4) $\tan z$, $z_0 = \dfrac{\pi}{4}$.

8. 求 $f(z) = \dfrac{z^4 + z^3 - 5z^2 - 8z - 7}{(z-3)(z+1)^2}$ 在点 $z = 0$ 的泰勒展式.

9. 将下列函数在指定的圆域内展开成洛朗级数:

(1) $\dfrac{1}{(z^2+1)(z-2)}$, $1 < |z| < 2$;

(2) $\dfrac{z+1}{z^2(z-1)}$, $0 < |z| < 1$, $1 < |z| < +\infty$;

(3) $\dfrac{1}{(z-1)(z-2)}$, $0 < |z-1| < 1$, $1 < |z-2| < +\infty$;

(4) $\sin \dfrac{1}{1-z}$, $0 < |z-1| < +\infty$;

(5) $\cos \dfrac{z}{z-1}$, $0 < |z-1| < +\infty$.

10. 将 $f(z) = \dfrac{1}{(z^2+1)^2}$ 在 $z = \mathrm{i}$ 的去心邻域内展开成洛朗级数.

11. 函数 $f(z) = \ln z$ 能否在圆环域 $0 < |z| < R(0 < R < +\infty)$ 内展开为洛朗级数? 为什么?

12. 指出下列各函数的所有零点,并说明其阶数:

(1) $z\sin z$;

(2) $z^2 \mathrm{e}^{z^2}$;

(3) $\sin z(\mathrm{e}^z - 1)z^2$.

13. 证明:如果 z_0 是 $f(z)$ 的 $m(m>1)$ 阶零点,那么 z_0 是 $f(z)$ 的 $m-1$ 阶零点.

14. 用唯一性定理证明 $\sin(2z) = 2\sin z\cos z$.

15. 设函数 $f(z)$, $g(z)$ 在区域 D 内解析,且 $f(z)g(z) \equiv 0(z \in D)$,证明 $f(z) \equiv 0$ 或 $g(z) \equiv 0(z \in D)$.

16. 用最大模原理证明下述结论:设 $f(z)$ 在圆 $|z| \leqslant r$ 上解析. 如果存在 $a > 0$,使得当 $|z| = r$ 时 $f(z) > a$,且 $f(0) < a$,则在圆 $|z| < r$ 内,$f(z)$ 至少有一个零点.

部分习题答案与提示

1. (1) 不收敛; (2) 极限为 0; (3) 极限为 0; (4) 不收敛(z 为实数时收敛于 0).

2. (1) 绝对收敛; (2) 条件收敛; (3) 发散; (4) 绝对收敛.

3. (1) $R = \dfrac{1}{\sqrt{2}}$; (2) $R = \mathrm{e}$; (3) $R = 1$; (4) $R = \sqrt{2}$.

6. (1) $\dfrac{1}{(1+z^2)^2} = \left(\dfrac{1}{1+z^2}\right)' \cdot \left(-\dfrac{1}{2z}\right) = 1 - 2z^2 + 3z^4 + \cdots + (-1)^{n+1}nz^{2n-2} + \cdots$, $|z| < 1$.

(2) ① $a = b$ 时,

$$\dfrac{1}{a} \cdot \left(1 + \dfrac{z}{a} + \cdots + \dfrac{z^n}{a^n} + \cdots\right)' = \dfrac{1}{a} \cdot \left(\dfrac{1}{a} + \cdots + \dfrac{n}{a^n}z^{n-1} + \cdots\right)$$
$$= \dfrac{1}{a^2} + \cdots + \dfrac{n}{a^{n+1}}z^{n-1} + \cdots, \ |z| < a.$$

② $a \neq b$ 时,

$$原式 = \dfrac{1}{a-b}\left[\dfrac{1}{b} - \dfrac{1}{a} + \left(\dfrac{1}{b^2} - \dfrac{1}{a^2}\right)z + \cdots + \left(\dfrac{1}{b^{n+1}} - \dfrac{1}{a^{n+1}}\right)z^n + \cdots\right], \ |z| < \min\{|a|,$$
$|b|\}$.

(3) $\cos z^2 = 1 - \dfrac{z^4}{2!} + \dfrac{z^8}{4!} - \cdots + (-1)^n \dfrac{z^{2n}}{(2n)!} + \cdots, \ |z| < +\infty$.

(4) $\sinh z = -\mathrm{i}\sin(\mathrm{i}z) = -\mathrm{i}\left[\mathrm{i}z - \dfrac{(\mathrm{i}z)^3}{3!} + \cdots + (-1)^n\dfrac{(\mathrm{i}z)^{2n+1}}{(2n+1)!} + \cdots\right] = z + \dfrac{z^3}{3!}$

$+ \cdots + \dfrac{z^{2n+1}}{(2n+1)!} + \cdots,\ |z| < +\infty.$

(5) $\sin^2 z = \dfrac{1-\cos 2z}{2} = \dfrac{1}{2}\left[1 - 1 + \dfrac{(2z)^2}{2!} + \cdots + (-1)^{n+1}\dfrac{(2z)^{2n}}{(2n)!} + \cdots\right]$

$$= \dfrac{(2z)^2}{2\times 2!} + \cdots + (-1)^{n+1}\dfrac{(2z)^{2n}}{2\times(2n)!} + \cdots,\ |z| < +\infty.$$

(6) $\mathrm{e}^z\sin z = \dfrac{1}{2\mathrm{i}}\left[1 + (1+\mathrm{i})z + \dfrac{(1+\mathrm{i})^2 z^2}{2!} + \cdots + \dfrac{(1+\mathrm{i})^n z^n}{n!} + \cdots - 1 - (1-\mathrm{i})z - \right.$

$\left.\dfrac{(1-\mathrm{i})^2 z^2}{2!} - \cdots - \dfrac{(1-\mathrm{i})^n z^n}{n!} - \cdots\right]$

$$= \dfrac{1}{2\mathrm{i}}\left[2\mathrm{i}z + \dfrac{2\cdot 2\mathrm{i}}{2!}z^2 + \cdots + \dfrac{(1+\mathrm{i})^n - (1-\mathrm{i})^n}{n!}z^n + \cdots\right] = z + z^2 + \dfrac{z^3}{3} + \cdots,\ |z| < $$

$+\infty.$

7. (1) $\dfrac{z}{(z+1)(z+2)} = \dfrac{1}{2}\sum\limits_{n=0}^{\infty}\dfrac{(z-2)^n}{4^n} - \dfrac{1}{3}\sum\limits_{n=0}^{\infty}\dfrac{(z-2)^n}{3^n}$

$$= \sum\limits_{n=0}^{\infty}\left(\dfrac{1}{2^{2n+1}} - \dfrac{1}{3^n}\right)(z-2)^n,\ |z-2| < 3.$$

(2) $\dfrac{1}{z^2} = -\left(\dfrac{1}{z}\right)' = 1 - 2(z-1) + \cdots + (-1)^{n-1}n(z-1)^{n-1} + \cdots,\ |z-1| < 1.$

(3) $\dfrac{1}{4-3z} = \dfrac{1}{1-3\mathrm{i}}\cdot\sum\limits_{n=0}^{\infty}\dfrac{3^n}{(1-3\mathrm{i})^n}(z-1-\mathrm{i})^n = \sum\limits_{n=0}^{\infty}\dfrac{3^n}{(1-3\mathrm{i})^{n+1}}(z-1-\mathrm{i})^n,\ |z-$

$1-\mathrm{i}| < \dfrac{\sqrt{10}}{3}.$

(4) $\tan z = 1 + 2\left(z-\dfrac{\pi}{4}\right) + 2\left(z-\dfrac{\pi}{4}\right)^2 + \dfrac{8}{3}\left(z-\dfrac{\pi}{4}\right)^3 + \cdots,\ \left|z-\dfrac{\pi}{4}\right| < \dfrac{\pi}{4}.$

8. $f(z) = z + 2 + \dfrac{2}{z-3} + \dfrac{1}{(z+1)^2} = 2\dfrac{1}{3} - 1\dfrac{2}{9}z + \sum\limits_{n=2}^{\infty}\left[(-1)^n(n+1) - \dfrac{2}{3^{n+1}}\right]z^n,$

$|z| < 1.$

9. (1) $\dfrac{1}{(z^2+1)(z-2)} = -\dfrac{1}{5}\left[\sum\limits_{n=0}^{\infty}\dfrac{z^n}{2^{n+1}} + \sum\limits_{n=0}^{\infty}(-1)^n\dfrac{1}{z^{2n+1}} + \sum\limits_{n=0}^{\infty}(-1)^n\dfrac{2}{z^{2n+2}}\right].$

(2) ① 在 $0 < |z| < 1$ 内，

$$\dfrac{z+1}{z^2(z-1)} = \dfrac{1}{z^2} + \dfrac{2}{z^2(z-1)} = \dfrac{1}{z^2} - \dfrac{2}{z^2}\cdot\dfrac{1}{1-z} = \dfrac{1}{z^2} - \dfrac{2}{z^2}\sum\limits_{n=0}^{\infty}z^n = \dfrac{1}{z^2} - 2\sum\limits_{n=0}^{\infty}z^{n-2}.$$

② 在 $1 < |z| < +\infty$ 内，

$$\dfrac{z+1}{z^2(z-1)} = \dfrac{1}{z^2} + \dfrac{2}{z^3\left(1-\dfrac{1}{z}\right)} = \dfrac{1}{z^2} + \dfrac{2}{z^3}\cdot\dfrac{1}{1-\dfrac{1}{z}} = \dfrac{1}{z^2} + \dfrac{2}{z^3}\sum\limits_{n=0}^{\infty}\dfrac{1}{z^n} = \dfrac{1}{z^2} + \sum\limits_{n=0}^{\infty}\dfrac{2}{z^{n+3}}.$$

(3) ① 在 $0<|z-1|<1$ 内，

$$\frac{1}{(z-1)(z-2)} = \frac{1}{z-1} \cdot \frac{1}{z-1-1} = -\frac{1}{z-1} \cdot \frac{1}{1-(z-1)} = -\sum_{n=0}^{\infty}(z-1)^{n-1}.$$

② 在 $1<|z-2|<+\infty$ 内，

$$\frac{1}{(z-1)(z-2)} = \frac{1}{z-2} \cdot \frac{1}{z-2+1} = \frac{1}{z-2} \cdot \frac{1}{z-2}\frac{1}{1+\dfrac{1}{z-2}}$$

$$= \frac{1}{(z-2)^2}\sum_{n=0}^{\infty}(-1)^n \frac{1}{(z-2)^n} = \sum_{n=0}^{\infty}(-1)^n \frac{1}{(z-2)^{n+2}}.$$

(4) $\sin\dfrac{1}{1-z} = \dfrac{1}{1-z} - \dfrac{1}{3!}\dfrac{1}{(1-z)^3} + \cdots + \dfrac{(-1)^n}{(2n+1)!}\dfrac{1}{(1-z)^{2n+1}} + \cdots.$

(5) $\cos\dfrac{z}{z-1} = \cos\left(1+\dfrac{1}{z-1}\right) = \cos 1\cos\dfrac{1}{z-1} - \sin 1\sin\dfrac{1}{z-1}$

$$= \cos 1\sum_{n=0}^{\infty}\frac{(-1)^n}{(2n)!}\frac{1}{(z-1)^{2n}} - \sin 1\sum_{n=0}^{\infty}\frac{(-1)^n}{(2n+1)!}\frac{1}{(z-1)^{2n+1}}.$$

10. $f(z) = \dfrac{1}{(z^2+1)^2} = \dfrac{1}{(z-\mathrm{i})^2} \cdot \sum_{n=0}^{\infty}(-1)^n \dfrac{n+1}{(2\mathrm{i})^{n+2}}(z-\mathrm{i})^n$

$$= \sum_{n=0}^{\infty}(-1)^n \frac{n+1}{(2\mathrm{i})^{n+2}}(z-\mathrm{i})^{n-2}.$$

11. 不能.

12. (1) ① $z=0$ 是 $z\sin z$ 的 2 阶零点.

② $z=k\pi$, $k \neq 0$ 是 $z\sin z$ 的 1 阶零点.

(2) $z=0$ 是 $z^2\mathrm{e}^{z^2}$ 的 2 阶零点.

(3) ① $z=0$ 是 $\sin z(\mathrm{e}^z-1)z^2$ 的 4 阶零点.

② $z_1=k\pi$, $k \neq 0$ 是 $f(z)$ 的 1 阶零点.

③ $z_2=2k\pi\mathrm{i}$, $k \neq 0$ 是 $f(z)$ 的 1 阶零点.

第五章 留数定理及其应用

§5.1.1 解析函数的孤立奇点

若 $f(z)$ 在点 z_0 的某一去心邻域 $0<|z-z_0|<R$ 内解析,但在点 z_0 不解析,则称 z_0 为 $f(z)$ 的**孤立奇点**. 若 z_0 是 $f(z)$ 的一个奇点,且在点 z_0 的无论多么小的邻域内 $f(z)$ 总还有除点 z_0 外的其他奇点,则称点 z_0 为 $f(z)$ 的**非孤立奇点**.

去心邻域可看作内圆周缩为一点的环域. 若 z_0 为 $f(z)$ 的一个孤立奇点,则总存在着正数 R,使得 $f(z)$ 在点 z_0 的去心邻域 $0<|z-z_0|<R$ 内可展成洛朗级数. 这里的正数 R,显然最大可取为 z_0 与 $f(z)$ 的离 z_0 最近的一个奇点间的距离. 在孤立奇点去心邻域内的洛朗展开,有时也称为在孤立奇点的洛朗展开.

设 z_0 为函数 $f(z)$ 的孤立奇点,$f(z)$ 在去心邻域 $0<|z-z_0|<R$ 内的洛朗展式为

$$f(z)=\sum_{n=-\infty}^{\infty}a_n(z-z_0)^n=\sum_{n=1}^{\infty}a_{-n}(z-z_0)^{-n}+\sum_{n=0}^{\infty}a_n(z-z_0)^n.$$

上式右边第二个级数称为 $f(z)$ 在点 z_0 的解析部分(正则部分),$f(z)$ 的洛朗展式的负幂项部分 $\sum_{n=1}^{\infty}a_{-n}(z-z_0)^{-n}$,为 $f(z)$ 在点 z_0 的主要部分.

我们将 $f(z)$ 的孤立奇点作如下分类.

定义 5.1 设 z_0 为 $f(z)$ 的孤立奇点.

(1) 若 $f(z)$ 在点 z_0 的主要部分为零,则称 z_0 为 $f(z)$ 的可去奇点.

(2) 若 $f(z)$ 在点 z_0 的主要部分为有限多项,设为

$$\frac{a_{-m}}{(z-z_0)^m}+\frac{a_{-(m-1)}}{(z-z_0)^{m-1}}+\cdots+\frac{a_{-1}}{z-z_0}\quad(a_{-m}\neq0),$$

则称 z_0 为 $f(z)$ 的 m 阶(级)极点. 1 阶极点也称为简单极点.

(3) 若 $f(z)$ 在点 a 的主要部分有无限多项,则称 z_0 为 $f(z)$ 的本性奇点(本质奇点).

1. 可去奇点

定理 5.1 设 z_0 为 $f(z)$ 的孤立奇点,则下列条件等价:

(1) z_0 为 $f(z)$ 的可去奇点;

(2) $\lim\limits_{z \to z_0} f(z) = a_0$(有限复数);

(3) $f(z)$ 在 z_0 的某去心邻域内有界.

【证明】 (1)$\Rightarrow$(2). 设条件(1)成立,则在 a 的某一去心邻域内

$$f(z) = \sum_{n=0}^{\infty} a_n (z - z_0)^n,$$

于是

$$\lim_{z \to z_0} f(z) = a_0.$$

(2)$\Rightarrow$(3)显然成立.

(3)$\Rightarrow$(1). $f(z)$ 在 z_0 的去心邻域 $0 < |z - z_0| < R$ 内以 M 为界.

考虑 $f(z)$ 在点 z_0 的主要部分:

$$a_{-n} = \frac{1}{2\pi i} \int_\Gamma \frac{f(\zeta)}{(\zeta - z_0)^{-n+1}} d\zeta \quad (n = 1, 2, 3, \cdots), \Gamma: |z - a| = r, \text{且} r < R,$$

$$|a_{-n}| \leqslant \frac{1}{2\pi} \frac{M}{r^{-n+1}} 2\pi r = Mr^n \to 0 \quad (r \to 0),$$

$a_{-n} = 0(n = 1, 2, 3, \cdots)$,故 z_0 为可去奇点.

例 5.1 说明 $z = 0$ 是 $\dfrac{\sin z}{z}$ 的可去奇点.

【解】 解法一

$$\frac{\sin z}{z} = \frac{1}{z}\left(z - \frac{z^3}{3!} + \cdots\right) = 1 - \frac{z^2}{3!} + \frac{z^4}{5!} \cdots, \quad 0 < |z| < \infty.$$

由定义 5.1(1)知道 $z = 0$ 是 $\dfrac{\sin z}{z}$ 的可去奇点.

解法二

$$\lim_{z \to 0} \frac{\sin z}{z} = 1 \neq \infty.$$

由定理 5.1(2)知道 $z=0$ 是 $\dfrac{\sin z}{z}$ 的可去奇点.

2. 极点

定理 5.2 设 z_0 为 $f(z)$ 的孤立奇点,则下列条件等价:

(1) z_0 为 $f(z)$ 的 m 阶极点,即 $f(z)$ 在点 z_0 的主要部分为

$$\frac{a_{-m}}{(z-z_0)^m}+\frac{a_{-(m-1)}}{(z-z_0)^{m-1}}+\cdots+\frac{a_{-1}}{z-z_0};$$

(2) $f(z)$ 在 z_0 的某去心邻域: $0<|z-z_0|<R$ 内可表示为

$$f(z)=\frac{g(z)}{(z-z_0)^m},$$

其中 $g(z)$ 在点 z_0 的邻域内解析,且 $g(z_0)\neq 0$;

(3) $h(z)=\dfrac{1}{f(z)}$ 以点 z_0 为 m 阶零点(可去奇点可以视为解析点,只须令 $h(z_0)=0$).

【证明】 (1)$\Rightarrow$(2). 设条件(1)成立,即 $f(z)$ 在 z_0 的某去心邻域内有

$$f(z)=\frac{a_{-m}}{(z-z_0)^m}+\frac{a_{-(m-1)}}{(z-z_0)^{m-1}}+\cdots+\frac{a_{-1}}{z-z_0}+a_0+a_1(z-z_0)+\cdots$$

$$=\frac{a_{-m}+a_{-m+1}(z-z_0)+\cdots+a_{-1}(z-z_0)^{m-1}+a_0(z-z_0)^m+\cdots}{(z-z_0)^m}$$

$$=\frac{g(z)}{(z-z_0)^m}\quad(a_{-m}\neq 0).$$

$g(z)$ 为幂级数的和函数,故解析.且 $g(z_0)=a_{-m}\neq 0$.

(2)$\Rightarrow$(3). 设条件(2)成立,即 $f(z)$ 在 z_0 的某去心邻域: $0<|z-z_0|<R$ 内可表示为 $f(z)=\dfrac{g(z)}{(z-z_0)^m}$,其中 $g(z)$ 在点 z_0 的邻域内解析,且 $g(z_0)\neq 0$.

存在 $|z-z_0|<r\leqslant R$,使得在 $|z-z_0|<r$ 内,$\dfrac{1}{g(z)}$ 解析,且 $\varphi(z_0)=\dfrac{1}{g(z_0)}\neq 0$. 即 z_0 为 $\dfrac{1}{f(z)}$ 的 m 阶零点.

(3)$\Rightarrow$(1). 设条件(3)成立,即 $\dfrac{1}{f(z)}=(z-z_0)^m\varphi(z)$,其中 $\varphi(z)$ 在 z_0 的某邻域内解析,且 $\varphi(z_0)\neq 0$,于是存在邻域 $|z-z_0|<r$,使在 $|z-z_0|<r$ 内,$\varphi(z)\neq 0$,故 $\dfrac{1}{\varphi(z)}$ 在 $|z-z_0|<r$ 内解析.于是有泰勒展式

$$\frac{1}{\varphi(z)}=b_0+b_1(z-z_0)+\cdots,$$

故在 $0<|z-z_0|<r$ 内,有

$$f(z)=\frac{1}{(z-z_0)^m}\varphi(z)=\frac{1}{(z-z_0)^m}[b_0+b_1(z-z_0)+\cdots]$$

$$=\frac{b_0}{(z-z_0)^m}+\frac{b_1}{(z-z_0)^{m-1}}+\cdots\quad(b_0\neq0).$$

容易得到下述定理.

定理 5.3 $f(z)$ 的孤立奇点 z_0 为极点 $\Leftrightarrow\lim\limits_{z\to z_0}f(z)=\infty$.

3. 本性奇点

定理 5.4 $f(z)$ 的孤立奇点 z_0 为本性奇点 $\Leftrightarrow$ 不存在有限或无限的极限 $\lim\limits_{z\to z_0}f(z)$.

例 5.2 证明 0 是函数 $e^{\frac{1}{z}}$ 的本性奇点.

【证明】 当 z 沿正实轴趋近于 0 时,$e^{\frac{1}{z}}$ 趋近于 $+\infty$;

当 z 沿负实轴趋近于 0 时,$e^{\frac{1}{z}}$ 趋近于 0.

所以 0 是本性奇点.

§5.1.2　解析函数在无穷远点的性质

前面讨论的函数的孤立奇点是有限点,因为函数 $f(z)$ 在 ∞ 总是无意义的,所以 ∞ 总是 $f(z)$ 的奇点.

定义 5.2 若函数 $f(z)$ 在无穷远点去心邻域 $z\{z\mid0\leqslant r<|z|<+\infty\}$ 内解析,则称点 ∞ 为 $f(z)$ 的一个孤立奇点. 若点 ∞ 是 $f(z)$ 的奇点的聚点,则点 ∞ 是 $f(z)$ 的非孤立奇点.

注 $f(z)=z^3$ 和 $f(z)=\dfrac{1}{(z-2)^2}$ 以 ∞ 为孤立奇点,但 $f(z)=\dfrac{1}{\sin z}$ 以 ∞ 为非孤立奇点.

定义 5.3 设 ∞ 为 $f(z)$ 的孤立奇点,作倒数变换 $z=\dfrac{1}{w}$ 后,有

$$g(w)=f\left(\frac{1}{w}\right)=f(z).$$

若 $w=0$ 为 $g(w)=f\left(\dfrac{1}{w}\right)$ 的可去奇点(视为解析点),则称 $z=\infty$ 为 $f(z)$ 的可

去奇点(解析点);若 $w=0$ 为 $g(w)$ 的 m 阶极点,则称 $z=\infty$ 为 $f(z)$ 的 m 阶极点;若 $w=0$ 为 $\varphi(w)$ 的本性极点,则称 $z=\infty$ 为 $f(z)$ 的本性极点.

注 我们可按广义连续性定义函数在点 ∞ 处的值:定义 $f(\infty)=\lim\limits_{z\to\infty}f(z)$. 同样地,虽然在点 ∞ 处没有定义差商,从而没有定义函数在无穷远点处的可微性,但现在有了定义 5.3 之后,今后我们称 $f(z)$ 在点 ∞ 解析,其意义是指:点 ∞ 为 $f(z)$ 的可去奇点,且定义 $f(\infty)=\lim\limits_{z\to\infty}f(z)$.

设由上式 $g(w)=f\left(\dfrac{1}{w}\right)=f(z)$ 确定的 $g(w)$ 在去心邻域 $0<|w|<\dfrac{1}{r}$ 内的洛朗展式为

$$g(w)=\sum_{n=-\infty}^{\infty}a_n w^n=\sum_{n=1}^{\infty}\frac{a_{-n}}{w^n}+\sum_{n=0}^{\infty}a_n w^n.$$

换回到变量 z,即令 $w=\dfrac{1}{z}$,就得到 $f(z)$ 在无穷远点去心邻域 $r<|z|<+\infty$ 内的洛朗展式

$$f(z)=\sum_{n=-\infty}^{\infty}a_n\left(\frac{1}{z}\right)^n,$$

$$f(z)=\sum_{n=1}^{\infty}a_{-n}z^n+\sum_{n=0}^{\infty}\frac{a_n}{z^n}=\sum_{n=1}^{\infty}b_n z^n+\sum_{n=0}^{\infty}\frac{b_{-n}}{z^n}.$$

令 $b_n=a_{-n}(n=0,\pm1,\pm2,\cdots)$,我们得到 $f(z)$ 在无穷远点去心邻域 $\{z\mid 0\leqslant r<|z|<+\infty\}$ 的洛朗展式为

$$f(z)=\sum_{n=-\infty}^{\infty}b_n z^n.$$

$g(w)$ 在原点去心邻域的展式中的负幂项系数,与 $f(z)$ 在无穷远点去心邻域的展式中的相应正幂项系数相等,对应于前者的主要部分 $\sum\limits_{n=1}^{\infty}b_n z^n$ 称为 $f(z)$ 的主要部分,$\sum\limits_{n=0}^{\infty}\dfrac{b_{-n}}{z^n}$ 为 $f(z)$ 的正则部分.

根据这个关系,应用对有限孤立奇点的讨论结果,我们得到下述定理.

定理 5.5 设 ∞ 为 $f(z)$ 的孤立奇点,则

(1) $z=\infty$ 为 $f(z)$ 的可去奇点 $\Longleftrightarrow f(z)$ 在无穷远点展式中不含 z 的正次幂;

(2) $z=\infty$ 为 $f(z)$ 的 m 阶极点 $\Longleftrightarrow f(z)$ 在无穷远点展式中只有有限个正次幂,且最高次幂为 m;

(3) $z=\infty$ 为 $f(z)$ 的本性奇点 $\Leftrightarrow f(z)$ 在无穷远点展式中有无限多个正次幂.

类似前面,可以得到下述定理.

定理 5.6 设 ∞ 为 $f(z)$ 的孤立奇点,则下面 3 个条件等价:

(1) ∞ 为 $f(z)$ 的可去奇点;

(2) $\lim\limits_{z\to\infty} f(z)=A(\neq 0)$;

(3) $f(z)$ 在 ∞ 的去心邻域内有界.

定理 5.7 设 ∞ 为 $f(z)$ 的孤立奇点,则下面 3 个条件等价:

(1) $f(z)$ 以 ∞ 为 m 阶极点;

(2) $f(z)$ 在 ∞ 的去心邻域内可表示为 $f(z)=z^m\mu(z)$,其中 $\mu(z)$ 在 ∞ 的邻域内解析,且 $\mu(\infty)\neq 0$.

(3) $h(z)=\dfrac{1}{f(z)}$ 以 ∞ 为 m 阶零点.

定理 5.8 $f(z)$ 的孤立奇点 ∞ 为极点 $\Leftrightarrow \lim\limits_{z\to\infty} f(z)=\infty$.

定理 5.9 $f(z)$ 的孤立奇点 ∞ 为本性极点 $\Leftrightarrow \lim\limits_{z\to\infty} f(z)$ 不存在.

§5.1.3 留数

1. 留数定理

留数定理是柯西积分理论的继续,使我们对复积分有了更深刻的认识.

设函数 $f(z)$ 在点 z_0 解析.作圆 $C: |z-z_0|=r$,使 $f(z)$ 在以它为边界的闭圆盘上解析,那么根据柯西积分定理,积分 $\displaystyle\int_C f(z)\mathrm{d}z$ 等于零.设函数 $f(z)$ 在区域 $0<|z-z_0|<R$ 内解析.选取 r,使 $0<r<R$,并且作圆 $C: |z-z_0|=r$,那么如果 $f(z)$ 在 z_0 也解析,则上面的积分也等于零;如果 z_0 是 $f(z)$ 的孤立奇点,则上述积分就不一定等于零.

事实上,在 $0<|z-z_0|<R$ 内, $f(z)$ 有洛朗展式:

$$f(z)=\sum_{n=-\infty}^{\infty} a_n(z-z_0)^n$$

$$=\cdots+a_{-2}\frac{1}{(z-z_0)^2}+a_{-1}\frac{1}{z-z_0}+a_0+a_1(z-z_0)$$

$$+a_2(z-z_0)^2+\cdots,$$

此级数在上述去心邻域内的围线 $C: |z-z_0|=r(0<r<R)$ 上一致收敛,故沿该围线可逐项积分,所以对上式两边积分,有

$$\int_C f(z)\mathrm{d}z = \cdots + \int_C a_{-2}\frac{1}{(z-z_0)^2}\mathrm{d}z + \int_C a_{-1}\frac{1}{z-z_0}\mathrm{d}z + \int_C a_0\mathrm{d}z$$

$$+ \int_C a_1(z-z_0)\mathrm{d}z + \int_C a_2(z-z_0)^2\mathrm{d}z + \cdots,$$

但该式右端除了 $\int_C a_{-1}\dfrac{1}{z-z_0}\mathrm{d}z$ 这一项外,全部等于 0,于是有

$$\int_C f(z)\mathrm{d}z = \int_C a_{-1}\frac{1}{z-z_0}\mathrm{d}z = 2\pi\mathrm{i}a_{-1}.$$

由此可见,洛朗展式中系数 a_{-1} 是个特别的数,它是在上述逐项积分后唯一残留下来的系数. 若不计因子 $2\pi\mathrm{i}$,它就代表了对 $f(z)$ 围线积分 $\int_C f(z)\mathrm{d}z$ 的值.

于是,我们作如下定义.

定义 5.4 设 z_0 为函数 $f(z)$ 的孤立奇点,函数 $f(z)$ 在区域 $0 < |z-z_0| < R$ 内解析,则称积分

$$\frac{1}{2\pi\mathrm{i}}\int_C f(z)\mathrm{d}z \quad (C: |z-z_0|=r,\ 0<r<R)$$

为 $f(z)$ 在孤立奇点 z_0 的**留数**(也称残数),记为 $\operatorname*{Res}_{z=a}f(z)$ 或 $\operatorname{Res}(f(z),z_0)$(Res 是 residue 的缩写),这里积分是沿着 C 按逆时针方向取的.

注 1 我们定义的留数 $\operatorname{Res}(f,z_0)$ 与圆 C 的半径 r 无关:在 $0<|z-z_0|<R$ 内,$f(z)$ 有洛朗展式:

$$f(z) = \sum_{n=-\infty}^{\infty} a_n(z-z_0)^n,$$

$$\operatorname*{Res}_{z=z_0}f(z) = \frac{1}{2\pi\mathrm{i}}\int_{|z-z_0|=r} f(z)\mathrm{d}z = a_{-1} \quad (0<r<R).$$

注 2 $f(z)$ 在孤立奇点 z_0 的留数等于其洛朗级数展式中 $\dfrac{1}{z-z_0}$ 的系数.

注 3 如果 z_0 是 $f(z)$ 的可去奇点,那么 $\operatorname{Res}(f(z),z_0)=0$.

例 5.3 计算 $\operatorname{Res}\left[\dfrac{1}{z(z-1)^2},1\right]$.

【解】 在 $z=1$ 的去心邻域 $0<|z-1|<\varepsilon$ 内洛朗级数为

$$\frac{1}{z(z-1)^2} = \frac{1}{(z-1)^2}\cdot\frac{1}{z} = \frac{1}{(z-1)^2}\frac{1}{1+(z-1)}$$

$$= \frac{1}{(z-1)^2} \sum_{n=0}^{\infty} (-1)^n (z-1)^n$$

$$= \frac{1}{(z-1)^2} - \frac{1}{(z-1)} + 1 - (z-1) + \cdots,$$

于是

$$\mathrm{Res}\left[\frac{1}{z(z-1)^2}, 1\right] = -1.$$

定理 5.10(留数定理) 设 D 是复平面上的一个有界区域,其边界是一条或有限条简单闭曲线 C(围线或复围线). 设 $f(z)$ 在 D 内除去有限个孤立奇点 z_1, z_2, $\cdots$, z_n 外,在每一点都解析;在闭域 $\overline{D} = D + C$ 上除去有限个孤立奇点 z_1, z_2, $\cdots$, z_n 外,在每一点都连续,那么我们有

$$\int_C f(z)\mathrm{d}z = 2\pi\mathrm{i} \sum_{k=1}^{n} \mathrm{Res}(f(z), z_k),$$

这里沿 C 的积分按区域 D 取正向.

【证明】 如图 5.1 所示,以 D 内每一个孤立奇点 z_k 为心,作圆 $C_k (k=1, 2, \cdots, n)$,使以它为边界的闭圆盘上每一点都在 D 内,并且使任意两个这样的闭圆盘彼此无公共点. 从 D 中除去以这些 C_k 为边界的闭圆盘的一个区域 G,其边界是 C 以及 C_k,在 G 及其边界所组成的闭区域 $\overline{G}$ 上,$f(z)$ 解析. 因此根据柯西积分定理,

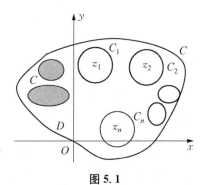

图 5.1

$$\int_C f(z)\mathrm{d}z = \sum_{k=1}^{n} \int_{C_k} f(z)\mathrm{d}z,$$

这里沿 C 的积分是按区域 D 的正向取的,沿 C_k 的积分是按逆时针方向取的. 根据留数的定义,得到定理.

2. 留数的计算

(1) 有限远点留数的计算方法.

本节讲述几种常见的情形下,如何计算留数.

首先考虑 1 阶极点的情形. 设 z_0 是 $f(z)$ 的一个 1 阶极点,因此在去掉中心 z_0 的某一圆盘内 $(z \neq z_0)$,$f(z) = \frac{1}{z-z_0} g(z)$,其中 $g(z)$ 在这个圆盘内(包括

$z = z_0$) 解析,其泰勒展式是

$$g(z) = \sum_{n=0}^{\infty} b_n (z - z_0)^n,$$

而且 $b_0 = g(z_0) \neq 0$. 显然,在 $f(z)$ 的洛朗级数中,$\dfrac{1}{z - z_0}$ 的系数等于 $g(z_0)$,因此

$$\text{Res}(f(x), z_0) = \lim_{z \to z_0} (z - z_0) f(z).$$

如果在上述去掉中心 z_0 的圆盘内 $(z \neq z_0)$,

$$f(z) = \frac{P(z)}{Q(z)},$$

其中 $P(z)$ 及 $Q(z)$ 在这圆盘内 (包括 $z = z_0$) 解析,$P(z_0) \neq 0$,z_0 是 $Q(z)$ 的 1 阶零点,并且 $Q(z)$ 在这圆盘内没有其他零点,那么 z_0 是 $f(z)$ 的 1 阶极点,因而

$$\text{Res}(f(z), z_0) = \lim_{z \to z_0} (z - z_0) f(z) = \lim_{z \to z_0} (z - z_0) \frac{P(z)}{Q(z) - Q(z_0)}$$
$$= P(z_0) / Q'(z_0).$$

例 5.4 求函数 $f(z) = \dfrac{z \mathrm{e}^{iz}}{1 + z^2}$ 的孤立奇点的留数.

【解】 $f(z) = \dfrac{z \mathrm{e}^{iz}}{1 + z^2}$ 有两个 1 阶极点 $z = \pm i$,这时

$$\frac{P(z)}{Q'(z)} = \frac{1}{2} \mathrm{e}^{iz},$$

因此 $\text{Res}(f, i) = \dfrac{1}{2\mathrm{e}}$,$\text{Res}(f, -i) = \dfrac{1}{2} \mathrm{e}$.

其次,我们考虑高阶极点的情形. 设 z_0 是 $f(z)$ 的一个 m 阶极点 $(m > 1)$,这就是说,在去掉中心 z_0 的某一圆盘内 $(z \neq z_0)$,

$$f(z) = \frac{1}{(z - z_0)^m} g(z),$$

其中 $g(z)$ 在这个圆盘内 (包括 $z = z_0$) 解析,而且 $g(z_0) \neq 0$. 在这个圆盘内,$g(z)$ 的泰勒展式是

$$g(z) = \sum_{n=0}^{\infty} b_n (z - z_0)^n,$$

由此可见,

$$\mathrm{Res}(f(z),\ z_0)=b_{m-1},$$

因此问题转化为求 $g(z)$ 的泰勒展式的系数. 如果容易求出 $g(z)$ 的泰勒展式,那么由此可得 $\mathrm{Res}(f(z),\ z_0)=b_{m-1}$. 显然,

$$b_{m-1}=\frac{g^{(m-1)}(z_0)}{(m-1)!}=\lim_{z\to z_0}\frac{g^{(m-1)}(z)}{(m-1)!}.$$

如果 b_{m-1} 不容易求,也可以用下面方法.

$$f(z)=a_{-m}\frac{1}{(z-z_0)^m}+a_{-(m-1)}\frac{1}{(z-z_0)^{m-1}}+\cdots$$

$$+a_{-1}\frac{1}{z-z_0}+a_0+a_1(z-z_0)+a_2(z-z_0)^2+\cdots,$$

以 $(z-z_0)^m$ 乘以上式两端,得

$$(z-z_0)^m f(z)$$

$$=a_{-m}+a_{-(m-1)}(z-z_0)+\cdots a_{-2}(z-z_0)^{m-2}+a_{-1}(z-z_0)^{m-1}$$

$$+a_0(z-z_0)^m+a_1(z-z_0)^{m+1}+\cdots,$$

两边求 $m-1$ 阶导数,得

$$\frac{\mathrm{d}^{m-1}}{\mathrm{d}z^{m-1}}[(z-z_0)^m f(z)]=(m-1)!\ a_{-1}+(m+1)m(m-1)\cdots2(z-z_0)$$

$$+(m+2)(m+1)m\cdots3(z-z_0)^2+\cdots.$$

令 $z\to z_0$,两端求极限,有

$$\lim_{z\to z_0}\frac{\mathrm{d}^{m-1}}{\mathrm{d}z^{m-1}}[(z-z_0)^m f(z)]=(m-1)!\ a_{-1}.$$

根据 $\underset{z=z_0}{\mathrm{Res}}f(z)=a_{-1}$,并两端除以 $(m-1)!$,我们就得到下列计算 $\mathrm{Res}(f(z),\ z_0)$ 的公式:

$$\mathrm{Res}(f,\ z_0)=\frac{1}{(m-1)!}\lim_{z\to z_0}\frac{\mathrm{d}^{m-1}[(z-z_0)^m f(z)]}{\mathrm{d}z^{m-1}}.$$

例 5.5　求函数 $f(z)=\dfrac{\sec z}{z^3}$ 的孤立奇点的留数.

【解】　$f(z)=\dfrac{\sec z}{z^3}$ 在 $z=0$ 有 3 阶极点,则

$$g(z) = \sec z = 1 + \frac{1}{2!}z^2 + \frac{5}{4!}z^4 + \cdots,$$

因此

$$\operatorname{Res}(f(z), 0) = \frac{1}{2}.$$

由上述公式也可得

$$\operatorname{Res}(f(z), 0) = \frac{1}{2}\lim_{z \to z_0}\frac{\mathrm{d}^2}{\mathrm{d}z^2}\left(z^3 \cdot \frac{\sec z}{z^3}\right) = \frac{1}{2}.$$

例 5.6 求函数 $f(z) = \dfrac{\mathrm{e}^{\mathrm{i}z}}{z(z^2+1)^2}$ 的孤立奇点的留数.

【解】 $z = 0$，$z = \pm\mathrm{i}$ 为孤立奇点.

$z = 0$ 为 $z(z^2+1)$ 的 1 阶零点，$z = \pm\mathrm{i}$ 为 $z(z^2+1)^2$ 的 2 阶零点.

$\mathrm{e}^{\mathrm{i}z}$ 在 $z = 0$，$\pm\mathrm{i}$ 处不为零，于是 $z = 0$ 是 $f(z)$ 的 1 阶极点，$z = \pm\mathrm{i}$ 是 $f(z)$ 的 2 阶极点. 于是

$$\operatorname{Res}[f(z), 0] = \lim_{z \to 0}f(z) \cdot z = \lim_{z \to 0}\frac{\mathrm{e}^{\mathrm{i}z}}{(z^2+1)^2} = 1,$$

$$\operatorname{Res}[f(z), \mathrm{i}] = \frac{1}{1!}\lim_{z \to \mathrm{i}}\frac{\mathrm{d}}{\mathrm{d}z}[f(z) \cdot (z-\mathrm{i})^2] = \lim_{z \to \mathrm{i}}\frac{\mathrm{d}}{\mathrm{d}z}\left[\frac{\mathrm{e}^{\mathrm{i}z}}{z(z+\mathrm{i})^2}\right] = -\frac{3}{4\mathrm{e}},$$

$$\operatorname{Res}[f(z), -\mathrm{i}] = \frac{1}{1!}\lim_{z \to -\mathrm{i}}\frac{\mathrm{d}}{\mathrm{d}z}[f(z) \cdot (z+\mathrm{i})^2] = -\frac{\mathrm{e}}{4}.$$

注 当 z_0 为 $f(z)$ 的本性奇点时，几乎没有什么简捷方法来求留数. 因此对于本性奇点处的留数，就只能利用洛朗展式的方法或计算积分的方法来求（参看例 5.7）.

(2) 无穷远点的留数计算方法.

定义 5.5 设 ∞ 是函数 $f(z)$ 的孤立奇点，即 $f(z)$ 在点 ∞ 的去心邻域 $0 \leqslant r < |z| < +\infty$ 内解析，则 $f(z)$ 在点 ∞ 的去心邻域 $0 \leqslant r < |z| < +\infty$ 内可以展成洛朗级数

$$f(z) = \sum_{n=-\infty}^{\infty}a_n z^n, \quad 0 \leqslant r < |z| < +\infty.$$

我们称级数中 $\dfrac{1}{z}$ 这一项的系数 a_{-1} 的反号数 $-a_{-1}$ 或积分 $\dfrac{1}{2\pi\mathrm{i}}\displaystyle\int_{\Gamma^-}f(z)\mathrm{d}z$（$\Gamma$：$|z| = \rho > r$）为 $f(z)$ 在点 ∞ 的留数，记为 $\operatorname*{Res}_{z=\infty}f(z)$ 或 $\operatorname{Res}(f, \infty)$，即

$$\mathop{\mathrm{Res}}\limits_{z=\infty} f(z) = -a_{-1},$$

或

$$\mathop{\mathrm{Res}}\limits_{z=\infty} f(z) = \frac{1}{2\pi\mathrm{i}} \int_{\Gamma^-} f(z)\mathrm{d}z \quad (\Gamma: |z| = \rho > r),$$

其中 Γ^- 指取 Γ 的顺时针方向(之所以这样取向,是因为这个方向正是绕无穷远点的正向).

定理 5.11 若 $f(z)$ 在扩充复平面上除有限点 a_1, a_2, $\cdots$, a_n 外解析,点 ∞ 也为 $f(z)$ 的孤立奇点,则 $\sum\limits_{k=1}^{n} \mathop{\mathrm{Res}}\limits_{z=a_k} f(z) + \mathop{\mathrm{Res}}\limits_{z=\infty} f(z) = 0$.

即 $f(z)$ 在所有孤立奇点的留数之和为零.

【证明】 以原点为中心作半径充分大的圆周 Γ,使 Γ 的内部包含 a_1, a_2, $\cdots$, a_n. 由留数定理得

$$\int_{\Gamma} f(z)\mathrm{d}z = 2\pi\mathrm{i} \sum_{k=1}^{n} \mathop{\mathrm{Res}}\limits_{z=a_k} f(z),$$

但

$$\mathop{\mathrm{Res}}\limits_{z=\infty} f(z) = \frac{1}{2\pi\mathrm{i}} \int_{\Gamma^-} f(z)\mathrm{d}z = -\frac{1}{2\pi\mathrm{i}} \int_{\Gamma} f(z)\mathrm{d}z,$$

所以定理中的结果成立.

可以利用无穷远点留数定义和留数定理求留数.

例 5.7 求函数 $f(z) = \dfrac{z\mathrm{e}^z}{z^2 - 1}$ 在 $z = \infty$ 点处的留数.

【解】 函数 $f(z) = \dfrac{z\mathrm{e}^z}{z^2 - 1}$ 以 $z = 1$ 及 $z = -1$ 为 1 阶极点,而 $z = \infty$ 为本性奇点.

$$\mathop{\mathrm{Res}}\limits_{z=1} f(z) = \frac{\mathrm{e}}{2}, \ \mathop{\mathrm{Res}}\limits_{z=-1} f(z) = \frac{\mathrm{e}^{-1}}{2},$$

所以,由定理 5.11 得到

$$\mathop{\mathrm{Res}}\limits_{z=\infty} f(z) = -\frac{\mathrm{e}^{-1} + \mathrm{e}}{2}.$$

我们可以利用下面定理求无穷远点留数.

定理 5.12 若 $\lim\limits_{z \to \infty} f(z) = 0$,则

$$\operatorname*{Res}_{z=\infty} f(z) = -\lim_{z \to \infty}[z \cdot f(z)].$$

【证明】 由条件,可设 $f(z)$ 在 $z=\infty$ 的去心邻域的洛朗级数为

$$f(z) = \cdots + a_{-n}z^{-n} + \cdots + a_{-1}z^{-1} + 0 + 0 + \cdots,$$

因此

$$\operatorname*{Res}_{z=\infty} f(z) = -a_{-1} = -\lim_{z \to \infty}[z \cdot f(z)].$$

定理 5.13 $\operatorname{Res}[f(z), \infty] = -\operatorname{Res}\left[f\left(\dfrac{1}{z}\right) \cdot \dfrac{1}{z^2}, 0\right].$

【证明】 $f(z)$ 在 $R < |z| < +\infty$ 内解析, $f(z)$ 在 $R < |z| < +\infty$ 上的洛朗级数为

$$f(z) = \cdots + a_{-1}z^{-1} + a + a_1 z + \cdots.$$

令 $w = \dfrac{1}{z}$,则 $f(z) = f\left(\dfrac{1}{w}\right) = g(w)$, $g(w)$ 在 $0 < |w| < \dfrac{1}{R}$ 内解析. $g(w)$ 在 $0 < |w| < \dfrac{1}{R}$ 上的洛朗级数为

$$g(w) = \cdots + a_{-1}w + a_0 + a_1 w^{-1} + \cdots,$$

$$g(w) \cdot \frac{1}{w^2} = \cdots + a_{-1}w^{-1} + a_0 w^{-2} + a_1 w^{-3} + \cdots,$$

$$a_{-1} = \operatorname{Res}\left[\varphi(w) \frac{1}{w^2}, 0\right]$$

$$= \operatorname{Res}\left[f\left(\frac{1}{w}\right)\frac{1}{w^2}, 0\right] = \operatorname{Res}\left[f\left(\frac{1}{z}\right)\frac{1}{z^2}, 0\right],$$

因此

$$\operatorname{Res}[f(z), \infty] = -\operatorname{Res}\left[f\left(\frac{1}{z}\right) \cdot \frac{1}{z^2}, 0\right].$$

例 5.8 判断 $z=\infty$ 是下列各函数的什么奇点,求出在 ∞ 的留数:

(1) $e^{\frac{1}{z^2}}$; (2) $\cos z - \sin z$; (3) $\dfrac{e^z}{z^2 - 1}$; (4) $\dfrac{1}{z(z+1)^4(z-4)}$.

【解】 (1) 因为

$$e^{\frac{1}{z^2}} = 1 + \frac{1}{z^2} + \frac{1}{2!}\frac{1}{z^4} + \frac{1}{3!}\frac{1}{z^6} + \cdots, \quad 0 < |z| < +\infty,$$

所以 $z=\infty$ 是 $\mathrm{e}^{\frac{1}{z^2}}$ 的可去奇点, 且 $\mathrm{Res}(\mathrm{e}^{\frac{1}{z^2}},\infty)=-c_{-1}=0$.

(2) 因为

$$\cos z=1-\frac{z^2}{2!}+\frac{z^4}{4!}-\cdots+(-1)^n\frac{z^{2n}}{(2n)!}+\cdots,\ |z|<+\infty,$$

$$\sin z=z-\frac{z^3}{3!}+\frac{z^5}{5!}-\cdots+(-1)^n\frac{z^{2n+1}}{(2n+1)!}+\cdots,\ |z|<+\infty,$$

所以

$$\cos z-\sin z=1-z-\frac{z^2}{2!}+\frac{z^3}{3!}+\frac{z^4}{4!}-\cdots+(-1)^n\frac{z^{2n}}{(2n)!}$$
$$-(-1)^n\frac{z^{2n+1}}{(2n+1)!}+\cdots,\ |z|<+\infty.$$

于是, $z=\infty$ 是 $\cos z-\sin z$ 的本性奇点, 且 $\mathrm{Res}(\cos z-\sin z,\infty)=-c_{-1}=0$.

(3) 因为

$$\mathrm{e}^z=1+z+\frac{z^2}{2!}+\frac{z^3}{3!}+\cdots,\ |z|<+\infty,$$

$$\frac{1}{z^2-1}=\frac{1}{z^2\left(1-\dfrac{1}{z^2}\right)}=\frac{1}{z^2}\left(1+\frac{1}{z^2}+\frac{1}{z^4}+\cdots\right)$$

$$=\frac{1}{z^2}+\frac{1}{z^4}+\frac{1}{z^6}+\cdots,\ 1<|z|<+\infty,$$

所以

$$\frac{\mathrm{e}^z}{z^2-1}=\left(1+z+\frac{z^2}{2!}+\frac{z^3}{3!}+\cdots\right)\left(\frac{1}{z^2}+\frac{1}{z^4}+\frac{1}{z^6}+\cdots\right),\ 1<|z|<+\infty.$$

容易看出, 展式中有无穷多 z 的正幂项, 所以 $z=\infty$ 是 $\dfrac{\mathrm{e}^z}{z^2-1}$ 的本性奇点.

$$\mathrm{Res}\left(\frac{\mathrm{e}^z}{z^2-1},\infty\right)=-c_{-1}=-\left(1+\frac{1}{3!}+\frac{1}{5!}+\cdots\right)=-\frac{\mathrm{e}^1-\mathrm{e}^{-1}}{2}=-\sinh 1.$$

(4) 因为

$$\lim_{z\to\infty}\frac{1}{z(z+1)^4(z-4)}=0,$$

所以 $z=\infty$ 是 $\dfrac{1}{z(z+1)^4(z-4)}$ 的可去奇点.

$$\text{Res}\left[\frac{1}{z(z+1)^4(z-4)},\ \infty\right]=-\text{Res}\left[\frac{1}{\dfrac{1}{z}\left(\dfrac{1}{z}+1\right)^4\left(\dfrac{1}{z}-4\right)}\ \frac{1}{z^2},\ 0\right]$$

$$=-\text{Res}\left[\frac{z^4}{(1+z)^4(1-4z)},\ 0\right]=0.$$

注　在有限可去奇点处,留数为 0;但是 ∞ 为可去奇点时,留数不一定为 0. 例如函数 $f(z)=3+\dfrac{5}{z}$ 以 ∞ 为可去奇点,但是 $\text{Res}[f(z),\ \infty]=-5$.

3. 积分计算举例

例 5.9　用留数定理计算积分 $\displaystyle\oint_{|z|=\frac{3}{2}}\frac{\mathrm{e}^z}{(z-1)(z+2)(z+3)^2}\mathrm{d}z.$

【解】　$z=1$ 是被积函数 $\dfrac{\mathrm{e}^z}{(z-1)(z+3)^2}$ 在积分区域内的有限孤立奇点, 且为 1 阶极点,所以

$$\oint_{|z|=\frac{3}{2}}\frac{\mathrm{e}^z}{(z-1)(z+2)(z+3)^2}\mathrm{d}z=2\pi\mathrm{i}\text{Res}\left[\frac{\mathrm{e}^z}{(z-1)(z+2)(z+3)^2},\ 1\right]$$

$$=2\pi\mathrm{i}\lim_{z\to1}\left[(z-1)\frac{\mathrm{e}^z}{(z-1)(z+2)(z+3)^2}\right]=2\pi\mathrm{i}\lim_{z\to1}\frac{\mathrm{e}^z}{(z+2)(z+3)^2}=\frac{\pi\mathrm{e}\mathrm{i}}{24}.$$

例 5.10　用留数定理计算积分 $\displaystyle\oint_{|z|=\frac{1}{2}}\frac{\sin z}{z(1-\mathrm{e}^z)}\mathrm{d}z.$

【解】　$z=0$ 是被积函数 $\dfrac{\sin z}{z(1-\mathrm{e}^z)}$ 在积分区域内的有限孤立奇点,于是 $z=0$ 是函数的 1 阶极点,

$$\text{Res}\left[\frac{\sin z}{z(1-\mathrm{e}^z)},\ 0\right]=\lim_{z\to0}\left[z\frac{\sin z}{z(1-\mathrm{e}^z)}\right]=\lim_{z\to0}\frac{\sin z}{1-\mathrm{e}^z}=\lim_{z\to0}\frac{\cos z}{-\mathrm{e}^z}=-1,$$

所以 $\displaystyle\oint_{|z|=\frac{1}{2}}\frac{\sin z}{z(1-\mathrm{e}^z)}\mathrm{d}z=2\pi\mathrm{i}\text{Res}\left[\frac{\sin z}{z(1-\mathrm{e}^z)},\ 0\right]=-2\pi\mathrm{i}.$

例 5.11　用留数定理计算积分 $\displaystyle\oint_{|z|=4}\frac{z^{19}}{(z^2+1)^4(z^4+2)^3}\mathrm{d}z.$

【解】　$f(z)=\dfrac{z^{19}}{(z^2+1)^4(z^4+2)^3}$ 共有 6 个有限奇点,且均在 $C:|z|=4$

内.

由留数定理,有

$$\oint_{|z|=4} f(z)\mathrm{d}z = 2\pi\mathrm{i}[-\operatorname{Res}(f,\ \infty)].$$

f 在 $z=\infty$ 的去心邻域内的洛朗级数为

$$\begin{aligned}
f(z) &= \frac{z^{19}}{z^8\left(1+\dfrac{1}{z^2}\right)^4 \cdot z^{12}\left(1+\dfrac{2}{z^4}\right)^3} \\
&= \frac{1}{z} \cdot \frac{1}{\left(1+\dfrac{1}{z^2}\right)^4\left(1+\dfrac{2}{z^4}\right)^3} \\
&= \frac{1}{z}\left(1-\frac{4}{z^2}+\frac{10}{z^4}-\cdots\right)\left(1-\frac{6}{z^4}+\cdots\right) \\
&= \frac{1}{z}-\frac{4}{z^3}+\cdots,
\end{aligned}$$

所以 $\operatorname{Res}(f,\ \infty)=-c_{-1}=-1$,

$$\oint_{|z|=4} f(z)\mathrm{d}z = 2\pi\mathrm{i}.$$

例 5.12 用留数定理计算积分 $\displaystyle\oint_C \frac{z^{15}}{(z^2+1)^2(z^2+2)^3}\mathrm{e}^{\frac{1}{z}}\mathrm{d}z$,$C$ 为正向圆周:$|z|=2$.

【解】

$$\begin{aligned}
\oint_C \frac{z^{15}}{(z^2+1)^2(z^4+2)^3}\mathrm{e}^{\frac{1}{z}}\mathrm{d}z &= 2\pi\mathrm{i}\cdot\sum\operatorname{Res}\left[\frac{z^{15}}{(z^2+1)^2(z^4+2)^3},\ C\text{ 内部奇点}\right] \\
&= -2\pi\mathrm{i}\cdot\operatorname{Res}\left[\frac{z^{15}}{(z^2+1)^2(z^4+2)^3},\ \infty\right] \\
&= 2\pi\mathrm{i}\cdot\operatorname{Res}\left[\frac{\dfrac{1}{z^{15}}}{\left(\dfrac{1}{z^2}+1\right)^2\left(\dfrac{1}{z^4}+2\right)^3}\frac{1}{z^2},\ 0\right] \\
&= 2\pi\mathrm{i}\cdot\operatorname{Res}\left[\frac{1}{(1+z^2)^2(1+2z^4)^3}\frac{1}{z},\ 0\right] \\
&= 2\pi\mathrm{i}\lim_{z\to 0}\left[z\frac{1}{(1+z^2)^2(1+2z^4)^3}\frac{1}{z}\right] = 2\pi\mathrm{i}.
\end{aligned}$$

§5.2　用留数定理计算实积分

在数学分析以及许多实际问题中,往往要求计算出一些定积分或反常积分的值. 而这些积分中的被积函数的原函数不能用初等函数表示出来;或者有时可以求出原函数,但计算也往往非常复杂. 这时,我们可以尝试用留数定理计算这些实积分.

下面,我们利用留数定理,把计算一些实积分的问题,转化为计算某些解析函数在孤立奇点的留数,从而大大化简计算. 利用留数计算积分,没有一些通用的方法,我们主要通过例子进行讨论. 下面只讨论应用单值解析函数来计算积分.

§5.2.1　计算形如 $\int_0^{2\pi} R(\sin x, \cos x)\mathrm{d}x$ 的积分

这个形式中的 $R(\sin x, \cos x)$ 表示关于 $\sin x$ 与 $\cos x$ 的有理函数,且在 $[0, 2\pi]$ 上连续. 我们可以尝试用下面的方法计算积分:

令 $\mathrm{e}^{\mathrm{i}x} = z$,则 $\mathrm{d}x = \dfrac{\mathrm{d}z}{\mathrm{i}z}$,且 $\sin x = \dfrac{\mathrm{e}^{\mathrm{i}x} - \mathrm{e}^{-\mathrm{i}x}}{2\mathrm{i}} = \dfrac{z^2 - 1}{2\mathrm{i}z}$,$\cos x = \dfrac{\mathrm{e}^{\mathrm{i}x} + \mathrm{e}^{-\mathrm{i}x}}{2} = \dfrac{z^2 + 1}{2z}$.

当 x 由 0 连续地变动到 2π 时,则 z 连续地在圆周 $C: |z| = 1$ 上正方向变动一周,故有

$$\int_0^{2\pi} R(\sin x, \cos x)\mathrm{d}x = \int_C R\left(\frac{z^2 - 1}{2\mathrm{i}z}, \frac{z^2 + 1}{2z}\right)\frac{\mathrm{d}z}{\mathrm{i}z}.$$

例 5.13　计算积分

$$I = \int_0^{2\pi} \frac{\mathrm{d}x}{a + \sin x},$$

其中常数 $a > 1$.

【解】　令 $\mathrm{e}^{\mathrm{i}x} = z$,那么 $\sin x = \dfrac{1}{2\mathrm{i}}\left(z - \dfrac{1}{z}\right)$,$\mathrm{d}x = \dfrac{\mathrm{d}z}{\mathrm{i}z}$. 而且当 x 从 0 增加到 2π 时,z 按逆时针方向绕圆 $C: |z| = 1$ 一周,因此

$$I = \oint_C \frac{2\mathrm{d}z}{z^2 + 2\mathrm{i}az - 1}.$$

于是应用留数定理,只须计算 $\dfrac{2}{z^2 + 2\mathrm{i}az - 1}$ 在 $|z| < 1$ 内极点处的留数,就可求出 I.

上面的被积函数有两个极点:$z_1 = -\mathrm{i}a + \mathrm{i}\sqrt{a^2 - 1}$ 及 $z_2 = -\mathrm{i}a - \mathrm{i}\sqrt{a^2 - 1}$. 显然 $|z_1| < 1$,$|z_2| > 1$. 因此被积函数在 $|z| < 1$ 内只有一个极点 z_1,而它在这点的留数是

$$\mathrm{Res}(f, z_1) = \frac{2}{2z_1 + 2\mathrm{i}a} = \frac{1}{\mathrm{i}\sqrt{a^2 - 1}},$$

于是求得

$$I = 2\pi\mathrm{i}\,\frac{1}{\mathrm{i}\sqrt{a^2 - 1}} = \frac{2\pi}{\sqrt{a^2 - 1}}.$$

例 5.14　计算积分 $I = \displaystyle\int_0^{2\pi} \frac{1}{5\cos\theta + 13}\mathrm{d}\theta$.

【解】　令 $z = \mathrm{e}^{\mathrm{i}\theta}$,则有 $I = \displaystyle\int_0^{2\pi} \frac{1}{5\cos\theta + 13}\mathrm{d}\theta$

$$= \oint_{|z|=1} \frac{2\mathrm{d}z}{\mathrm{i}z\left(13 + \dfrac{5}{2}z + \dfrac{5}{2z}\right)}$$

$$= \oint_{|z|=1} \frac{2\mathrm{d}z}{\mathrm{i}(5z + 1)(z + 5)}.$$

被积函数在 $|z| = 1$ 内只有一个 1 阶极点 $z = -\dfrac{1}{5}$,所以由留数定理,有

$$I = 2\pi\mathrm{i}\mathrm{Res}\left[f(z), -\frac{1}{5}\right] = \frac{\pi}{6}.$$

例 5.15　计算积分 $I = \displaystyle\int_0^{\alpha} \frac{1}{\left(5 - 3\sin\dfrac{2\pi\varphi}{\alpha}\right)^2}\mathrm{d}\varphi$.

【解】　令 $x = \dfrac{2\pi\varphi}{\alpha} \Rightarrow I = \dfrac{\alpha}{2\pi}\displaystyle\int_0^{2\pi} \frac{1}{(5 - 3\sin x)^2}\mathrm{d}x$.

令 $z = \mathrm{e}^{\mathrm{i}x} \Rightarrow I = -\dfrac{2\alpha}{\mathrm{i}\pi}\oint_{|z|=1} \frac{z}{(3z - \mathrm{i})^2(z - 3\mathrm{i})^2}\mathrm{d}z$.

被积函数在 $|z| < 1$ 内只有一个 2 阶极点:$z = \dfrac{\mathrm{i}}{3}$,

$$I = 2\pi\mathrm{i}\mathrm{Res}\left[f(z),\frac{\mathrm{i}}{3}\right] = 2\pi\mathrm{i}\left(-\frac{2\alpha}{\mathrm{i}\pi}\right)\left(-\frac{5}{256}\right) = \frac{5}{64}\alpha.$$

例 5.16 计算积分 $I = \displaystyle\int_0^\pi \frac{\mathrm{d}x}{1+\varepsilon\cos 2x}$，$0 < \varepsilon < 1$.

【解】 令 $\theta = 2x$，$\mathrm{d}\theta = 2\mathrm{d}x$；$x: 0 \to \pi$，$\theta: 0 \to 2\pi$.

$$I = \frac{1}{2}\int_0^{2\pi}\frac{\mathrm{d}\theta}{1+\varepsilon\cos\theta} = \frac{1}{2}\oint_{|z|=1}\frac{\mathrm{d}z/\mathrm{i}z}{1+\varepsilon\dfrac{z+z^{-1}}{2}} = \frac{1}{\mathrm{i}}\oint_{|z|=1}\frac{\mathrm{d}z}{\varepsilon z^2 + 2z + \varepsilon},$$

$$I = \frac{1}{\mathrm{i}}\frac{\mathrm{i}\pi}{\sqrt{1-\varepsilon^2}} = \frac{\pi}{\sqrt{1-\varepsilon^2}}.$$

§5.2.2 计算形如 $\displaystyle\int_{-\infty}^{+\infty}\frac{P(x)}{Q(x)}\mathrm{d}x$ 的积分

这个形式中的 $P(x)$ 与 $Q(x)$ 分别为关于 x 的 n 和 m 次多项式，且 $P(x)$ 和 $Q(x)$ 为互质多项式，$m-n \geqslant 2$，$Q(x) \neq 0$. 我们可以尝试用下面的方法计算积分：

设

$$R(x) = \frac{P(x)}{Q(x)} = \frac{z^n + a_1 z^{n-1} + \cdots + a_n}{z^m + b_1 z^{m-1} + \cdots + b_m},\ m-n \geqslant 2.$$

如图 5.2 所示取积分路径，其中 C_R 是以原点为中心、R 为半径的在上半平面的半圆周，取 R 适当大，使 $R(z)$ 所有的在上半平面内的极点 $z_1, z_2, \cdots, z_k$ 都包含在积分路径内：

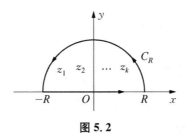

图 5.2

$$\int_{-R}^R R(x)\mathrm{d}x + \int_{C_R} R(z)\mathrm{d}z = 2\pi\mathrm{i}\sum_{m=1}^k \mathrm{Res}[R(z),z_m].$$

显然，此等式不因 C_R 的半径 R 不断增大而有所改变.

$$| R(z) | = \frac{1}{| z |^{m-n}} \cdot \frac{| 1 + a_1 z^{-1} + \cdots + a_n z^{-n} |}{| 1 + b_1 z^{-1} + \cdots + b_m z^{-m} |}$$

$$\leqslant \frac{1}{| z |^{m-n}} \cdot \frac{1 + | a_1 z^{-1} + \cdots + a_n z^{-n} |}{1 - | b_1 z^{-1} + \cdots + b_m z^{-m} |}.$$

当 $|z|$ 足够大时,存在 $M > 0$,使得

$$| R(z) | < \frac{1}{| z |^{m-n}} \cdot M \leqslant \frac{M}{| z |^2},$$

于是

$$\left| \int_{C_R} R(z) \mathrm{d}z \right| \leqslant \int_{C_R} | R(z) | \mathrm{d}s \leqslant \frac{M}{R^2} \pi R = \frac{M\pi}{R}.$$

而 $\lim\limits_{R \to +\infty} \dfrac{M\pi}{R} = 0$,因此,当 $R \to +\infty$ 时,由

$$\int_{-R}^{R} R(x) \mathrm{d}x + \int_{C_R} R(z) \mathrm{d}z = 2\pi \mathrm{i} \sum_{m=1}^{k} \mathrm{Res}[R(z), z_m]$$

得到

$$\int_{-\infty}^{+\infty} R(x) \mathrm{d}x = 2\pi \mathrm{i} \sum_{m=1}^{k} \mathrm{Res}[R(z), z_m].$$

如果 $R(x)$ 为偶函数,则

$$\int_{0}^{+\infty} R(x) \mathrm{d}x = \frac{1}{2} \int_{-\infty}^{+\infty} R(x) \mathrm{d}x = \pi \mathrm{i} \sum_{m=1}^{k} \mathrm{Res}[R(z), z_m].$$

例 5.17　计算积分 $I = \dfrac{1}{2} \displaystyle\int_{0}^{+\infty} \dfrac{\mathrm{d}x}{(1+x^2)^2}.$

【解】　首先,这是一个广义积分,它显然是收敛的. 我们应用留数定理来计算它. 考虑函数 $\dfrac{1}{(1+z^2)^2}$,这个函数有两个 2 阶极点,在上半平面上的一个是 $z = \mathrm{i}$.

类似上面讨论,作以 O 为圆心、R 为半径的圆盘. 考虑这一圆盘在上半平面的部分,设其边界为 C_R. 取 $R > 1$,那么 $z = \mathrm{i}$ 包含在 C_R 内的区域内. 则有

$$\int_{-R}^{R} \frac{\mathrm{d}x}{(1+x^2)^2} + \int_{C_R} \frac{\mathrm{d}z}{(1+z^2)^2} = 2\pi \mathrm{i} \mathrm{Res}\left[\frac{1}{(1+z^2)^2}, \mathrm{i} \right] = 2\pi \mathrm{i} \frac{1}{4\mathrm{i}} = \frac{\pi}{2}.$$

由于

$$\lim_{R \to +\infty} \int_{C_R} \frac{\mathrm{d}z}{(1+z^2)^2} = 0,$$

令 $R \to +\infty$,就得到

$$\int_{-\infty}^{+\infty} \frac{\mathrm{d}x}{(1+x^2)^2} = \frac{\pi}{2}.$$

从而

$$I = \frac{1}{2}\int_{-\infty}^{+\infty} \frac{\mathrm{d}x}{(1+x^2)^2} = \frac{\pi}{4}.$$

注 我们计算所得的值是这个广义积分的柯西主值,但由于此积分收敛,所以积分值等于主值.

例 5.18 计算反常积分 $\displaystyle\int_{-\infty}^{+\infty} \frac{1}{2x^2+4x+5}\mathrm{d}x$.

【解】 这里 $m=2$,$n=0$,$m-n=2$,并且 $f(z)$ 在实轴上没有奇点,所以积分是存在的. 经计算得 $f(z)$ 有两个 1 阶极点 $z_{1,2} = -1 \pm \dfrac{\sqrt{6}\,\mathrm{i}}{2}$,其中 $z_1 = -1 + \dfrac{\sqrt{6}\,\mathrm{i}}{2}$ 在复数域的上半平面,由留数定理知

$$\int_{-\infty}^{+\infty} \frac{1}{2x^2+4x+5}\mathrm{d}x$$
$$= 2\pi\mathrm{i}\operatorname*{Res}_{z=z_1} f(z)$$
$$= 2\pi\mathrm{i} \cdot \frac{1}{2\sqrt{6}\,\mathrm{i}}$$
$$= \frac{\sqrt{6}}{6}\pi.$$

§5.2.3 计算形如 $\displaystyle\int_{-\infty}^{+\infty} \frac{P(x)}{Q(x)}\mathrm{e}^{\mathrm{i}ax}\,\mathrm{d}x$ 的积分$(a > 0)$

这个形式中的 $P(x)$ 与 $Q(x)$ 分别为关于 x 的 n 和 m 次多项式,且 $P(x)$ 和 $Q(x)$ 为互质多项式. 记 $R(x) = \dfrac{P(x)}{Q(x)} = \dfrac{z^n+a_1z^{n-1}+\cdots+a_n}{z^m+b_1z^{m-1}+\cdots+b_m}$,$m-n \geqslant 1$,

$Q(x) \neq 0$. 我们可以尝试用下面方法计算积分:

如图 5.3 所示取积分路径,其中 C_R 是以原点为中心、R 为半径的在上半平面的半圆周. 取 R 适当大,使 $R(z)$ 所有的在上半平面内的极点 z_1, z_2, $\cdots$, z_k 都包含在积分路径内:

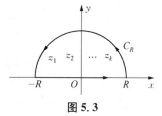

图 5.3

$$\int_{-R}^{R} R(x) e^{aix} \mathrm{d}x + \int_{C_R} R(z) e^{aiz} \mathrm{d}z = 2\pi \mathrm{i} \sum_{m=1}^{k} \mathrm{Res}[R(z) e^{aiz}, z_m].$$

显然,此等式不因 C_R 的半径 R 不断增大而有所改变.

由于 $m - n \geqslant 1$, 当 $|z|$ 足够大时, 存在 $M > 0$, 使得

$$|R(z)| \leqslant \frac{1}{|z|^{m-n}} \cdot \frac{1 + |a_1 z^{-1} + \cdots + a_n z^{-n}|}{1 - |b_1 z^{-1} + \cdots + b_m z^{-m}|} < \frac{M}{|z|},$$

因此,在半径 R 充分大的 C_R 上,记 $z = x + \mathrm{i}y$, 有

$$\left| \int_{C_R} R(z) e^{aiz} \mathrm{d}z \right| \leqslant \int_{C_R} |R(z)| |e^{aiz}| \mathrm{d}s < \frac{M}{R} \int_{C_R} e^{-ay} \mathrm{d}s$$

$$= M \int_{0}^{\pi} e^{-aR\sin\theta} \mathrm{d}\theta = 2M \int_{0}^{\frac{\pi}{2}} e^{-aR\sin\theta} \mathrm{d}\theta.$$

因为 $\dfrac{2\theta}{\pi} \leqslant \sin\theta \leqslant \theta \, (0 \leqslant \theta \leqslant \dfrac{\pi}{2})$,

$$\left| \int_{C_R} R(z) e^{aiz} \mathrm{d}z \right| \leqslant 2M \int_{0}^{\frac{\pi}{2}} e^{-aR(2\theta/\pi)} \mathrm{d}\theta$$

$$= -\frac{M\pi}{aR} e^{-aR\frac{2}{\pi}\theta} \Big|_{0}^{\frac{\pi}{2}} = -\frac{M\pi}{aR}(e^{-aR} - 1) = \frac{M\pi}{aR}(1 - e^{-aR}),$$

而 $\lim\limits_{R \to +\infty} \dfrac{M\pi}{aR}(1 - e^{-aR}) = 0$, 所以, 当 $R \to +\infty$ 时, 由

$$\int_{-R}^{R} R(x) e^{aix} \mathrm{d}x + \int_{C_R} R(z) e^{aiz} \mathrm{d}z = 2\pi \mathrm{i} \sum_{m=1}^{k} \mathrm{Res}[R(z) e^{aiz}, z_m]$$

得到

$$\int_{-\infty}^{+\infty} R(x) e^{aix} \mathrm{d}x = 2\pi \mathrm{i} \sum_{m=1}^{k} \mathrm{Res}[R(z) e^{aiz}, z_m],$$

也可写为

$$\int_{-\infty}^{+\infty} R(x)\cos ax\,\mathrm{d}x + \mathrm{i}\int_{-\infty}^{+\infty} R(x)\sin ax\,\mathrm{d}x$$

$$= 2\pi\mathrm{i}\sum_{m=1}^{k}\mathrm{Res}[R(z)\mathrm{e}^{aiz},\ z_m].$$

例 5.19 计算积分 $I = \displaystyle\int_0^{+\infty}\dfrac{\cos 5x}{x^2+1}\mathrm{d}x$.

【解】

$$I = \int_0^{+\infty}\frac{\cos 5x}{x^2+1}\mathrm{d}x = \frac{1}{2}\int_{-\infty}^{+\infty}\frac{\cos 5x}{x^2+1}\mathrm{d}x.$$

函数 $\dfrac{\mathrm{e}^{5\mathrm{i}z}}{z^2+1}$ 在 $y \geqslant 0$ 有 1 阶极点 $z = \mathrm{i}$,于是我们有

$$\int_{-\infty}^{+\infty}\frac{\mathrm{e}^{5\mathrm{i}z}}{z^2+1}\mathrm{d}z = 2\pi\mathrm{i}\mathrm{Res}\left(\frac{\mathrm{e}^{5\mathrm{i}z}}{z^2+1},\ \mathrm{i}\right) = \frac{\pi}{\mathrm{e}^5},$$

$$\int_{-\infty}^{+\infty}\frac{\cos 5x}{x^2+1}\mathrm{d}x = \frac{\pi}{\mathrm{e}^5},$$

$$I = \int_0^{+\infty}\frac{\cos 5x}{x^2+1}\mathrm{d}x = \frac{\pi}{2\mathrm{e}^5}.$$

注 上面求出的广义积分也是其柯西主值.

例 5.20 计算积分 $I = \displaystyle\int_0^{+\infty}\dfrac{x\sin x}{x^2+a^2}\mathrm{d}x\,(a>0)$.

【解】 这里 $m=2$, $n=1$, $m-n=1$. $R(z)$ 在实轴上无孤立奇点,因而所求的积分是存在的. $R(z) = \dfrac{z\sin z}{z^2+a^2}$ 在上半平面内有 1 阶极点 $a\mathrm{i}$,

$$\int_{-\infty}^{+\infty}\frac{x}{x^2+a^2}\mathrm{e}^{\mathrm{i}x}\mathrm{d}x = 2\pi\mathrm{i}\mathrm{Res}[R(z)\mathrm{e}^{\mathrm{i}z},\ a\mathrm{i}]$$

$$= 2\pi\mathrm{i}\lim_{z\to \mathrm{i}a}\frac{z\mathrm{e}^{\mathrm{i}z}}{z+\mathrm{i}a} = 2\pi\mathrm{i}\cdot\frac{\mathrm{e}^{-a}}{2} = \pi\mathrm{i}\mathrm{e}^{-a}.$$

因此

$$\int_0^{+\infty}\frac{x\sin x}{x^2+a^2}\mathrm{d}x = \mathrm{Im}\left(\frac{1}{2}\int_{-\infty}^{+\infty}\frac{x}{x^2+a^2}\mathrm{e}^{\mathrm{i}x}\mathrm{d}x\right) = \frac{1}{2}\pi\mathrm{e}^{-a}.$$

§5.2.4　计算积分路径上有奇点的积分

如果被积函数在 $\mathrm{Im}\,z>0$ 上除有限个孤立奇点外,在其他每一点解析,而且在实轴上有有限个孤立奇点,我们也可以计算某些积分.

例 5.21　计算积分 $I=\displaystyle\int_0^{+\infty}\frac{\sin x}{x}\mathrm{d}x$.

【解】　$I=\displaystyle\int_0^{+\infty}\frac{\sin x}{x}\mathrm{d}x=\frac{1}{2}\int_{-\infty}^{+\infty}\frac{\sin x}{x}\mathrm{d}x.$

取 R_1 及 R_2,使 $R_2>R_1>0$,我们有

$$\int_{R_1}^{R_2}\frac{\sin x}{x}\mathrm{d}x=\int_{R_1}^{R_2}\frac{\mathrm{e}^{\mathrm{i}x}-\mathrm{e}^{-\mathrm{i}x}}{2\mathrm{i}x}\mathrm{d}x.$$

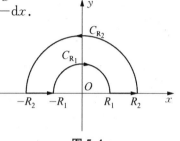

图 5.4

因为函数 $\dfrac{\mathrm{e}^{\mathrm{i}z}}{z}$ 只有一个 1 阶极点 $z=0$,积分路径如图 5.4 所示,在上半平面上作以原点为心、R_1 与 R_2 为半径的半圆 C_{R_1} 与 C_{R_2},于是我们有

$$\int_{C_{R_2}}\frac{\mathrm{e}^{\mathrm{i}z}}{z}\mathrm{d}z+\int_{-R_2}^{-R_1}\frac{\mathrm{e}^{\mathrm{i}x}}{x}\mathrm{d}x+\int_{C_{R_1}}\frac{\mathrm{e}^{\mathrm{i}z}}{z}\mathrm{d}z+\int_{R_1}^{R_2}\frac{\mathrm{e}^{\mathrm{i}x}}{x}\mathrm{d}x=0.$$

令 $x=-t$,则有

$$\int_{-R_2}^{-R_1}\frac{\mathrm{e}^{\mathrm{i}x}}{x}\mathrm{d}x=\int_{R_2}^{R_1}\frac{\mathrm{e}^{-\mathrm{i}t}}{t}\mathrm{d}t=-\int_{R_1}^{R_2}\frac{\mathrm{e}^{-\mathrm{i}x}}{x}\mathrm{d}x,$$

于是

$$\int_{R_1}^{R_2}\frac{\mathrm{e}^{\mathrm{i}x}-\mathrm{e}^{-\mathrm{i}x}}{x}\mathrm{d}x+\int_{C_{R_2}}\frac{\mathrm{e}^{\mathrm{i}z}}{z}\mathrm{d}z+\int_{C_{R_1}}\frac{\mathrm{e}^{\mathrm{i}z}}{z}\mathrm{d}z=0,$$

$$2\mathrm{i}\int_{R_1}^{R_2}\frac{\sin x}{x}\mathrm{d}x+\int_{C_{R_2}}\frac{\mathrm{e}^{\mathrm{i}z}}{z}\mathrm{d}z+\int_{C_{R_1}}\frac{\mathrm{e}^{\mathrm{i}z}}{z}\mathrm{d}z=0.$$

因此,要算出所求积分的值,只须求出极限

$$\lim_{R_2\to+\infty}\int_{C_{R_2}}\frac{\mathrm{e}^{\mathrm{i}z}}{z}\mathrm{d}z\ \text{与}\ \lim_{R_1\to0}\int_{C_{R_1}}\frac{\mathrm{e}^{\mathrm{i}z}}{z}\mathrm{d}z.$$

下面将证明 $\displaystyle\lim_{R_2\to+\infty}\int_{C_{R_2}}\frac{\mathrm{e}^{\mathrm{i}z}}{z}\mathrm{d}z=0,\ \lim_{R_1\to0}\int_{C_{R_1}}\frac{\mathrm{e}^{\mathrm{i}z}}{z}\mathrm{d}z=-\pi\mathrm{i}.$

因为

$$\left| \int_{C_{R_2}} \frac{e^{iz}}{z} dz \right| \leqslant \int_{C_{R_2}} \frac{|e^{iz}|}{|z|} ds = \frac{1}{R_2} \int_{C_{R_2}} e^{-y} ds = \int_0^{\pi} e^{-R_2 \sin\theta} d\theta$$

$$= 2 \int_0^{\frac{\pi}{2}} e^{-R_2 \sin\theta} d\theta \leqslant 2 \int_0^{\frac{\pi}{2}} e^{-R_2(2\theta/\pi)} d\theta = \frac{\pi}{R_2} (1 - e^{-R_2}),$$

所以

$$\lim_{R \to +\infty} \int_{C_{R_2}} \frac{e^{iz}}{z} dz = 0.$$

又

$$\frac{e^{iz}}{z} = \frac{1}{z} + i - \frac{z}{2!} + \cdots + \frac{i^n z^{n-1}}{n!} + \cdots = \frac{1}{z} + \varphi(z),$$

$\varphi(z)$在$z = 0$处解析,且$\varphi(0) = i$. 当$|z|$充分小时,存在$M > 0$,可以得到$|\varphi(z)| \leqslant M$,

$$\int_{C_{R_1}} \frac{e^{iz}}{z} dz = \int_{C_{R_1}} \frac{dz}{z} + \int_{C_{R_1}} \varphi(z) dz,$$

$$\int_{C_{R_1}} \frac{dz}{z} = \int_{\pi}^0 \frac{iR_1 e^{i\theta}}{R_1 e^{i\theta}} d\theta = -i\pi.$$

当R_1充分小时,

$$\left| \int_{C_{R_1}} \varphi(z) dz \right| \leqslant \int_{C_{R_1}} |\varphi(z)| ds \leqslant M \int_{C_{R_1}} ds = M\pi R_1,$$

于是

$$\lim_{R_1 \to 0} \int_{C_{R_1}} \varphi(z) dz = 0,$$

$$\lim_{R_1 \to 0} \int_{C_{R_1}} \frac{e^{iz}}{z} dz = -\pi i,$$

$$2i \int_{R_1}^{R_2} \frac{\sin x}{x} dx + \int_{C_{R_2}} \frac{e^{iz}}{z} dz + \int_{C_{R_1}} \frac{e^{iz}}{z} dz = 0,$$

所以

$$2i \int_0^{+\infty} \frac{\sin x}{x} dx = \pi i,$$

即

$$\int_0^{+\infty} \frac{\sin x}{x} \mathrm{d}x = \frac{\pi}{2}.$$

§5.3　辐角原理和儒歇定理

§5.3.1　辐角原理

定义 5.6　形如 $\dfrac{1}{2\pi\mathrm{i}}\displaystyle\int_C \dfrac{f'(z)}{f(z)} \mathrm{d}z = \dfrac{1}{2\pi\mathrm{i}}\displaystyle\int_C \mathrm{d}\ln f(z)$ 的积分称为 $f(z)$ 的**对数留数**.

定理 5.14　(1) 设 a 为 f 的 n 级零点, 则 a 必是 $\dfrac{f'(z)}{f(z)}$ 的 1 阶极点, 且

$$\operatorname*{Res}_{z=a}\left[\frac{f'(z)}{f(z)}\right] = n.$$

(2) 设 b 是 f 的 m 阶极点, 则 b 必是 $\dfrac{f'(z)}{f(z)}$ 的 1 阶极点, 且

$$\operatorname*{Res}_{z=b}\left[\frac{f'(z)}{f(z)}\right] = -m.$$

【证明】　(1) 在 a 的某个邻域内, 有 $f(z) = (z-a)^n g(z)$, 其中 $g(z)$ 在 a 的邻域内解析, 且 $g(a) \neq 0$.

$$f'(z) = n(z-a)^{n-1} g(z) + (z-a)^n g'(z),$$

即 $\dfrac{f'(z)}{f(z)} = \dfrac{n}{z-a} + \dfrac{g'(z)}{g(z)}$, 由 $\dfrac{g'(z)}{g(z)}$ 在 a 解析便知: a 是 $\dfrac{f'(z)}{f(z)}$ 的 1 阶极点, 且

$$\operatorname*{Res}_{z=a}\left[\frac{f'(z)}{f(z)}\right] = n.$$

(2) 在 b 的某去心邻域内, $f(z) = \dfrac{h(z)}{(z-b)^m}$, 其中 $h(z)$ 在 a 的某去心邻域内解析, 且 $h(a) \neq 0$, 于是

$$\frac{f'(z)}{f(z)} = \frac{-m}{z-a} + \frac{h'(z)}{h(z)}.$$

由于 $\dfrac{h'(z)}{h(z)}$ 在点 b 解析, 故 b 为 $\dfrac{f'(z)}{f(z)}$ 的 1 阶极点, 且

$$\operatorname*{Res}_{z=a}\left[\frac{f'(z)}{f(z)}\right]=-m.$$

定理 5.15 设 C 为围线，$f(z)$ 满足：

(1) f 在 C 内的不解析点只有极点；

(2) $f(z)$ 在 C 上解析，且不为零，

则 $\dfrac{1}{2\pi\mathrm{i}}\displaystyle\int_C \dfrac{f'(z)}{f(z)}\mathrm{d}z = N(f,C)-P(f,C)$. 这里 $N(f,C)$ 及 $P(f,C)$ 分别表示 $f(z)$ 在 C 内的零点及极点的总数，且每个 k 阶零点或极点分别算作 k 个零点或极点.

【证明】 由第五章习题 17，$f(z)$ 在 C 内至多有有限个零点与有限个极点，设 $a_j(j=1,2,\cdots,k)$ 为 f 在 C 内部不同的零点，其阶分别为 n_j；$b_l(l=1,2,\cdots,s)$ 为 f 在 C 内部不同的极点，其阶分别为 m_l. 由定理 5.14 知，$\dfrac{f'(z)}{f(z)}$ 在 C 上解析，在 C 内部除了 1 阶极点 a_j 与 b_l 外均解析. 由留数定理，得

$$\frac{1}{2\pi\mathrm{i}}\int_C \frac{f'(z)}{f(z)}\mathrm{d}z = \sum_{j=1}^{k}\operatorname*{Res}_{z=a_j}\left[\frac{f'(z)}{f(z)}\right] + \sum_{l=1}^{s}\operatorname*{Res}_{z=b_l}\left[\frac{f'(z)}{f(z)}\right]$$

$$= \sum_{j=1}^{k} n_j + \sum_{l=1}^{s}(-m_l) = N(f,C)-P(f,C).$$

定理 5.15 可以改写成辐角原理.

定理 5.16(辐角原理) 设 C 为围线，$f(z)$ 满足：

(1) f 在 C 内的不解析点只有极点；

(2) $f(z)$ 在 C 上解析，且不为零，

则

$$\frac{1}{2\pi\mathrm{i}}\int_C \frac{f'(z)}{f(z)}\mathrm{d}z = N(f,C)-P(f,C) = \frac{\Delta_C \arg f(z)}{2\pi}.$$

注 1 $\Delta_C \arg f(z)$ 表示 z 沿 C 之正向绕行一周后 $\arg f(z)$ 的改变量，它一定是 2π 的整数倍.

注 2 下面我们简单说明辐角原理：

$$\frac{1}{2\pi\mathrm{i}}\int_C \frac{f'(z)}{f(z)}\mathrm{d}z = \frac{1}{2\pi\mathrm{i}}\int_C \frac{\mathrm{d}}{\mathrm{d}z}[\ln f(z)]\mathrm{d}z$$

$$= \frac{1}{2\pi\mathrm{i}}\int_C \mathrm{d}\ln f(z)$$

$$= \frac{1}{2\pi\mathrm{i}}\left[\int_C \mathrm{d}\,|\ln f(z)| + \mathrm{i}\int_C \mathrm{d}\arg f(z)\right].$$

上式第一部分 $\int_C \mathrm{d}\ln |f(z)| = \ln |f(z_0)| - \ln |f(z_0)| = 0$;

上式第二部分中的积分是 z 沿 C 之正向绕行一周后 $\arg f(z)$ 的改变量(辐角的改变量):

$$\int_C \mathrm{d}\arg f(z) = \Delta_C \arg f(z).$$

于是

$$\frac{1}{2\pi\mathrm{i}}\int_C \frac{f'(z)}{f(z)}\mathrm{d}z = \frac{\mathrm{i}}{2\pi\mathrm{i}}\Delta_C \arg f(z) = \frac{\Delta_C \arg f(z)}{2\pi}.$$

例 5.22 用辐角原理证明代数学基本定理:任何一个一元 n 次多项式 $p(z) = a_n z^n + a_{n-1}z^{n-1} + \cdots + a_1 z + a_0$ 在复数域内有 n 个根,重根按重数计算.

【证明】 设 $p(z) = a_0 z^n + a_1 z^{n-1} + \cdots + a_n (a_0 \neq 0)$.

作一个充分大的圆 $C: |z| = R$,R 充分大,则 $p(z)$ 的所有零点都在 C 内. 设 $p(z)$ 的全部零点个数为 M,由辐角原理,

$$M = \frac{1}{2n\mathrm{i}}\int_C \frac{p'(z)}{p(z)}\mathrm{d}z \quad (\text{其中 } C: |z| = R).$$

下面须证: $M = n$.

因为 $p(z) = z^n\left(a_0 + \frac{a_1}{z} + \cdots + \frac{a_n}{z^n}\right) = z^n g(z)$,

$$\frac{p'(z)}{p(z)} = \frac{n}{z} + \frac{g'(z)}{g(z)} = \frac{n}{z} + f(z),$$

从上式可知 $\frac{p'(z)}{p(z)}$ 关于无穷远点的留数为 $-n$,所以

$$\frac{1}{2n\mathrm{i}}\int_C \frac{p'(z)}{p(z)}\mathrm{d}z = n.$$

故 $M = n$.

§5.3.2 儒歇定理

定理 5.17(儒歇(Rouche)定理) 设 C 是一条围线,函数 $f(z)$ 及 $\varphi(z)$ 满足以下条件:

(1) 它们在 C 的内部均解析,且连续到 C;

(2) 在 C 上,$|f(z)| > |\varphi(z)|$,

则函数 $f(z)$ 和 $f(z)+\varphi(z)$ 在 C 的内部有同样多的零点,即

$$N(f+\varphi,C)=N(f,C).$$

【证明】 由已知 $f(z)$ 和 $\varphi(z)$ 在 C 内部解析,且连续到 C,在 C 上有 $|f(z)|>0,|f(z)+\varphi(z)|\geqslant|f(z)|-|\varphi(z)|>0$,即 $f(z)$ 和 $f(z)+\varphi(z)$ 在 C 上都没有零点,由辐角原理,只须证明

$$\Delta_C\arg[f(z)+\varphi(z)]=\Delta_C\arg f(z).$$

由于 $f(z)+\varphi(z)=f(z)\left[1+\dfrac{\varphi(z)}{f(z)}\right]$,故

$$\Delta_C\arg[f(z)+\varphi(z)]=\Delta_C\arg f(z)+\Delta_C\arg\left[1+\frac{\varphi(z)}{f(z)}\right].$$

由(2),当 z 沿 C 变动时,函数 $w=1+\dfrac{\varphi(z)}{f(z)}$ 将沿 z 平面上围线 C 变成 w 平面上的闭曲线 Γ. 当 $z\in C$ 时,$\left|\dfrac{\varphi(z)}{f(z)}\right|<1$,于是 Γ 全在圆 $|w-1|<1$ 内. 而 w 平面内,$w=0$ 不在此圆周的内部,即点 w 不会围绕着原点 $w=0$ 绕行,故 $\Delta_C\arg\left[1+\dfrac{\varphi(z)}{f(z)}\right]=0$,故结论成立.

注 1 应用此定理时,我们只要估计函数在区域边界上模的值.

注 2 选择 $f(z)$ 及 $\varphi(z)$ 的原则是:$f(z)$ 在区域 C 的内部的零点个数容易计算.

例 5.23 求方程

$$z^8-5z^5-2z+1=0$$

在 $|z|<1$ 内根的个数.

【解】 令

$$f(z)=-5z^5+1,\ g(z)=z^8-2z.$$

由于当 $|z|=1$ 时,我们有

$$|f(z)|\geqslant|-5z^5|-1=4,$$

而

$$|g(z)|\leqslant|z^8|+|2z|=3,$$

已给方程在 $|z|<1$ 内根的个数与 $-5z^5+1$ 在 $|z|<1$ 内根的个数相同,即

5 个.

例 5.24 证明方程 $z^4+6z+1=0$ 有 3 个根在环域 $\dfrac{1}{2}<|z|<2$ 内.

【证明】 令 $g(z)=6z+1$, $f(z)=z^4$. 因为当 $|z|=2$ 时,有

$$|g(z)|\leqslant|6z|+1=13,$$
$$|f(z)|=|z^4|=16,$$

所以,方程 $z^4+6z+1=0$ 与 $z^4=0$ 在 $|z|<2$ 内根的数目相同,即 4 个.

又当 $|z|=\dfrac{1}{2}$ 时,有

$$|g(z)|\geqslant|6z|-1=2,$$
$$|f(z)|=|z^4|=\frac{1}{16},$$

所以,方程 $z^4+6z+1=0$ 与 $6z+1=0$ 在 $|z|<\dfrac{1}{2}$ 内根的数目相同,即 1 个.

综合上述得到: $z^4+6z+1=0$ 在环域 $\dfrac{1}{2}<|z|<2$ 内有 3 个根.

例 5.25 如果 $a>\mathrm{e}$,求证:方程 $\mathrm{e}^z=az^n$ 在单位圆内有 n 个根.

【证明】 令

$$g(z)=-\mathrm{e}^z,\ f(z)=az^n.$$

由于当 $|z|=|\mathrm{e}^{i\theta}|=1$ 时,

$$|g(z)|=|-\mathrm{e}^z|=\mathrm{e}^{\cos\theta}\leqslant\mathrm{e},$$
$$|f(z)|=|az^n|=a>\mathrm{e},$$

$az^n-\mathrm{e}^z$ 在 $|z|<1$ 内的零点的个数与 az^n 相同,即 n 个,因此方程 $\mathrm{e}^z=az^n$ 在单位圆内有 n 个根.

例 5.26 利用儒歇定理证明代数学基本定理:任何一个一元 n 次多项式 $p(z)=a_nz^n+a_{n-1}z^{n-1}+\cdots+a_1z+a_0$ 在复数域内有 n 个根,重根按重数计算.

【证明】 设 $p(z)=a_nz^n+a_{n-1}z^{n-1}+\cdots+a_1z+a_0$. 令

$$f(z)=a_nz^n,\ g(z)=a_{n-1}z^{n-1}+\cdots+a_1z+a_0.$$

当在充分大的圆周 $|z|=R$ 上时(不妨取 $R>\max\Big\{1,$

$$\frac{|a_{n-1}|+\cdots+|a_1|+|a_0|}{|a_n|}\Big\}\Big),$$

$$|g(z)| \leqslant |a_{n-1}z^{n-1}| + \cdots + |a_1 z| + |a_0| = |a_{n-1}| R^{n-1} + \cdots + |a_1| R + |a_0|$$
$$\leqslant (|a_{n-1}| + |a_{n-2}| + \cdots + |a_0|) R^{n-1} < |f(z)|.$$

由儒歇定理，$p(z) = f(z) + g(z)$ 与 $g(z)$ 在 C 内部有相同个数的零点，即 n 个零点.

故原方程在 C 内有且仅有 n 个根.

注 这个证明的关键在于取 $R > \max\left\{1, \dfrac{|a_{n-1}| + \cdots + |a_1| + |a_0|}{|a_n|}\right\}$，之后就能顺利地得到 $|g(z)| < |f(z)|$，然后由儒歇定理就能得到结论：原方程在 C 内有且仅有 n 个根.

第五章习题

1. 求下列各函数的有限孤立奇点，说明其类型. 如果是极点，指出它的阶：

(1) $\dfrac{z-1}{z(z^2+1)^2}$；　(2) $\dfrac{\sin z}{z^3}$；　(3) $\dfrac{\ln(1+z)}{z}$；

(4) $\dfrac{1}{z^2(e^z-1)}$；　(5) $\dfrac{z}{(1+z^2)(1+e^{\pi z})}$；　(6) $\dfrac{1}{\sin z^2}$.

2. $z=0$ 是函数 $(\sin z + \sinh z - 2z)^{-2}$ 的几阶极点？

3. 求下列函数在有限孤立奇点处的留数：

(1) $\dfrac{z+1}{z^2-2z}$；　(2) $\dfrac{1+z^4}{(z^2+1)^3}$；　(3) $\dfrac{1-e^{2z}}{z^4}$；

(4) $z^2 \sin \dfrac{1}{z}$；　(5) $\cos \dfrac{1}{1-z}$；　(6) $\dfrac{1}{z \sin z}$.

4. 利用留数计算下列积分（积分曲线均取正向）：

(1) $\oint_{|z|=2} \dfrac{e^{2z}}{(z-1)^2} dz$；　(2) $\oint_{|z|=3/2} \dfrac{e^z}{(z-1)(z+3)^2} dz$；　(3) $\oint_{|z|=1} \dfrac{z}{\sin z} dz$；

(4) $\oint_{|z|=1} \dfrac{1}{z \sin z} dz$；　(5) $\oint_{|z|=1} \dfrac{z \sin z}{(1-e^z)^3} dz$；　(6) $\oint_{|z|=3} \tan(\pi z) dz$.

5. 计算积分 $\oint_{|z|=1} \dfrac{1}{(z-a)^n(z-b)^n} dz$，其中 n 为正整数，$|a| \neq 1$，$|b| \neq 1$，$|a| < |b|$.

6. 判断 $z = \infty$ 是下列各函数的什么奇点，求出在 ∞ 的留数：

(1) $e^{z+\frac{1}{z}}$；　(2) $z^2 \sin \dfrac{1}{z}$；　(3) $\dfrac{1}{\sin \dfrac{1}{z}}$；　(4) $\dfrac{z^{2n}}{z^n+1}$.

7. 计算下列积分：

(1) $\oint_C \dfrac{z^5}{1+z^6} dz$，$C$ 为正向圆周：$|z|=2$；

(2) $\oint_C \dfrac{z^3}{1+z} e^{\frac{1}{z}} dz$，$C$ 为正向圆周：$|z|=5$；

(3) $\oint_C \sin \dfrac{2}{z} dz$，$C$ 为正向圆周：$|z|=\dfrac{1}{3}$；

(4) $\oint_C \dfrac{z^9}{1-z^{10}} dz$，$C$ 为正向圆周：$|z|=4$.

8. 求下列各积分之值：

(1) $\displaystyle\int_0^{2\pi} \dfrac{1}{5+3\sin\theta} d\theta$；　(2) $\displaystyle\int_0^{2\pi} \dfrac{1}{a+\cos\theta} d\theta$；　(3) $\displaystyle\int_{-\infty}^{+\infty} \dfrac{x^2}{x^2+x^4+1} dx$；

(4) $\displaystyle\int_0^{+\infty} \dfrac{x^2}{1+x^4} dx$；　(5) $\displaystyle\int_{-\infty}^{+\infty} \dfrac{\cos x}{x^2+4x+5} dx$；

(6) $\displaystyle\int_0^{+\infty} \dfrac{x\sin\beta x}{(b^2+x^2)^2} dx$　$(b>0,\ \beta>0)$.

9. 利用对数留数计算下列积分：

(1) $\oint_{|z|=1} \dfrac{1}{z} dz$；　(2) $\oint_{|z|=3} \dfrac{1}{z(z+1)} dz$；　(3) $\oint_{|z|=3} \dfrac{z}{z^2-1} dz$；　(4) $\oint_{|z|=3} \tan z\, dz$.

10. 证明方程 $z^5+2z+3=0$ 有 5 个根在环域 $|z|<2$ 内.

11. 讨论方程 $z^4-5z+1=0$ 在 $|z|<1$ 与 $1<|z|<2$ 各有几个根.

12. 证明方程 $z+2e^z+3=0$ 在左半平面仅有一个根.

13. 证明方程 $z+e^{-z}-a=0$ 在 $\operatorname{Re} z>0$ 内仅有一个根，且为实数.

14. 设 $f(z)$ 在区域 D 内单叶解析，证明 $f'(z)\neq 0$.

15. 证明施瓦茨(Schwarz)引理：设 $f(z)$ 在 $|z|<1$ 内解析，且 $f(0)=0$，$|f(z)|<1$，则在 $|z|<1$ 内有

(1) $|f(z)|\leqslant|z|$；　　(2) $|f'(0)|\leqslant 1$.

若 $|f'(0)|=1$，或存在 $z_0\neq 0$，使 $|f(z_0)|=|z_0|$，则必有 $f(z)=e^{i\alpha}z(\alpha\in\mathbf{R},\ |z|<1)$.

16. 利用留数定理证明代数学基本定理：任何一个一元 n 次多项式 $p(z)=a_n z^n + a_{n-1}z^{n-1}+\cdots+a_1 z+a_0$ 在复数域内有 n 个根，重根按重数计算.

17. 设 C 是一条围线(周线)，$f(z)$ 在 C 内部除可能有极点外是解析的，且连续到 C 上；$f(z)\neq 0(z\in\mathbf{C})$. 则 $f(z)$ 在 C 内部最多只有有限个零点和极点.

部分习题答案与提示

1. (1) $z=0$ 是函数的 1 阶极点，$z=\pm i$ 均是函数的 2 阶极点.

(2) 函数的孤立奇点是 $z=0$，$z=0$ 是函数的 2 阶极点.

(3) 函数的孤立奇点是 $z=0$，$z=0$ 是函数可去奇点.

(4) $z=0$ 是 $\dfrac{1}{z^2(e^z-1)}$ 的 3 阶极点，$z=2k\pi i(k\neq 0)$ 是 $\dfrac{1}{z^2(e^z-1)}$ 的 1 阶极点.

(5) $z_0 = \pm i$ 是 $\dfrac{z}{(1+z^2)(1+e^{\pi z})}$ 的 2 阶极点,$z_1 = (2k+1)i$, $k = 1, \pm 2, \cdots$ 是 $\dfrac{z}{(1+z^2)(1+e^{\pi z})}$ 的 1 阶极点.

(6) $z = 0$ 是 $\dfrac{1}{\sin z^2}$ 的 2 阶极点,$z = \pm\sqrt{k\pi}$, $z = \pm i\sqrt{k\pi}$, $k = 1, 2, \cdots$ 是 $\dfrac{1}{\sin z^2}$ 的 1 阶极点.

2. $z = 0$ 是 $(\sin z + \sinh z - 2z)^{-2}$ 的 10 阶极点.

3. (1) 函数的有限孤立奇点是 $z = 0$, $z = 2$,且 $z = 0$, $z = 2$ 均是其 1 阶极点.

$$\mathrm{Res}[f(z), 0] = \lim_{z \to 0} z f(z) = \lim_{z \to 0} \frac{z+1}{z-2} = -\frac{1}{2},$$

$$\mathrm{Res}[f(z), 2] = \lim_{z \to 2}(z-2) f(z) = \lim_{z \to 2} \frac{z+1}{z} = \frac{3}{2}.$$

(2) 函数的有限孤立奇点是 $z = \pm i$,且 $z = \pm i$ 是函数的 3 阶极点.

$$\mathrm{Res}[f(z), i] = \frac{1}{2!} \lim_{z \to i}[(z-i)^3 f(z)]'' = \frac{1}{2} \lim_{z \to i}\left[\frac{1+z^4}{(z+i)^3}\right]'' = \frac{1}{2} \lim_{z \to i} \frac{12-12z^2}{(z+i)^5} = -\frac{3}{8}i,$$

$$\mathrm{Res}[f(z), -i] = \frac{1}{2!} \lim_{z \to -i}[(z+i)^3 f(z)]'' = \frac{1}{2} \lim_{z \to -i}\left[\frac{1+z^4}{(z-i)^3}\right]'' = \frac{1}{2} \lim_{z \to -i} \frac{12-12z^2}{(z-i)^5} = \frac{3}{8}i.$$

(3) 函数的有限孤立奇点是 $z = 0$, $\mathrm{Res}\left(\dfrac{1-e^{2z}}{z^4}, 0\right) = -\dfrac{4}{3}$.

(4) 函数的有限孤立奇点是 $z = 0$, $\mathrm{Res}\left(z^2 \sin\dfrac{1}{z}, 0\right) = -\dfrac{1}{6}$.

(5) 函数的有限孤立奇点是 $z = 1$, $\mathrm{Res}\left(\cos\dfrac{1}{1-z}, 1\right) = 0$.

(6) 函数的有限孤立奇点是 $z = k\pi$, $k \in \mathbf{Z}$.

① $k = 0$,即 $z = 0$, $z = 0$ 是 $\dfrac{1}{z\sin z}$ 的 2 阶极点.

$$\mathrm{Res}\left(\frac{1}{z\sin z}, 0\right) = \lim_{z \to 0}\left(z^2 \frac{1}{z\sin z}\right)' = \lim_{z \to 0}\left(\frac{z}{\sin z}\right)' = \lim_{z \to 0} \frac{z}{2\cos z} = 0.$$

② $z = k\pi$, $k \neq 0$ 时,记 $g(z) = z\sin z$,则 $g'(z) = \sin z + z\cos z$.

因为 $g(k\pi) = 0$, $g'(k\pi) \neq 0$, $z = k\pi$, $k \neq 0$ 是 $g(z)$ 的 1 阶零点,故它是 $\dfrac{1}{z\sin z}$ 的 1 阶极点.

$$\mathrm{Res}\left(\frac{1}{z\sin z}, k\pi\right) = \frac{1}{g'(k\pi)} = \frac{1}{k\pi\cos(k\pi)} = (-1)^k \frac{1}{k\pi}, \quad k \neq 0.$$

4. (1) $\displaystyle\oint_{|z|=2} \frac{e^{2z}}{(z-1)^2} dz = 2\pi i \mathrm{Res}\left[\frac{e^{2z}}{(z-1)^2}, 1\right] = 4\pi e^2 i.$

(2) $\oint_{|z|=3/2} \dfrac{e^z}{(z-1)(z+3)^2} dz = 2\pi i \lim\limits_{z\to 1}\left[(z-1)\dfrac{e^z}{(z-1)(z+3)^2}\right] = 2\pi i \lim\limits_{z\to 1}\dfrac{e^z}{(z+3)^2}$

$= \dfrac{\pi e i}{8}.$

(3) $\oint_{|z|=1} \dfrac{z}{\sin z}dz = 2\pi i \mathrm{Res}\left(\dfrac{z}{\sin z},\ 0\right)=0.$

(4) $\oint_{|z|=1} \dfrac{1}{z\sin z}dz = 2\pi i \mathrm{Res}\left(\dfrac{1}{z\sin z},\ 0\right)=0.$

(5) $\oint_{|z|=1} \dfrac{z\sin z}{(1-e^z)^3}dz = -2\pi i.$

(6) $\oint_{|z|=3} \tan(\pi z)dz = 2\pi i \sum\limits_{k=-3}^{2}\mathrm{Res}[\tan(\pi z),\ z_k] = 2\pi i \cdot \left(-\dfrac{6}{\pi}\right)=-12i.$

5. (1) $|a|<|b|<1$ 时，$\oint_{|z|=1}\dfrac{1}{(z-a)^n(z-b)^n}dz=0.$

(2) $1<|a|<|b|$ 时，$\oint_{|z|=1}\dfrac{1}{(z-a)^n(z-b)^n}dz=0.$

(3) $|a|<1<|b|$ 时，$\oint_{|z|=1}f(z)dz = 2\pi i \mathrm{Res}[f(z),\ a] = \dfrac{(-1)^{n-1}(2n-2)!\ i}{[(n-1)!\ ]^2(a-b)^{2n-1}}.$

6. (1) $z=\infty$ 是 $e^{z+\frac{1}{z}}$ 的本性奇点，且 $\mathrm{Res}(e^{z+\frac{1}{z}},\ \infty)=-\sum\limits_{k=0}^{\infty}\dfrac{1}{k!\ (k+1)!}.$

(2) $z=\infty$ 是 $z^2\sin\dfrac{1}{z}$ 的 1 阶极点，且 $\mathrm{Res}\left(z^2\sin\dfrac{1}{z},\ \infty\right)=\dfrac{1}{6}.$

(3) $z=\infty$ 是 $\dfrac{1}{\sin\frac{1}{z}}$ 的 1 阶极点，且 $\mathrm{Res}\left(\dfrac{1}{\sin\frac{1}{z}},\ \infty\right)=-\dfrac{1}{6}.$

(4) $z=\infty$ 是 $\dfrac{z^{2n}}{z^n+1}$ 的 n 阶极点，且 $\mathrm{Res}\left(\dfrac{z^{2n}}{z^n+1},\ \infty\right)=\begin{cases} -1, & n=1, \\ 0, & n>1. \end{cases}$

7. (1) $\oint_C \dfrac{z^5}{1+z^6}dz = 2\pi i;$　(2) $\oint_C \dfrac{z^3}{1+z}e^{\frac{1}{z}}dz = -\dfrac{2\pi i}{3};$　(3) $\oint_C \sin\dfrac{2}{z}dz = 4\pi i;$

(4) $\oint_C \dfrac{z^9}{1-z^{10}}dz = 2\pi i.$

8. (1) $\int_0^{2\pi}\dfrac{1}{5+3\sin\theta}d\theta = \dfrac{\pi}{2};$

(2) $\int_0^{2\pi}\dfrac{1}{a+\cos\theta}d\theta = \dfrac{2\pi}{\sqrt{a^2-1}};$

(3) $\int_{-\infty}^{+\infty}\dfrac{x^2}{x^2+x^4+1}dx = \dfrac{\sqrt{3}}{3}\pi;$

(4) $\int_0^{+\infty}\dfrac{x^2}{1+x^4}dx = \dfrac{\pi}{2\sqrt{2}};$

(5) $\int_{-\infty}^{+\infty} \dfrac{\cos x}{x^2 + 4x + 5} \mathrm{d}x = \pi \mathrm{e}^{-1} \cos 2$;

(6) $\int_{0}^{+\infty} \dfrac{x \sin \beta x}{(b^2 + x^2)^2} \mathrm{d}x = \dfrac{\pi \beta}{4b} \mathrm{e}^{-b\beta}$.

11. 方程 $z^4 - 5z + 1 = 0$ 与 $-5z + 1 = 0$ 在 $|z| < 1$ 内根的数目是 1 个;$z^4 - 5z + 1 = 0$ 在环域 $1 < |z| < 2$ 内有 3 个根.

第六章 共 形 映 射

§6.1 一般解析函数的特征

本节我们讨论一般解析函数的一些性质.

§6.1.1 解析函数的保域性

定理 6.1(保域定理) 设 D 是一个区域,函数 $w=f(z)$ 在 D 内解析且不恒等于常数,则 $w=f(z)$ 把区域 D 变换到区域,即 D 的像 $G=f(D)$ 也是一个区域.

【证明】 首先证明 G 是一个开集. 设 $w_0 \in G$,则有 $z_0 \in D$,使得 $w_0=f(z_0)$. 由解析函数零点的孤立性知道,存在以 z_0 为心的某个圆周 C,使得 C 及 C 的内部全部包含在 D 内,除 z_0 外,在 C 及 C 的内部,$f(z)-w_0$ 都不等于零,因此,$\exists \delta > 0$,在 C 上 $|f(z)-w_0| \geqslant \delta$. 对于满足 $|w^*-w_0| < \delta$ 的 w^*,对 C 上的 z,有 $|f(z)-w_0| \geqslant \delta > |w^*-w_0|$. 由儒歇定理,在 C 的内部,$f(z)-w^*=f(z)-w_0+w_0-w^*$ 与 $f(z)-w_0$ 在 C 内有相同个数的零点,$w^*=f(z)$ 在 D 内有解,即 w_0 的邻域 $|w^*-w_0| < \delta$ 包含在 D 内,于是,G 是一个开集.

因为 $f(z)$ 是连续的,所以 G 显然是连通的.

因此,D 的像 $G=f(D)$ 也是一个区域.

§6.1.2 解析函数的单叶性

下面讨论单叶解析函数的映射性质. 我们知道:设函数 $w=f(z)$ 在区域 D 内解析,并且在任意两不同点,函数所取的值都不同,则称它为区域 D 上的单叶解析函数. 由定理 6.1 容易得到下述推论.

推论 6.2 设 D 是一个区域,函数 $w=f(z)$ 在 D 内解析且是单叶的,则 $w=f(z)$ 把区域 D 变换到区域,即 D 的像 $G=f(D)$ 也是一个区域.

利用证明定理 6.1 的方法,我们还可以得到下述推论.

推论 6.3 设函数 $f(z)$ 在点 z_0 解析,z_0 为 $f(z)-w_0$ 的 m 阶零点,那么,对充分小的正数 r,存在着一个正数 δ,使得当 $0<|w-w_0|<\delta$ 时,$f(z)-w$ 在 $0<|z-z_0|<r$ 内有 m 个 1 阶零点.

推论 6.4 设函数 $f(z)$ 在区域 D 内单叶解析,那么在 D 内任一点,$f'(z)\neq0$.

【证明】 假定 $z_0\in D$,$f'(z_0)=0$,由推论 6.3,得出与单叶相矛盾的结论(第五章,习题 14).

上述推论的逆命题不成立,例如 $w=e^z$ 的导数在 z 平面上不为零,而该函数在整个 z 平面上不是单叶的.

利用推论 6.3,我们有下述推论.

推论 6.5 设函数 $w=f(z)$ 在 $z=z_0$ 解析,并且 $f'(z_0)\neq0$,那么 $f(z)$ 在 z_0 的某邻域内是单叶的.

如果 $w=f(z)$ 在区域 D 内单叶解析,根据推论 6.2,它把区域 D 双射到区域 $G=f(D)$. $f(z)$ 在 G 内所确定的函数为 $z=f^{-1}(w)$. 并且有下述定理.

定理 6.6 设函数 $f(z)$ 在区域 D 内单叶解析,并且 $G=f(D)$,那么 $w=f(z)$ 在 G 内所确定的反函数 $z=f^{-1}(w)$ 是单叶的,

$$(f^{-1})'(w_0)=\frac{1}{f'(z_0)} \quad (w_0\in G,\ z_0=f^{-1}(w_0)).$$

【证明】 任给 $\varepsilon>0$,选取推论 6.3 中的正数 r 及 δ,使得 $r<\varepsilon$,那么,当 $|w-w_0|<\delta$ 时,$|f^{-1}(w)-f^{-1}(w_0)|<r<\varepsilon$,因此 $z=f^{-1}(w)$ 在 G 内任一点连续.

当 $w\in G$,并且 $z=f^{-1}(w)$ 时,我们有 $z\in D$,$z\neq z_0$. 于是

$$\frac{f^{-1}(w)-f^{-1}(w_0)}{w-w_0}=\frac{z-z_0}{w-w_0}=1\Big/\Big(\frac{w-w_0}{z-z_0}\Big).$$

当 $w\to w_0$ 时,$z=f^{-1}(w)\to z_0=f^{-1}(z_0)$,所以

$$\lim_{w\to w_0}\frac{f^{-1}(w)-f^{-1}(w_0)}{w-w_0}=1\Big/\Big(\lim_{z\to z_0}\frac{w-w_0}{z-z_0}\Big)=1\Big/\Big[\lim_{z\to z_0}\frac{f(z)-f(z_0)}{z-z_0}\Big]$$

$$=\frac{1}{f'(z_0)},$$

即定理的结论成立.

§6.1.3 解析函数的保形性

下面我们讨论解析函数的局部性质:保形性.

1. 导数辐角的几何意义

设函数 $w=f(z)$ 在 $z=z_0$ 解析,$w_0=f(z_0)$,并且 $f'(z_0)\neq 0$,那么,由推论 6.5,$f(z)$ 在 z_0 的某邻域 D 内是单叶解析的.考虑过 z_0 的一条定向简单光滑曲线

$$C: z=z(t)=x(t)+\mathrm{i}y(t) \quad (a\leqslant t\leqslant b,\ z(t_0)=z_0).$$

由于

$$\frac{\mathrm{d}z}{\mathrm{d}t}=z'(t)=x'(t)+\mathrm{i}y'(t),$$

如图 6.1(a)所示,曲线 C 在 $z=z_0$ 的切向量是 $z'(t_0)$,切线与实轴的夹角是 $z'(t_0)$ 的辐角 $\mathrm{Arg}\,z'(t_0)$.对复合函数 $w=f(z)=f(z(t))$ 用链式求导法则得

$$\frac{\mathrm{d}w}{\mathrm{d}t}\Big|_{t=t_0}=w'(t_0)=f'(z_0)z'(t_0).$$

如图 6.1(b)所示,函数 $w=f(z)$ 把简单光滑曲线 C 映射成过 $w_0=f(z_0)$ 的一条光滑曲线 $\Gamma:w=f(z(t))(a\leqslant t\leqslant b)$,它在 w_0 的切线与实轴之间的夹角是

$$\arg f'(z(t_0))z'(t_0)=\arg f'(z_0)+\arg z'(t_0).$$

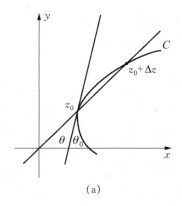
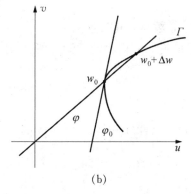

(a) (b)

图 6.1

因此,Γ 在 w_0 处的切线与实轴的夹角及 C 在 z_0 处的切线与实轴之间的夹角相差 $\arg f'(z_0)$,而这一数值与曲线 C 的形状及在 z_0 处切线的方向无关,因此,称其为**旋转角**,这也是导数辐角的几何意义.

如图 6.2 所示,设在 D 内过 z_0 还有一条简单光滑曲线 C_1: $z=z_1(t)$,函数 $w=f(z)$ 把它映射成一条简单光滑曲线 Γ_1: $w=f(z_1(t))$. 和上面一样,C_1 与 Γ_1 在 z_0 及 w_0 处切线与实轴的夹角分别是 $\arg z_1{}'(t_0)$ 及

$$\arg f'(z_1(t_0))z_1{}'(t_0)=\arg f'(z_0)+\arg z_1{}'(t_0),$$

所以,在 w_0 处曲线 Γ 到曲线 Γ_1 的夹角恰好等于在 z_0 处曲线 C 到曲线 C_1 的夹角:

$$\arg f'(z_1(t_0))z_1{}'(t_0)-\arg f'(z(t_0))z'(t_0)=\arg z_1{}'(t_0)-\arg z'(t_0).$$

特别地,单叶解析函数作映射时,曲线间的夹角大小及方向保持不变,我们称这个性质为单叶解析函数所作映射的**保角性**.

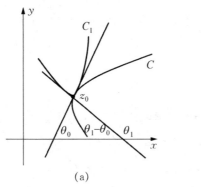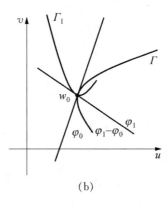

图 6.2

2. 导数模的几何意义

下面说明解析函数模的几何意义. 因为

$$|f'(z_0)|=\lim_{z\to z_0}\frac{|f(z)-f(z_0)|}{|z-z_0|},$$

于是 $|f'(z_0)|$ 近似地表示这种比值 $\dfrac{|f(z)-f(z_0)|}{|z-z_0|}$. $|z-z_0|$ 及 $|f(z)-f(z_0)|$ 分别表示 z 平面上向量 $z-z_0$ 及 w 平面上向量 $f(z)-f(z_0)$ 的长度,这里向量 $z-z_0$ 及 $f(z)-f(z_0)$ 的起点分别取在 z_0 及 $f(z_0)$,$|f'(z_0)|$ 近似地表示通过 $w=f(z)$ 变换后,$|f(z)-f(z_0)|$ 对 $|z-z_0|$ 的伸缩倍数,而且这一倍数与向量 $z-z_0$ 的方向无关. 我们把 $|f'(z_0)|$ 称为 $f(z)$ 在点 z_0 的**伸缩率**,伸缩率不变性是指伸缩率与曲线 C 的方向无关.

3. 保角映射和共形映射

定义 6.1 如果函数 $w=f(z)$ 在点 z_0 的某邻域内有定义,且在点 z_0 处具有伸缩率不变性和保角性(过点 z_0 任意两条曲线间的夹角的大小及方向保持不变),我们称函数 $w=f(z)$ 在点 z_0 是保角的,或称 $w=f(z)$ 是在点 z_0 的保角变换.如果 $w=f(z)$ 在区域 D 内处处保角,则称 $w=f(z)$ 在区域 D 内是保角的,或称 $w=f(z)$ 是在区域 D 内的保角映射(变换).

于是,我们得到下述定理.

定理 6.7 如果函数 $w=f(z)$ 是区域 D 内的解析函数,则它在导数不为零的点处是保角的.

定义 6.2 如果函数 $w=f(z)$ 在区域 D 内是单叶且保角的,则称变换 $w=f(z)$ 在区域 D 内是共形的,也称它为区域 D 内的共形映射.

如果 $w=f(z)$ 在区域 D 内单叶解析,那么在 D 内 $f'(z)\neq 0$,于是对于单叶解析函数,我们得到下述推论.

推论 6.8 如果函数 $w=f(z)$ 在区域 D 内单叶解析,则它在区域 D 内是共形映射.

§6.2　分式线性变换

§6.2.1　分式线性变换

本节我们讨论一类非常重要的共形映射.

定义 6.3 我们称形如

$$w=\frac{az+b}{cz+d}$$

的变换是分式线性变换(或莫比乌斯(Möbius)变换),其中 a,b,c,d 是复常数,而且 $ad-bc\neq 0$.

注 在上式中,如果 $ad-bc=0$,则 $\dfrac{a}{b}=\dfrac{c}{d}$,于是 $\dfrac{az+b}{cz+d}=\dfrac{b\left(\dfrac{a}{b}z+1\right)}{d\left(\dfrac{c}{d}z+1\right)}=\dfrac{b}{d}$,

从而导致 $w=L(z)$ 恒为常数.因此条件 $ad-bc\neq 0$ 是必要的.

分式线性变换的反函数为

$$z=\frac{-dw+b}{cw-a},$$

也是分式线性变换,其中 $(-d)(-a) - bc \neq 0$.

当 $c = 0$ 时,称它为整线性函数,所定义的分式线性变换是把 z 平面双射到 w 平面.

为了以后讨论方便,我们把分式线性变换的定义域推广到扩充复平面 $\mathbf{C}_\infty$ 上. 当 $c = 0$ 时,在 $z = \infty$ 处定义 $w = \infty$;当 $c \neq 0$ 时,在 $z = -\dfrac{d}{c}$, $z = \infty$ 处分别定义为 $w = \infty$, $w = \dfrac{a}{c}$;这样分式线性变换可看成 $\mathbf{C}_\infty$ 到 $\mathbf{C}_\infty$ 的一个双射.

为了研究分式线性变换,我们将其拆分为以下变换:

$$w = \frac{az + b}{d} = \frac{a}{d}\left(z + \frac{b}{a}\right) \quad (c = 0),$$

$$w = \frac{az + b}{cz + d} = \frac{a}{c} + \frac{bc - ad}{c} \cdot \frac{1}{cz + d} \quad (c \neq 0).$$

进而,为了研究分式线性变换,我们只需要研究以下 4 种变换:

(1) $w = z + a$(a 为一个复数) 确定一个**平移变换**;

(2) $w = \mathrm{e}^{\mathrm{i}\theta} z$($\theta$ 为一个实数) 确定一个**旋转变换**;

(3) $w = kz$(k 为一个正数) 确定一个以原点为相似中心的相似映射,称为**伸缩变换**;

(4) $w = \dfrac{1}{z}$(**反演变换**) 是由映射 $z_1 = \dfrac{1}{z}$ 及关于实轴的对称映射 $w = \bar{z}_1$ 复合而成的.

例 6.1 证明分式线性变换 $w = \dfrac{az + b}{cz + d}$ 都有两个不动点(恒等变换除外).

【证明】 分式线性变换都有不动点,一定满足方程 $w(z) = z$,即

$$z = \frac{az + b}{cz + d},$$

于是

$$cz^2 + (d - a)z - b = 0.$$

如果 $c \neq 0$,上面方程是一元二次方程,有两个根.

当 $c = 0$ 时,则由 $ad - bc \neq 0$ 得到 $d \neq 0$,方程变为 $(d - a)z - b = 0$. 进一步,如果 $a \neq d$,有 $z = b/(d - a)$,同时可以看到:变换把 $z = \infty$ 映射成 $w = \infty$;如果 $a = d$,则 $b \neq 0$, $z = \infty$ 为二重不动点.

§6.2.2 分式线性变换的性质

接下来,我们讨论分式线性变换的映射性质.

平移、旋转及伸缩变换都是保角的,且在扩充复平面上是单叶的.从上面讨论知道:仅须考察 $w = 1/z$(反演变换) 的共形性质.

如果 $z \neq 0, \infty$,则

$$\frac{dw}{dz} = -\frac{1}{z^2} \neq 0,$$

这时,反演变换是保角的.

在 $z = 0$, ∞ 处,先给出下述定义.

定义 6.4 我们称两曲线在无穷远点处的交角为 α 是指这两条曲线在反演变换下的像曲线在原点处的交角是 α.

由该定义知道:反演变换在 $z = 0$ 及 $z = \infty$ 处是保角的.所以我们得到下述定理.

定理 6.9 分式线性变换在扩充复平面上是共形的.

定义 6.5 对扩充复平面上有顺序的 4 个相异点 z_1, z_2, z_3, z_4,我们定义交比为

$$(z_1, z_2, z_3, z_4) = \frac{z_4 - z_1}{z_4 - z_2} : \frac{z_3 - z_1}{z_3 - z_2}.$$

定理 6.10 在分式线性变换下,4 个点的交比不变.即分式线性函数把扩充 z 平面上任意不同 4 个点 z_1, z_2, z_3, z_4 分别映射成扩充 w 平面上 4 个点 w_1, w_2, w_3, w_4,那么

$$(z_1, z_2, z_3, z_4) = (w_1, w_2, w_3, w_4).$$

【证明】 设

$$w_i = \frac{az_i + b}{cz_i + d}, \ i = 1, 2, 3, 4,$$

则

$$w_i - w_j = \frac{(az_i + b)(cz_j + d) - (az_j + b)(cz_i + d)}{(cz_i + d)(cz_j + d)} = \frac{(z_i - z_j)(ad - bc)}{(cz_i + d)(cz_j + d)},$$

于是,将其代入

$$(w_1, w_2, w_3, w_4) = \frac{w_4 - w_1}{w_4 - w_2} : \frac{w_3 - w_1}{w_3 - w_2}$$

得到

$$(z_1, z_2, z_3, z_4) = (w_1, w_2, w_3, w_4).$$

容易得到下述定理.

定理 6.11 设分式线性变换将扩充 z 平面上 3 个不同的点 z_1，z_2，z_3 变为扩充 w 平面上 3 个点 w_1，w_2，w_3，则此分式线性变换能被唯一确定，并且可以写成

$$(z, z_1, z_2, z_3) = (w, w_1, w_2, w_3).$$

定理 6.12 在扩充复平面上，分式线性变换把圆映射成圆.

注 在扩充复平面上，任一直线被看成半径是无穷大的圆.

【证明】 由于分式线性函数所确定的映射是由平移、旋转、伸缩变换及 $w = \dfrac{1}{z}$ 型的函数所确定的映射复合而得的，但前 3 个映射显然把圆映射成圆，因此只要证明映射 $w = \dfrac{1}{z}$ 也把圆映射成圆即可.

设任意圆的方程为

$$ax^2 + ay^2 + bx + cy + d = 0 \quad (a = 0 \text{ 时表示直线}),$$

代入

$$x^2 + y^2 = z\bar{z}, \ x = \frac{z + \bar{z}}{2}, \ y = \frac{z - \bar{z}}{2i},$$

则得圆的复数表示：

$$az\bar{z} + \bar{\beta}z + \beta\bar{z} + d = 0,$$

其中 a，b，c，d 是实常数，$\beta = \dfrac{1}{2}(b + ic)$ 是复常数.

函数 $w = \dfrac{1}{z}$ 把圆映射成为

$$dw\bar{w} + \beta w + \overline{\beta w} + a = 0,$$

即 w 平面的圆(如果 $d = 0$，它表示一条直线，即扩充 w 平面上半径为无穷大的圆).

注 由定理 6.11，我们可以用分式线性变换把任意一个圆 C 上 3 个不同的点 z_1，z_2，z_3 变成另一个圆 C' 上 3 个点 w_1，w_2，w_3，所以扩充 z 平面上的任

何圆,可以用一个分式线性变换把它映射成扩充 w 平面上的任何圆.

定义 6.6 对于给定圆 C:$|z-z_0|=R$ $(0<R<+\infty)$,如果两个有限点 z_1 及 z_2 在过 z_0 的同一射线上,且

$$|z_1-z_0||z_2-z_0|=R^2,$$

那么我们称 z_1 和 z_2 是关于圆 C 的**对称点**.

注 1 圆 C 上的点关于圆 C 的对称点是它本身.

注 2 规定 z_0 和 ∞ 是关于圆 C 的对称点.

定理 6.13 不同两点 z_1 和 z_2 关于圆 C 对称的充要条件是:通过 z_1 及 z_2 的任何圆与圆 C 正交.

【证明】 如果 C 是直线(半径为无穷大的圆),或者 C 是半径为有限的圆,z_1 及 z_2 之中有一个是无穷远点,结论显然成立.

现在假设 C 为 $|z-z_0|=R(0<R<+\infty)$,而 z_1 和 z_2 都是有限的情形.

首先证明必要性.

设 z_1 和 z_2 关于圆 C 对称,那么通过 z_1 及 z_2 的直线(半径为无穷大的圆)显然与圆 C 正交.作过 z_1 及 z_2 的任何圆(半径为有限)C'.过 z_0 作圆 C' 的切线,设其切点是 z'.于是

$$|z'-z_0|^2=|z_1-z_0||z_2-z_0|=R^2,$$

从而 $|z'-z_0|=R$.这说明 $z'\in C$,上述 C' 的切线恰好是圆 C 的半径,因此 C 与 C' 正交.

下面证明充分性.

过 z_1 及 z_2 作一个圆(半径为有限)C',与 C 交于一点 z'.由于圆 C 与 C' 正交,C' 在 z' 的切线通过圆 C 的心 z_0.显然,z_1 及 z_2 在这切线的同一侧.又过 z_1 及 z_2 作一直线 L,由于 L 与 C 正交,它通过圆心 z_0.因此 z_1 及 z_2 在通过 z_0 的一条射线上.我们有

$$|z_1-z_0||z_2-z_0|=R^2,$$

故 z_1 及 z_2 是关于圆 C 的对称点.

进一步我们容易得到下述定理.

定理 6.14 如果分式线性变换把 z 平面上的圆 C 映射成 w 平面上的圆 C',那么分式线性变换把关于圆 C 的对称点 z_1 及 z_2 一定映射成关于圆 C' 的对称点 w_1 及 w_2.

§6.2.3 分式线性变换的应用举例

下面,我们给出几个重要的分式线性变换.

容易看出,分式线性变换 $w = \dfrac{az+b}{cz+d}$ 把上半 z 平面共形映射成上半 w 平面,同时也把下半 z 平面共形映射成下半 w 平面.

下面两个分式线性变换非常重要.

例6.2 求出把上半平面 $\mathrm{Im}\, z > 0$ 共形映射成单位圆盘 $|w| < 1$ 的分式线性变换.

【解】 所求变换把 $\mathrm{Im}\, z > 0$ 内某一点 z_0 映射成 $w = 0$,把 $\mathrm{Im}\, z = 0$ 映射成 $|w| = 1$. 根据分式线性变换的性质,它应把关于实轴 $\mathrm{Im}\, z = 0$ 的对称点映射成为关于圆 $|w| = 1$ 的对称点,因此,所求变换不仅把 z_0 映射成 $w = 0$,而且把 $\bar{z}_0$ 映射成 $w = \infty$. 因此该变换为

$$w = \lambda \frac{z - z_0}{z - \bar{z}_0},$$

其中 λ 是一个复常数. 当 z 是实数时,可以得到

$$|w| = |\lambda| \left| \frac{z - z_0}{z - \bar{z}_0} \right| = |\lambda|.$$

因为所求的函数把 $\mathrm{Im}\, z = 0$ 映射成 $|w| = 1$,所以 $|\lambda| = 1$. 于是可以令 $\lambda = \mathrm{e}^{\mathrm{i}\theta}$,其中 θ 是一个实常数. 因此所求的变换是

$$w = \mathrm{e}^{\mathrm{i}\theta} \frac{z - z_0}{z - \bar{z}_0}.$$

由于 z 取实数时,$|w| = 1$,因此它把直线 $\mathrm{Im}\, z = 0$ 映射成圆 $|w| = 1$,即把上半平面 $\mathrm{Im}\, z > 0$ 映射成 $|w| < 1$ 或 $|w| > 1$. 又因为 $z = z_0$ 时,$|w| = 0 < 1$,故这个变换即是所求变换.

例6.3 求出把单位圆 $|z| < 1$ 保形映射成单位圆盘 $|w| < 1$ 的分式线性变换.

【解】 所求变换把 $|z| < 1$ 内某一点 z_0 映射成 $w = 0$,并且把 $|z| = 1$ 映射成 $|w| = 1$. 不难看出,与 z_0 关于圆 $|z| = 1$ 的对称点是 $\dfrac{1}{\bar{z}_0}$,这种变换还应把 $\dfrac{1}{\bar{z}_0}$ 映射成 $w = \infty$,因此所求的函数应是

$$w = \lambda \frac{z - z_0}{z - 1/\bar{z}_0} = \lambda_1 \frac{z - z_0}{1 - z\bar{z}_0},$$

其中 λ, $\lambda_1 = -\bar{z}_0\lambda$ 是复常数. 取 $|z|=1$ 时, 有 $z\bar{z}=1$,

$$1-z\bar{z}_0 = z\bar{z} - \bar{z}_0 z = z(\bar{z} - \bar{z}_0),$$

于是

$$|w| = |\lambda_1| \left| \frac{z-z_0}{1-z\bar{z}_0} \right| = |\lambda_1| \left| \frac{z-z_0}{z(\bar{z}-\bar{z}_0)} \right| = |\lambda_1| \left| \frac{1}{z} \right| = |\lambda_1|.$$

因为所求的函数把 $|z|=1$ 映射成 $|w|=1$, 所以 $|\lambda_1|=1$. 于是可以令 $\lambda_1 = e^{i\theta}$, 其中 θ 是一个实常数. 所求的变换是

$$w = e^{i\theta} \frac{z-z_0}{1-z\bar{z}_0}.$$

由于当 $|z|=1$ 时, $|w|=1$, 因此它把圆 $|z|=1$ 映射成圆 $|w|=1$, 即把 $|z|<1$ 映射成 $|w|<1$ 或 $|w|>1$. 又因为当 $z=z_0$ 时, $|w|=0$, 故这个变换即是所求变换.

注 本节我们研究了分式线性变换, 分式线性变换是一类特别重要的共形映射, 有很多非常重要的性质. 另外, 一些初等函数也能构成共形映射, 例如: 幂函数与根式函数, 指数函数与对数函数, 等等. 我们在习题中给出了几个相关题目, 详细讨论可以参考文献[1, 2].

§6.3 黎曼映射定理

在共形映射的观点下, 平面中的任意两个单连通区域($\neq \mathbf{C}$)相同, 这就是著名的黎曼映射定理. 其中两个区域共形相同的意思是, 存在从一个区域到另一个区域的共形一一映射. 这一定理最早由黎曼提出, 而第一个严格证明则由科比(Koebe)给出. 本节将用极限方法证明黎曼映射定理, 相较于科比的原始证明更为简洁.

类似数学分析中数列的波尔查诺-魏尔斯特拉斯(Bolzano-Weierstrass)定理, 函数列有著名的阿尔泽拉-阿斯科利(Arzela-Ascoli)定理.

定义 6.7 设 F 是区域 Ω 上的函数族, $E \subset \Omega$. 如果对于任意正数 ε, 都存在 $\delta > 0$, 使得 $\forall f \in \mathcal{F}, \forall z, w \in E$, 只要 $|z-w| < \delta$, 就有 $|f(z) - f(w)| < \varepsilon$, 则称 $\mathcal{F}$ 在 E 上一致连续.

定理 6.15(阿尔泽拉-阿斯科利定理) 设 $\{f_n\}$ 是区域 Ω 上的函数列, $E \subset \Omega$ 为紧集. 如果函数列 $\{f_n\}$ 在 E 上一致有界且一致连续, 则其中必定存在在 E 上一致收敛的子列.

【证明】 由于 E 中实部和虚部均是有理数的复数组成的集合可数、稠密，故可假设所有这些复数为 z_1, z_2, $\cdots$.

考虑数列 $f_1(z_1)$, $f_2(z_1)$, $\cdots$, 由一致有界性知其有界. 因此, 由波尔查诺-魏尔斯特拉斯定理知存在收敛子列 $f_{11}(z_1)$, $f_{12}(z_1)$, $\cdots$. 记极限值为 $f(z_1)$.

下面再考虑数列 $f_{11}(z_2)$, $f_{12}(z_2)$, $\cdots$. 同理, 存在收敛子列, 记作 $f_{21}(z_2)$, $f_{22}(z_2)$, $\cdots$ 收敛到 $f(z_2)$. 重复这一过程, 就有 $f(z_k) = \lim\limits_{n \to \infty} f_{kn}(z_k)$.

现在考虑对角线函数列 $\{f_{nn}\}$. 由于 $f(z_j) = \lim\limits_{n \to \infty} f_{nn}(z_j)$, $j = 1, 2, \cdots$, 故由稠密性知 $\{f_{nn}\}$ 在 Ω 上处处收敛. 下面我们证明 $\{f_{nn}\}$ 在 E 上一致收敛.

对于任意正数 ε, 由一致连续性知, 存在 $\delta > 0$, 使得 $\forall z, w \in \Omega$, 只要 $|z - w| < \delta$, 就有 $|f_{nn}(z) - f_{nn}(w)| < \dfrac{\varepsilon}{3}$.

由稠密性知 $\bigcup_{j=1}^{\infty} O(z_j, \delta)$ 是紧集 E 的一个开覆盖. 因此由海涅-波莱尔 (Heine-Borel) 定理知其存在有限子覆盖, 不妨设为 $\bigcup_{j=1}^{K} O(z_j, \delta)$.

对于 E 中任意一点 z, 存在 $1 \leqslant j \leqslant K$, 使得 $|z - z_j| < \delta$, 从而

$$|f_{nn}(z) - f_{mm}(z)|$$
$$\leqslant |f_{nn}(z) - f_{nn}(z_j)| + |f_{nn}(z_j) - f_{mm}(z_j)| + |f_{mm}(z_j) - f_{mm}(z)|$$
$$< \frac{\varepsilon}{3} + |f_{nn}(z_j) - f_{mm}(z_j)| + \frac{\varepsilon}{3}.$$

再由柯西收敛原理知, 对于任意 $1 \leqslant j \leqslant K$, 存在 N_j, 使得只要 $n, m > N_j$, 就有 $|f_{nn}(z_j) - f_{mm}(z_j)| < \dfrac{\varepsilon}{3}$.

取 N 为 N_j 中的最大值, 则只要 $n, m > N$, 就有

$$|f_{nn}(z) - f_{mm}(z)| < \frac{\varepsilon}{3} + |f_{nn}(z_j) - f_{mm}(z_j)| + \frac{\varepsilon}{3} < \varepsilon.$$

上式中令 $m \to \infty$, 则得 $|f_{nn}(z) - f(z)| < \varepsilon$, 得证.

进一步地, 如果考虑的函数具有解析性, 则定理中局部一致连续的条件可以去掉.

定义 6.8 设 $\mathcal{F}$ 是区域 Ω 上的解析函数族. 如果对于任意紧集 $E \subset \Omega$, $\mathcal{F}$ 中的任意函数列都存在在 E 上一致收敛的子列, 则称 $\mathcal{F}$ 为正规族.

定理 6.16 区域 Ω 上的解析函数族 $\mathcal{F}$ 为正规族当且仅当对于任意紧集 $E \subset \Omega$, $\mathcal{F}$ 在 E 上一致有界.

【证明】 由定理 6.15 知, 只须证明 $\mathcal{F}$ 的一致连续性.

任意给定 $z_0 \in \Omega$, 则存在 $r > 0$, 使得以 z_0 为中心、$2r$ 为半径的闭圆盘

$B(z_0, 2r)$ 包含于 Ω. 从而由假设知, $\mathcal{F}$ 在 E 上一致有界,并将一致上界记为 M.

$\forall \varepsilon > 0$,存在 $\delta = \dfrac{r}{2M}\varepsilon$,使得对于任意的 $z, w \in B(z_0, r)$: $|z - w| < \delta$, 都有

$$|f(z) - f(w)| = \left| \frac{1}{2\pi i} \int_{|\zeta - z_0| = 2r} f(\zeta) \left(\frac{1}{\zeta - z} - \frac{1}{\zeta - w} \right) d\zeta \right|$$

$$= \frac{|z - w|}{2\pi} \left| \int_{|\zeta - z_0| = 2r} \frac{f(\zeta)}{(\zeta - z)(\zeta - w)} d\zeta \right|$$

$$\leqslant \frac{M |z - w|}{2\pi r^2} \int_{|\zeta - z_0| = 2r} |d\zeta| = \frac{2M |z - w|}{r} < \varepsilon.$$

得证.

现在我们可以证明黎曼映射定理.

定理 6.17 给定单连通区域 $\Omega \neq \mathbf{C}$,及 $z_0 \in \Omega$,则存在唯一的单叶的共形满射 $f: \Omega \to D$,使得 $f(z_0) = z_0$, $f'(z_0) > 0$,其中 D 为单位圆盘.

注 1 由于有界整函数必为常值函数,因此刘维尔定理表明 $\mathbf{C}$ 和单位圆盘不可能共形相同.

注 2 定理 6.17 中共形双射的唯一性由施瓦茨引理保证. 证明留作习题.

【证明】 记 $\mathcal{F} = \{f: \Omega \to \mathbf{C} \mid f$ 解析、单叶,且 $f(z_0) = 0$, $f'(z_0) > 0$, $|f(z)| \leqslant 1$, $\forall z \in \Omega\}$. 首先,我们证明 $\mathcal{F} \neq \varnothing$.

由假设知存在 $a \notin \Omega$. 由 Ω 的单连通性可知,$\sqrt{z - a}$ 在 Ω 上存在单值分支,记为 h. 由开映射定理知,存在 $r > 0$,使得 $h(\Omega)$ 中包含以 $h(z_0)$ 为中心、r 为半径的圆盘. 从而 $|h(z_0) + h(z)| \geqslant r$, $\forall z \in \Omega$. 由此可得

$$\left| \frac{h(z) - h(z_0)}{h(z_0) + h(z)} \right| = \left| h(z_0) \left(\frac{1}{h(z_0)} - \frac{2}{h(z_0) + h(z)} \right) \right| \leqslant \frac{4 |h(z_0)|}{r}.$$

因此

$$g(z) = \frac{r |h'(z_0)|}{4 |h(z_0)|^2} \frac{h(z_0)}{h'(z_0)} \frac{h(z) - h(z_0)}{h(z_0) + h(z)} \in \mathcal{F}.$$

其次,我们证明存在 $f \in \mathcal{F}$,使得 $f'(z_0) \geqslant h'(z_0)$, $\forall h \in \mathcal{F}$.

记 $M = \sup\{h'(z_0) \mid h \in \mathcal{F}\}$,从而 $\mathcal{F}$ 中存在函数列 $\{f_n\}$,使得 $\lim\limits_{n \to \infty} f_n'(z_0) = M$. 而由定理 6.16 知 $\mathcal{F}$ 是正规族. 于是不妨假设 $\{f_n\}$ 在任意紧集上一致收敛于某一极限函数 f,进而 $f'(z_0) = M$. 这表明 $M \in \mathbf{R}$,从而 f 为单叶函数. 因此 $f \in \mathcal{F}$.

最后,我们证明 f 是映到单位圆盘 D 的满射.

反证假设 $\exists w_0 \in \Omega$ 且 $f(w_0) \notin D$. 令 $G(z)$ 为 $\sqrt{\dfrac{f(z)-w_0}{1-\overline{w_0}f(z)}}$ 在 Ω 上的单值分支. 由于 $|f(z)| \leqslant 1$,所以由莫比乌斯变换的性质知 $\left|\dfrac{f(z)-w_0}{1-\overline{w_0}f(z)}\right| \leqslant 1$,从而 $|G(z)| \leqslant 1$. 再令 $F(z) = \dfrac{|G'(z_0)|}{G'(z_0)} \dfrac{G(z)-G(z_0)}{1-\overline{G(z_0)}G(z)}$,计算可得 $F'(z_0) = \dfrac{1+|G(z_0)|^2}{2|G(z_0)|}M > M$. 因此 $F \in \mathcal{F}$,而这与 M 的定义矛盾.

§6.4　MATLAB:共形映射

考虑分式线性变换

$$w = \frac{az+b}{cz+d},$$

其中 a, b, c, d 是复常数,且 $ad-bc \neq 0$.

§6.4.1　函数 $w = \dfrac{z-z_1}{z-z_2}$

图 6.3(a),(b),(c)分别显示了函数在"实部-虚部"模式下的 z 平面、w 平面和黎曼曲面.

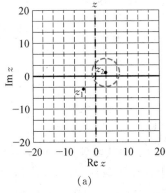

(a)

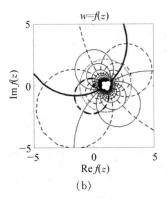

(b)

图 6.3

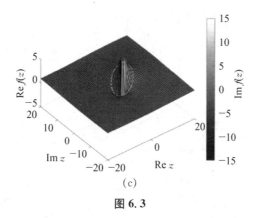

图 6.3

图 6.4(a)，(b)，(c)分别显示了函数在"模-辐角"模式下的 z 平面、w 平面和黎曼曲面.

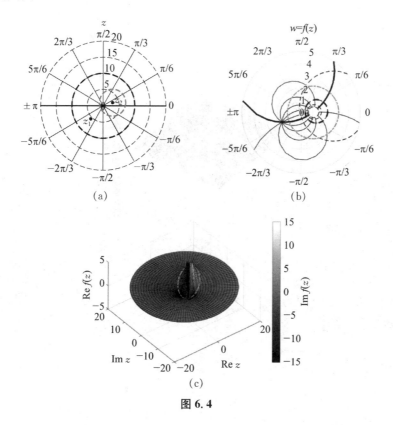

图 6.4

§6.4.2 函数 $w = \dfrac{z+1}{z-1}$

图 6.5(a)，(b)，(c)分别显示了函数在"实部-虚部"模式下的 z 平面、w 平面和黎曼曲面.

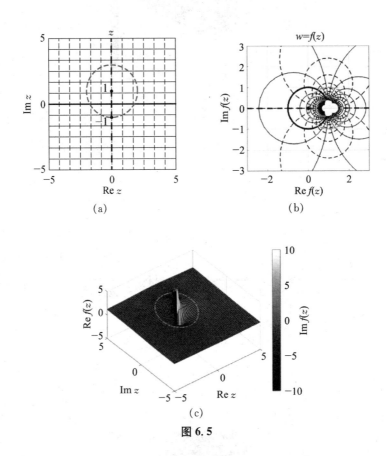

图 6.5

图 6.6(a)，(b)，(c)分别显示了函数在"模-辐角"模式下的 z 平面、w 平面和黎曼曲面.

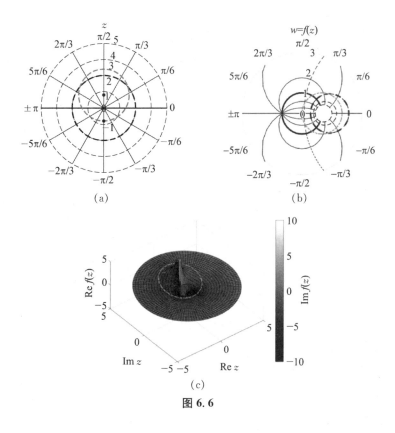

(a)

(b)

(c)

图 6.6

第六章习题

1. 试求变换 $w = f(z) = z^2 + 2z$ 在点 $z = i$ 处的旋转角和伸缩率,并且说明它将 z 平面的哪一部分放大,哪一部分缩小.

2. 试证: $w = e^{iz}$ 将互相正交的直线族 $\mathrm{Re}\, z = c_1$ 与 $\mathrm{Im}\, z = c_2$ 依次变为互相正交的直线族 $v = u \tan c_1$ 与圆周族 $u^2 + v^2 = e^{-2c_2}$.

3. 讨论解析函数 $w = z^n$ (n 为正整数) 的保角性和共形性.

4. 求将 2, i, -2 对应地变成 -1, i, 1 的分式线性变换.

5. 求将上半 z 平面共形映射成上半 w 平面的分式线性变换 $w = L(z)$,使符合条件 $1 + i = L(i)$, $0 = L(0)$.

6. 求将上半 z 平面共形映射成圆 $|w - w_0| < R$ 的分式线性变换 $w = L(z)$,使符合条件 $L(i) = w_0$, $L'(i) > 0$.

7. 求作一个单叶函数,把半圆盘 $|z| < 1$, $\mathrm{Im}\, z > 0$ 共形映射成上半平面.

8. 求作一个单叶函数,把 z 平面上的带形 $0 < \mathrm{Im}\, z < \pi$ 保形映射成 w 平面上的单位圆

$|w|<1.$

9. 求作一个单叶函数，把扩充 z 平面上单位圆的外部 $|z|>1$ 保形映射成扩充 w 平面上去掉割线 $-1 \leqslant \operatorname{Re} w \leqslant 1,\ \operatorname{Im} w = 0$ 而得的区域.

10. 求一变换，把具有割痕 "$\operatorname{Re} z = a,\ 0 \leqslant \operatorname{Im} z \leqslant h$" 的上半 z 平面共形映射成上半 w 平面，并且将点 $z = a + ih$ 变为点 $w = a$.

11. 将区域 $-\dfrac{\pi}{4} < \arg z < \dfrac{\pi}{2}$ 共形映射成上半平面，使 $z = 1-i,\ i,\ 0$ 分别变成 $w = 2,$ $-1,\ 0$.

12. 证明：关于单位圆 $|z| = 1$ 的一对对称点为 z_1 和 $\dfrac{1}{\overline{z_1}}$.

部分习题答案与提示

4. $w = \dfrac{z - 6\mathrm{i}}{3\mathrm{i}z - 2}.$

5. $w = \dfrac{2z}{z+1}.$

6. $w = R\mathrm{i}\dfrac{z-\mathrm{i}}{z+\mathrm{i}} + w_0.$

7. $w = w'^2 = \left(\dfrac{z+1}{z-1}\right)^2.$

8. $w = \dfrac{\mathrm{e}^z - \mathrm{i}}{\mathrm{e}^z + \mathrm{i}}.$

9. $w = \dfrac{1}{2}\left(z + \dfrac{1}{z}\right).$

10. $w = \sqrt{(z-a)^2 + h^2} + a.$

第七章　狄利克雷问题

§7.1　调和函数的性质

第三章第 5 节已经给出了调和函数的定义及其基本性质,特别是调和函数与解析函数关系密切.因此在研究调和函数的性质时,常常可以利用或者类比解析函数的性质.例如解析函数有最大模原理,本节将证明调和函数有极值原理.柯西公式表明区域内解析函数的值可由边界上的取值表出,第 2 节中的泊松积分则表明调和函数在圆盘内的值也可由边界上的取值表出.特别地,本节中调和函数的均值公式表明调和函数在圆心处的值可由边界上的取值表出.均值公式有很多重要的应用,如极值原理等.在第 2 节中我们还将证明均值公式实际上是调和函数的特征性质.

引理 7.1　设 u 是圆盘 D 上的调和函数,则存在定义在 D 上的函数 v,使得 v 是 u 的共轭函数.

注　上述结论对一般的调和函数不成立.例如, $\ln\sqrt{x^2+y^2}$ 是 $\mathbf{R}^2 \backslash \{(0,0)\}$ 上的调和函数.若其存在定义在 $\mathbf{R}^2 \backslash \{(0,0)\}$ 上的共轭函数,则可得到对数函数在 $\mathbf{R}^2 \backslash \{(0,0)\}$ 上的一个单值分支.而这是不可能的.但是,引理 7.1 表明调和函数在局部必定存在共轭函数.

【证明】　设 (x_0, y_0) 为圆盘 D 的中心.对于任意的 $(x, y) \in D$,定义

$$v(x, y) = \int_{y_0}^{y} u_x(x, t) \mathrm{d}t - \int_{x_0}^{x} u_y(t, y_0) \mathrm{d}t.$$

因为 u 调和,所以

$$v_x(x, y) = \int_{y_0}^{y} u_{xx}(x, t) \mathrm{d}t - u_y(x, y_0)$$

$$= -\int_{y_0}^{y} u_{yy}(x, t) \mathrm{d}t - u_y(x, y_0) = -u_y(x, y),$$

即 v 是 u 的共轭函数.

定理 7.2(均值公式) 设 u 是 $B(z,r)=\{w\,|\,|w-z|<r\}$ 上的调和函数, 且 u 在 $\overline{B(z,r)}=\{w\,|\,|w-z|\leqslant r\}$ 上连续,则

$$u(z)=\frac{1}{2\pi}\int_0^{2\pi}u(z+re^{i\theta})\mathrm{d}\theta.$$

注 值得注意的是,满足均值公式的连续函数一定是调和函数! 我们将在第2节利用泊松积分证明施瓦茨的这一著名结论.

【证明】 由引理 7.1 可以知道,存在 $B(z,r)$ 上的解析函数 f,使得 u 是 f 的实部. 由柯西积分公式:对于任意的 $0<t<r$,有 $f(z)=\dfrac{1}{2\pi\mathrm{i}}\displaystyle\int_{|\zeta-z|=t}\dfrac{f(\zeta)}{\zeta-z}\mathrm{d}\zeta=\dfrac{1}{2\pi}\displaystyle\int_0^{2\pi}f(z+te^{i\theta})\mathrm{d}\theta$. 取实部部分,即得 $u(z)=\dfrac{1}{2\pi}\displaystyle\int_0^{2\pi}u(z+te^{i\theta})\mathrm{d}\theta$. 令 $t\to r$,则由积分的连续性知结论成立.

作为均值公式的一个重要应用,可以证明调和函数的极值原理. 具体而言,即下述定理.

定理 7.3 设 u 是区域 Ω 上的调和函数,且 u 不是常值函数,则 u 在 Ω 内部必定取不到最大和最小值.

【证明】 设 $z_0\in\Omega$,使得对于 Ω 中任意满足 $|z_0-z|<r$ 的 z,任意 $0<t<r$,以及任意 θ,都有 $u(z_0+te^{i\theta})\leqslant u(z_0)$. 如果该不等式在至少一点处严格成立,则由连续性知 $\dfrac{1}{2\pi}\displaystyle\int_0^{2\pi}u(z_0+te^{i\theta})\mathrm{d}\theta<u(z_0)$,这与均值公式矛盾. 因此

$$u(z_0+te^{i\theta})=u(z_0).$$

令 $M=\{z\in\Omega\,|\,u(z)=u(a)\}$. 由连续性及上一步证明,可知 M 既是开集,又是闭集. 再由 Ω 的连通性,可知必定有 $M=\Omega$,即 u 是常值函数,这与题设矛盾. 故 u 在 Ω 中必定取不到最大值.

若 u 是区域 Ω 上的调和函数,则 $-u$ 也是区域 Ω 上的调和函数. 进而 $-u$ 在 Ω 中必定取不到最大值,即 u 在 Ω 中必定取不到最小值.

注 从上述证明过程可知,满足均值公式的连续函数同样成立极值原理,即或者为常值函数,或者在区域内部取不到最值.

§7.2　泊松积分和泊松核

考虑以原点为中心的圆盘 $\{z:|z|\leqslant R\}$. 设连续函数 u 在 $\{z:|z|<R\}$ 上调和,则由均值公式知: $u(0)=\dfrac{1}{2\pi}\displaystyle\int_0^{2\pi}u(Re^{i\theta})\mathrm{d}\theta$. 这表明圆心处的函数值被边界

上的函数值所确定. 一个自然的问题是: $\{z:|z|<R\}$ 中任何一点 a 的函数值是否也被边界上的函数值所确定? 答案是肯定的, 这就是著名的泊松积分公式.

由于莫比乌斯变换 $f(z)=R\dfrac{Rz+a}{R+\bar{a}z}$ 将原点映为 a, 将单位圆盘 $\{|z|\leqslant 1\}$

映为 $\{z:|z|\leqslant R\}$, 且 $f^{-1}(z)=R\dfrac{z-a}{R^2-\bar{a}z}$, 因此

$$u(a)=u(f(0))=\frac{1}{2\pi}\int_0^{2\pi}u(f(e^{i\theta}))d\theta=\frac{1}{2\pi i}\int_{|\zeta|=1}\frac{u(f(\zeta))}{\zeta}d\zeta$$

$$=\frac{1}{2\pi i}\int_{|z|=R}\frac{u(z)}{z}\frac{R^2-|a|^2}{|z-a|^2}dz$$

$$=\frac{1}{2\pi}\int_0^{2\pi}u(Re^{i\theta})\frac{R^2-|a|^2}{|R(e^{i\theta})-a|^2}d\theta.$$

我们称上述最后一项中的积分为 u 对应的**泊松积分**, 记作

$$P_u=\frac{1}{2\pi}\int_0^{2\pi}u(Re^{i\theta})\frac{R^2-|a|^2}{|R(e^{i\theta})-a|^2}d\theta.$$

并称 $\dfrac{1}{2\pi}\dfrac{R^2-|a|^2}{|R(e^{i\theta})-a|^2}$ 为圆盘 $\{z:|z|\leqslant R\}$ 上的**泊松核**. 第 3 节中我们将运用泊松积分和泊松核的性质研究圆盘 $\{z:|z|\leqslant R\}$ 上的狄利克雷(Dirichlet)问题.

实际上, 泊松积分的概念可以推广到更一般的函数 u. 注意到 $\dfrac{R^2-|a|^2}{|z-a|^2}=$

$\mathrm{Re}\dfrac{z+a}{z-a}$, 因此泊松积分是 $\dfrac{1}{2\pi}\int_0^{2\pi}u(Re^{i\theta})\dfrac{Re^{i\theta}+a}{R(e^{i\theta})-a}d\theta$ 的实部. 通过积分号下关

于 a 求导可知: 只要 u 在边界 $\{z:|z|=R\}$ 上连续, $\dfrac{1}{2\pi}\int_0^{2\pi}u(Re^{i\theta})\dfrac{Re^{i\theta}+a}{R(e^{i\theta})-a}d\theta$

就是 $\{a:|a|<R\}$ 上的解析函数, 从而泊松积分在 $\{a:|a|<R\}$ 上调和. 而圆盘上狄利克雷问题的解将表明, 若 u 本身是调和函数, 在 $\{a:|a|<R\}$ 上 $P_u=u$!

本节剩余部分, 我们用泊松积分来证明施瓦茨定理和哈纳克(Harnack)原理.

定理 7.4(施瓦茨定理) 设 u 在区域 Ω 上连续, 且满足均值公式, 则 u 是调和函数.

【证明】 设 $\{z:|z-z_0|\leqslant R\}\subset\Omega$. 设 $P_u(z+z_0)$ 是 $u(z+z_0)$ 在 $\{z:$

$|z-z_0|<R\}$ 上对应的泊松积分,则 P_u 是调和函数,进而由定理 7.3 的注知 P_u-u 满足极值原理.而在 $\{z: |z-z_0|\leqslant R\}$ 上 $P_u-u=0$,因此 $u=P_u$ 是调和函数.

引理 7.5(哈纳克不等式) 设 u 是 $\{w\,|\,|w-z|\leqslant r\}$ 上的非负调和函数,则 $\dfrac{r-|w-z|}{r+|w-z|}u(z)\leqslant u(w)\leqslant\dfrac{r+|w-z|}{r-|w-z|}u(z)$.

注 由哈纳克不等式可知:若 $|w-z|\leqslant\dfrac{r}{2}$,则 $\dfrac{1}{3}u(z)\leqslant u(w)\leqslant 3u(z)$.

【证明】 由泊松积分公式得

$$u(w)=\frac{1}{2\pi}\int_0^{2\pi}\frac{r^2-|w-z|^2}{|re^{i\theta}-(w-z)|^2}u(z+re^{i\theta})\mathrm{d}\theta.$$

因为 $r-|w-z|\leqslant|re^{i\theta}-(w-z)|\leqslant r+|w-z|$,所以

$$\frac{r-|w-z|}{r+|w-z|}\leqslant\frac{r^2-|w-z|^2}{|re^{i\theta}-(w-z)|^2}\leqslant\frac{r+|w-z|}{r-|w-z|}.$$

再由均值不等式,即知结论成立.

定理 7.6(哈纳克原理) 设 $\{u_n\}$ 是区域 Ω 上的单调递增调和函数列,则或者 u_n 在 Ω 中的任意紧集上一致收敛到 $+\infty$,或者 u_n 在 Ω 中的任意紧集上一致收敛到某一调和函数.

【证明】 由单调递增性知,$\{u_n\}$ 点点收敛,或发散到 $+\infty$.

设至少存在 $z_0\in\Omega$,使得 $u_n(z_0)\rightarrow+\infty$.若 $n>m$,则 u_n-u_m 是非负调和函数,故可使用哈纳克不等式.于是 $\{u_n\}$ 在 z_0 的某一邻域上一致收敛到 $+\infty$.同理,若 $\lim\limits_{n\to\infty}u_n(w_0)\in\mathbf{R}$,可知 $\{u_n\}$ 在 w_0 的某一邻域上有界.因此,$\{z\,|\,\lim\limits_{n\to\infty}u_n(z)\in\mathbf{R}\}$ 与 $\{z\,|\,\lim\limits_{n\to\infty}u_n(z)=+\infty\}$ 均为开集.而 Ω 是连通的,故 $\{z\,|\,\lim\limits_{n\to\infty}u_n(z)=+\infty\}=\Omega$.另一方面,$\{z\,|\,\lim\limits_{n\to\infty}u_n(z)=u(z)\in\mathbf{R}\}=\Omega$.对 u_n-u_m 使用哈纳克不等式,并令 $n\to\infty$,可知在 z_0 的某一邻域上成立

$$0\leqslant u(z)-u_m(z)\leqslant 3(u(z_0)-u_m(z_0)),$$

这表明在此邻域上,u_n 一致收敛到 u.对 u_n 使用泊松积分公式,再由一致收敛性知,对积分取极限,即得 u 也可由泊松积分给出,即 u 为调和函数.

§7.3 狄利克雷问题

狄利克雷问题是调和函数理论中的一类重要问题.具体来说,给定区域 Ω

及边界上的连续函数 u，是否存在闭包 $\bar{\Omega}$ 上的连续函数 f，使得 f 在 Ω 上调和，且限制在边界上与 u 相等？本节将解决一个相对简单的狄利克雷问题，即 Ω 为圆心是原点的圆盘的情形. 一般情况下，狄利克雷问题求解非常困难！一个典型的例子是，若 Ω 为有界区域，且在每个边界点处，过该边界点存在一条位于 Ω 之外的线段，则利用佩龙 (Perron) 方法可以证明解的存在性. 佩龙方法的基本思想是将狄利克雷问题转化为一个最值性问题，借助的一个重要工具是次调和函数. 为此，本节的另一部分内容是介绍次调和函数的概念及性质.

尽管求解狄利克雷问题解的存在性非常困难，但是容易证明解的唯一性，即下述定理.

定理 7.7 若 Ω 是有界区域，且狄利克雷问题有解，则解是唯一的.

【证明】 若 u 和 v 都是狄利克雷问题的解，则 $u-v$ 在 Ω 上调和，在有界闭集 $\bar{\Omega}$ 上连续，且在边界上恒等于零. 故由极值原理及紧集上连续函数的最值性，知 $u-v$ 在 Ω 上也恒等于零.

定理 7.8 若 $\Omega=\{z：|z|\leqslant R\}$，则狄利克雷问题有解. 具体来说，设 u 是 $\{z：|z|=R\}$ 上的连续函数，令 f 在 $\{z：|z|=R\}$ 和 $\{z：|z|<R\}$ 上分别等于 u 和调和函数 P_u，则 f 是 $\Omega=\{z：|z|\leqslant R\}$ 上的连续函数.

【证明】 由泊松积分的性质知，只须证明 P_u 在边界上趋于 u.

对于任意的 $\varepsilon>0$，由 u 的连续性知，$\exists\delta>0$，只要 $|\theta-\varphi|<\delta$，就有 $|u(Re^{i\theta})-u(Re^{i\varphi})|<\varepsilon$. 从而 $\dfrac{1}{2\pi}\displaystyle\int_{\varphi-\delta}^{\varphi+\delta}\left|u(Re^{i\theta})-u(Re^{i\varphi})\right|\dfrac{R^2-|a|^2}{|R(e^{i\theta})-a|^2}\mathrm{d}\theta<\varepsilon.$

另一方面，当 $a\to Re^{i\varphi}$ 时，

$$\frac{1}{2\pi}\int_0^{\varphi-\delta}\left|u(Re^{i\theta})-u(Re^{i\varphi})\right|\frac{R^2-|a|^2}{|R(e^{i\theta})-a|^2}\mathrm{d}\theta\to 0,$$

且

$$\frac{1}{2\pi}\int_{\varphi+\delta}^{2\pi}\left|u(Re^{i\theta})-u(Re^{i\varphi})\right|\frac{R^2-|a|^2}{|R(e^{i\theta})-a|^2}\mathrm{d}\theta\to 0.$$

因此当 $a\to Re^{i\varphi}$ 时，

$$|P_u(a)-u(Re^{i\varphi})|\leqslant\frac{1}{2\pi}\int_0^{2\pi}\left|u(Re^{i\theta})-u(Re^{i\varphi})\right|\frac{R^2-|a|^2}{|R(e^{i\theta})-a|^2}\mathrm{d}\theta\to 0.$$

定义 7.1 给定区域 Ω 上的连续实值函数 v. 如果对于 Ω 中任意子区域上的每个调和函数 u，都有 $v-u$ 在该子区域上满足极值原理（即：或者是常值函

数,或者在内部没有极值),则称 v 是次调和函数.

次调和函数也可按如下方式定义.

定理 7.9 v 是 Ω 上的次调和函数,当且仅当对于 Ω 中的任意圆盘 $\overline{B(z,r)} = \{w \mid |w-z| \leqslant r\}$,都有 $v(z) \leqslant \dfrac{1}{2\pi} \displaystyle\int_0^{2\pi} v(z+re^{i\theta})\mathrm{d}\theta$.

【证明】 先证明充分性.若 u 是调和函数,则由均值公式知 $v-u$ 满足同样的不等式,从而由定理 7.3 的证明过程知,$v-u$ 满足极值原理.

再证明必要性.选取调和函数 u 为 v 对应的泊松积分,则 $v(w)-P_v(w)$ 满足极值原理.另一方面,当 w 趋于 $\{w \mid |w-z|=r\}$ 时,$v(w)-P_v(w)$ 趋于零.因此,$v(w)-P_v(w) \leqslant 0$.特别地,$v(z) \leqslant \dfrac{1}{2\pi} \displaystyle\int_0^{2\pi} v(z+re^{i\theta})\mathrm{d}\theta$.

由上述定义和定理容易得到:若 u 和 v 是 Ω 上的次调和函数,$c>0$,则 cu 和 $u+v$ 也是 Ω 上的次调和函数.

引理 7.10 设 v 是 Ω 上的次调和函数.若存在常数 K,使得对于任意的 $\zeta \in \partial\Omega$,有 $\varlimsup\limits_{\Omega \ni z \to \zeta} v(z) \leqslant K$,则 $v(z) \leqslant K$,$\forall z \in \Omega$.

【证明】 对于任意的 $\varepsilon > 0$,$E = \{z \in \Omega : v(z) \geqslant K+\varepsilon\}$ 是有界区域 Ω 中的闭集.若其非空,则 v 在 E 上取到最大值,从而在 Ω 的内部取到最值.因此 v 是 $\geqslant K+\varepsilon$ 的常数,于是得到矛盾.因此 E 是空集.再由 ε 的任意性知 $v(z) \leqslant K$.

引理 7.11 设 $u(z) = \sup\limits_{v \in \mathcal{F}} v(z)$,$z \in \Omega$,其中

$$\mathcal{F} = \{v \mid v \text{ 是 } \Omega \text{ 上的次调和函数,且 } \varlimsup\limits_{\Omega \ni z \to \zeta} v(z) \leqslant f(\zeta)\},$$

则 u 是 Ω 上的调和函数.

【证明】 由引理 7.10 知 $u(z)$ 处处有限.任取 $z_0 \in \Omega$,则存在 $v_n \in \mathcal{F}$,使得 $v_n(z_0) \to u(z_0)$.令 $V_n = \max\{v_1, \cdots, v_n\}$.由习题 6 知:$V_n \in \mathcal{F}$,从而 $v_n(z_0) \leqslant V_n(z_0) \leqslant u(z_0)$,进而 $V_n(z_0)$ 单调递增收敛于 $u(z_0)$.再设 D 是 Ω 中包含 z_0 的一个闭圆盘,定义 U_n 满足:在 D 的内部等于由 V_n 诱导的泊松积分 P_{V_n},在其余部分等于 V_n,则由定理 7.8 知 U_n 连续.由于在 D 内 $V_n \leqslant P_{V_n}$,因此在 Ω 上 $V_n \leqslant U_n$.若 U_n-u 在 D 的边界上取到最大值,则 V_n-u 也在边界上取到最大值,进而等于常值函数.于是 $P_{V_n}-u$ 和 U_n-u 均为常值函数.这说明 U_n 在边界上进而在 Ω 上是次调和函数,即 $U_n \in \mathcal{F}$.同理 $U_n(z_0)$ 单调递增收敛于 $u(z_0)$.又因为 U_n 在 D 内是调和函数,所以由哈纳克原理知 U_n 在 D 内一致收敛于调和函数 U,且 $u(z_0) = U(z_0)$.

任取 D 内一点 z_1.重复上述过程,可得调和函数 $U_1 \leqslant U$,使得 $u(z_1) = U_1(z_1)$ 且 $u(z_0) = U(z_0) = U_1(z_0)$.由极值原理知 U_1-U 恒等于零,故 $u(z_1) =$

$U(z_1)$. 由 z_1 和 z_0 的任意性知 u 是调和函数.

引理 7.12 设 f 在 $\zeta_0 \in \partial\Omega$ 处连续,在 $\partial\Omega$ 上有界(设为 M),且存在调和函数 w,使得 w 在 $\bar\Omega$ 上连续,$w(\zeta_0)=0$, $w(\zeta)>0$, $\forall \zeta \neq \zeta_0$,则 $\varlimsup\limits_{\Omega\ni z\to\zeta_0} w(\zeta) \leqslant f(\zeta_0)$.

【证明】 对于任意的 $\varepsilon>0$,存在 ζ 的邻域 $\mathcal{O}$,使得只要 $\zeta\in\partial\Omega\bigcap\mathcal{O}$,就有 $|f(\zeta_0)-f(\zeta)|<\varepsilon$. 由于 $\bar\Omega\backslash\mathcal{O}$ 是紧集,故可设 w 在 $\bar\Omega\backslash\mathcal{O}$ 上的最小值为 $w_0>0$. 令 $V(z)=f(\zeta_0)+\varepsilon+\dfrac{w(z)}{w_0}(M-f(\zeta_0))$. 容易验证 $V(z)$ 在 Ω 上调和,在 $\bar\Omega$ 上连续,在 $\partial\Omega$ 上 $V>f$. 因此对于任意 $v\in\mathcal{F}$ 和 $\zeta\in\partial\Omega$,有 $\varlimsup\limits_{\Omega\ni z\to\zeta}(v(z)-V(z))<0$. 再由引理 7.9 可知在 Ω 上 $V>v$,进而 $V\geqslant u$. 所以

$$\varlimsup\limits_{\Omega\ni z\to\zeta_0} u(z) \leqslant V(\zeta_0)=f(\zeta_0)+\varepsilon.$$

另一方面,令 $W(z)=f(\zeta_0)-\varepsilon-\dfrac{w(z)}{w_0}(M+f(\zeta_0))$. 类似可证 $W\leqslant u$. 从而 $\varliminf\limits_{\Omega\ni z\to\zeta_0} u(z) \geqslant W(\zeta_0)=f(\zeta_0)-\varepsilon$.

引理 7.13 设 Ω 为有界区域,$\zeta_0\in\partial\Omega$. 若存在一点 p,使得连接 ζ_0 与 p 的线段位于 Ω 之外,则存在调和函数 w,使得 w 在 $\bar\Omega$ 上连续,$w(\zeta_0)=0$, $w(\zeta)>0$, $\forall\zeta\neq\zeta_0$.

【证明】 存在 $a\in\mathbf{C}$,使得 $z\mapsto a\dfrac{z-\zeta_0}{z-p}$ 将 ζ_0 映为原点,将连接 ζ_0 与 p 的线段映为实轴的负半轴,则 $\mathrm{Re}\sqrt{a\dfrac{z-\zeta_0}{z-p}}$ (取根号函数的主值分支) 即为所求.

综上所述,我们就得到了如下关于狄利克雷问题的结果.

定理 7.14 设 Ω 为有界区域,且在每个边界点处,过该边界点存在一条位于 Ω 之外的线段. 则对于边界 $\partial\Omega$ 上的函数 f,必定存在 Ω 上的调和函数 u,使得当 $\Omega\ni z\to\zeta\in\partial\Omega$ 时,$u(z)\to f(\zeta)$.

§7.4 解析延拓

解析延拓问题是指:在一个区域内(或某一曲线上)的解析函数,能否把它延拓到更大范围内,并仍然保持解析? 例如,e^z, $\sin z$ 等是实值函数 e^x, $\sin x$ 等从实轴到复平面的解析延拓,$\dfrac{1}{1-z}$ 是幂级数 $\sum\limits_{n=0}^{\infty} z^n$ 从 $|z|<1$ 到 $\mathbf{C}\backslash\{1\}$ 的解析

延拓. 但是 $f(x) = |x|$, $f(x) = \begin{cases} \mathrm{e}^{-\frac{1}{x^2}}, & x \neq 0, \\ 0, & x = 0 \end{cases}$ 等就不能延拓为原点附近的解

析函数.

定理 7.8 的一个应用是可以证明施瓦茨反射原理.

定理 7. 15 设区域 Ω 关于 x 轴对称(即若 $z \in \Omega$, 则 $\bar{z} \in \Omega$). 记 $\sigma = \Omega \bigcap x$ 轴, $\Omega_+ = \Omega \bigcap \{z \mid \mathrm{Im}\, z > 0\}$. 设 v 在 Ω_+ 上是调和函数, 在 σ 上取值恒为零, 在 $\sigma \bigcup \Omega_+$ 上连续, 则 v 可以延拓为 Ω 上的调和函数, 且满足 $v(\bar{z}) = -v(z)$. 若 v 是 Ω_+ 上解析函数 f 的虚部, 则 f 可以延拓为 Ω 上的解析函数, 且满足 $\overline{f(\bar{z})} = f(z)$.

【证明】 补充定义 $v(z) = -v(\bar{z})$, $\forall z \in \Omega \bigcap \{z \mid \mathrm{Im}\, z < 0\}$. 只须证明 v 在 σ 上调和. 任取 $p \in \sigma$ 及 $R > 0$, 使得 $\{z : |z - p| < R\} \subset \Omega$. 设 P_v 是在此圆盘上的泊松积分. 由 P_v 的调和性, 只须证明在此圆盘上 $P_v = v$. 由定理 7.8, 在 $\{z : |z - p| = R\}$ 上 $P_v = v$. 因此 $P_v - v$ 在半圆盘 $\{z : |z - p| < R\} \bigcap \Omega_+$ 上是调和函数, 且在此半圆盘的边界上恒等于零. 由极值原理, 在此半圆盘上 $P_v = v$. 从而 P_v 是 v 在 $\{z : |z - p| < R\}$ 的调和延拓, 进而在 $\{z : |z - p| < R\}$ 上 $P_v = v$.

若 v 是 Ω_+ 上解析函数 f 的虚部, 同样考虑圆心在 σ 上的圆盘 $D = \{z : |z - p| < R\} \subset \Omega$, 则存在 v 的解析共轭 $-u$, 使得 $g = u + \mathrm{i}v$ 在 D 上解析. 因此 $g(z) - \overline{g(\bar{z})}$ 也在 D 上解析, 虚部为零, 且在 x 轴上恒等于零. 因为 $f - g$ 在上半圆盘的虚部为零, 所以 f 可以延拓为 Ω 上的解析函数, 且满足 $\overline{f(\bar{z})} = f(z)$.

更一般地, 可以证明班勒维(Painleve)延拓定理.

定理 7. 16 设区域 Ω_i 以逐段光滑曲线 L 为邻接边界, f_i 在 Ω_i 上解析, 在 $\Omega_i \bigcup L$ 上连续 $(i = 1, 2)$, 且在 L 上 $f_1 = f_2$, 则 $F(z) = \begin{cases} f_1(z), & z \in \Omega_1 \bigcup L, \\ f_2(z), & z \in \Omega_2 \end{cases}$ 在 $\Omega = \Omega_1 \bigcup L \bigcup \Omega_2$ 上解析.

【证明】 作 Ω 中的简单闭曲线 γ. 设 γ 与 Ω_i 和 L 相交的部分分别为 γ_i 和 l. 由柯西积分公式知 $\oint_\gamma F \mathrm{d}z = \oint_{\gamma_1 \bigcup l} F \mathrm{d}z + \oint_{\gamma_2 \bigcup l} F \mathrm{d}z = 0$. 根据莫雷拉定理, 有 $F(z)$ 在 $\Omega = \Omega_1 \bigcup L \bigcup \Omega_2$ 上解析.

第七章习题

1. 若 u 是区域 Ω 上的调和函数, $|u|$ 是 Ω 上的调和函数吗?

2. 若 u 是区域 Ω 上的调和函数,$B(a,r) = \{z \mid |z-a| < r\}$ 的闭包包含于 Ω. 证明次均值公式: $|u(a)| \leqslant \dfrac{1}{2\pi} \displaystyle\int_0^{2\pi} |u(a+re^{i\theta})| \, d\theta$.

3. 若 u 是区域 Ω 上的调和函数,u^2 是 Ω 上的调和函数吗?满足次均值公式吗?

4. 设 $f(e^{i\theta}) = 1$,$\forall \theta \in [0,\pi]$;$f(e^{i\theta}) = -1$,$\forall \theta \in (\pi, 2\pi)$. 求 f 在单位圆盘上的泊松积分.

5. 用调和函数的定义验证泊松核 $\dfrac{1-|z|^2}{|z-e^{i\theta}|^2}$ 是调和函数.

6. 若 u 和 v 是 Ω 上的次调和函数,则 $\max\{u,v\}$ 也是 Ω 上的次调和函数.

7. 设 $f_n(e^{i\theta}) = e^{in\theta}$($n$ 是自然数). 证明:单位圆盘上以 f_n 为边界值的狄利克雷问题的解为 z^n.

8. 设 $f_n(e^{i\theta}) = e^{in\theta}$($n$ 是负整数). 证明:单位圆盘上以 f_n 为边界值的狄利克雷问题的解为 $\bar{z}^{-n}$.

9. 设 $f(e^{i\theta}) = \sin 2\theta$. 求单位圆盘上以 f 为边界值的狄利克雷问题的解. (提示:傅里叶级数)

10. 设 f 在 $\{z \mid |z| \leqslant 1\}$ 上连续,在 $\{z \mid |z| < 1\}$ 内解析. g 在 $\{z \mid |z| \geqslant 1\}$ 上连续,在 $\{z \mid |z| > 1\}$ 内解析,∞ 是 g 的 n 阶极点. 设 $|z|=1$ 时,$f(z) - g(z) = \dfrac{3}{(2z-1)(z-2)}$,求 f 和 g.

部分习题答案与提示

1. 否.

3. 不是调和函数;满足次均值公式. 若 u 是实调和函数,则 u 满足均值公式.

4. $f(z) = \dfrac{1}{z-2} + a_0 z^n + a_1 z^{n-1} + \cdots + a_{n-1} z + a_n$,

$\quad g(z) = \dfrac{1}{2z-1} + a_0 z^n + a_1 z^{n-1} + \cdots + a_{n-1} z + a_n$,

其中 a_i 是复常数且 $a_0 \neq 0$.

参 考 文 献

[1] 余家荣. 复变函数(第五版). 高等教育出版社,2014

[2] 钟玉泉. 复变函数(第四版). 高等教育出版社,2013

[3] 任福尧. 应用复分析. 复旦大学出版社,1993

[4] 张锦豪,邱维元. 复变函数论. 高等教育出版社,2001

[5] L. V. Ahlfors. Complex Analysis (Third Edition). McGraw-Hill Book Co. , New York, 1979

[6] Tristan Needham. 齐民友译. 复分析可视化方法. 人民邮电出版社,2009

[7] J. B. Conway. Functions of One Complex Analysis Variable (Second Edition). Springer-Verlag, New York, 1978

[8] J. B. Conway. Functions of One Complex Analysis Variable II (Second Edition). Springer-Verlag, New York, 1995

附录 A MATLAB 简介

MATLAB 是 MATrix LABoratory(矩阵实验室)的缩写. 它是一款由美国 MathWorks 公司开发的商业数学软件, 可以用于分析数据、开发算法、创建模型、数值计算、数据可视化的交互式高级计算机语言.

除了数值运算、矩阵运算、绘制函数/数据图像等常用功能之外, 它还利用数量众多的工具箱(toolbox)以适应不同领域的应用, 如信号处理、量化金融、控制系统、计算机视觉、深度学习等.

1. 数组、函数及其运算

数组是 MATLAB 进行计算的基本元素, 包括了实(复)数、实(复)向量、实(复)矩阵等常用的数学符号. 而数组之间的运算即规定为相应的数、向量、矩阵之间的四则运算, 使用起来十分方便.

以数组为基本元素, MATLAB 进一步提供了大量的初等函数命令. 例如, 三角函数:sin, cos, tan;指数函数:exp;对数函数:log;等等.

2. 绘图方法与交互式可视化

MATLAB 还提供了一系列绘制函数/数据图像的简单命令, 可以用来绘制二维/三维的图形. 常用的二维绘图命令有:plot, polarplot, contour, quiver 等. 常用的三维绘图命令有:plot3, contour3, quiver3, surf, mesh 等.

除了这些基本的绘图命令之外, MATLAB 还可以在绘制的图形上插入标题、坐标轴标示、图形注解等. 并可以通过旋转、放大、缩小等交互操作, 从不同的角度、尺度观察图形的几何特征.

利用 MATLAB 的数组运算及图形化工具, 我们可以将复变函数经过可视化处理(如直角坐标系、极坐标系、柱坐标系、黎曼曲面等), 转化为直观的几何图形, 从而加深对复变函数特别是多值函数的理解.

3. 绘图说明

下面以指数函数 $w = \mathrm{e}^z$ 为例, 简单介绍几个常用的绘图命令, 并附上代码文件.

(1) 数组的生成.

首先, 利用 linspace 命令生成一类数组, 即等距行向量.

【命令】 x = linspace(x1,x2,n);

【说明】 利用 linspace 命令可以生成一个等距行向量,并赋值于 x. 其中, x1 表示行向量的第一个元素,x2 表示行向量的最后一个元素,n 表示行向量的元素个数.

【例】 x = linspace(-2,2,9);

【输出的数组】

x =
-2.0   -1.5   -1.0   -0.5   0.0   0.5   1.0   1.5   2.0

这是一个 1×9 的等距行向量. 那么,我们可以将该等距行向量 x 的每个元素作为横轴的坐标点(即网格点).

同理,利用命令"y = linspace(-2,2,9);"可以生成一个 1×9 的等距行向量 y,并作为纵轴的网格点.

然后,利用 meshgrid 命令生成一类数组,即列等距矩阵和行等距矩阵.

【命令】 [X,Y]=meshgrid(x,y);

【说明】 利用 meshgrid 命令可以生成两个矩阵,一个列等距矩阵 X 和一个行等距矩阵 Y. 其中,x 表示横轴的网格点,y 表示纵轴的网格点.

【例】 在 meshgrid 命令中,代入之前生成的两个 1×9 等距行向量 x 和 y, 可以得到两个矩阵 X 和 Y.

【输出的数组】

X =
-2.0   -1.5   -1.0   -0.5   0.0   0.5   1.0   1.5   2.0
-2.0   -1.5   -1.0   -0.5   0.0   0.5   1.0   1.5   2.0
-2.0   -1.5   -1.0   -0.5   0.0   0.5   1.0   1.5   2.0
-2.0   -1.5   -1.0   -0.5   0.0   0.5   1.0   1.5   2.0
-2.0   -1.5   -1.0   -0.5   0.0   0.5   1.0   1.5   2.0
-2.0   -1.5   -1.0   -0.5   0.0   0.5   1.0   1.5   2.0
-2.0   -1.5   -1.0   -0.5   0.0   0.5   1.0   1.5   2.0
-2.0   -1.5   -1.0   -0.5   0.0   0.5   1.0   1.5   2.0

Y =
-2.0   -2.0   -2.0   -2.0   -2.0   -2.0   -2.0   -2.0   -2.0
-1.5   -1.5   -1.5   -1.5   -1.5   -1.5   -1.5   -1.5   -1.5
-1.0   -1.0   -1.0   -1.0   -1.0   -1.0   -1.0   -1.0   -1.0

```
-0.5   -0.5   -0.5   -0.5   -0.5   -0.5   -0.5   -0.5   -0.5
 0.0    0.0    0.0    0.0    0.0    0.0    0.0    0.0    0.0
 0.5    0.5    0.5    0.5    0.5    0.5    0.5    0.5    0.5
 1.0    1.0    1.0    1.0    1.0    1.0    1.0    1.0    1.0
 1.5    1.5    1.5    1.5    1.5    1.5    1.5    1.5    1.5
 2.0    2.0    2.0    2.0    2.0    2.0    2.0    2.0    2.0
```

这是两个 9×9 的矩阵. 那么, 我们可以将列等距矩阵 X 和行等距矩阵 Y 作为 xy 平面上的网格, 即网格点.

（2）"实部-虚部"直角坐标系.

（i）网格线.

利用 plot 命令绘制 xy 平面, 即复平面或 z 平面.

【命令 1】　plot(X, Y, LineSpec);

【说明 1】　利用 plot 命令绘制以 X 为横坐标、以 Y 为纵坐标的线图. 其中 LineSpec 表示线图的类型, 例如, '- -or'表示用红色虚线画线, 并以空心点标示数据点.

常用线图类型

线型		标示		颜色	
—	实线	o	空心点	r	红色
——	虚线	+	加号	b	蓝色
:	点线	.	实心点	g	绿色
—.	点虚线	×	叉号	y	黄色
		*	星号	k	黑色

【例 1】　plot(X, Y,'——k');

【输出的图形 1】　代入之前生成的两个 9×9 的矩阵 X 和 Y, 可以得到以 X 的每个元素为横坐标、以 Y 的对应元素为纵坐标的线图. 由于两个矩阵都是 9×9 的, 因此该线图是 9 条平行于纵轴的黑色虚线.

进一步地, 若需要同时绘制平行于横轴和纵轴的线图（即网格线）, 则可以使用下面的命令.

【命令 2】　plot(X1,Y1,LineSpec1,X2,Y2,LineSpec2);

【说明 2】　利用 plot 命令同时绘制以 X1 为横坐标、以 Y1 为纵坐标的线图 1 和以 X2 为横坐标、以 Y2 为纵坐标的线图 2. 其中, LineSpec1 和 LineSpec2 分别为线图 1 和线图 2 的类型.

【例2】 plot(X, Y,'－－k', X.', Y.','－k');

【输出的图形2】 同样代入之前生成的两个 9×9 的矩阵 X 和 Y,可以得到 9 条平行于纵轴的黑色虚线和 9 条平行于横轴的黑色实线,即 xy 平面上的网格线.

(ii) 复变函数.

同样地,可以利用 plot 命令绘制 w 平面上的复变函数.

第一步:复数 z.

【命令】 Z＝X＋1i＊Y;

【说明】 生成数组 Z(即复数),其中数组 X 为 Z 的实部,数组 Y 为 Z 的虚部.

【输出的数组】 代入之前生成的两个 9×9 的矩阵 X 和 Y,那么数组 Z 就是 9×9 的复矩阵,且复矩阵 Z 的每个元素即表示为 z 平面上的一个复数,它的实部和虚部分别对应于矩阵 X 和 Y 的相应元素.

第二步:复变函数 $w = \mathrm{e}^z$.

【命令】 W＝exp(Z);

【说明】 利用 exp 命令计算数组 Z 的指数值,并赋值于 W.

【输出的数组】 代入之前生成的 9×9 的复矩阵 Z,那么数组 W 就是 9×9 的复矩阵,且复矩阵 W 的每个元素对应于复矩阵 Z 中相应元素的指数值.

第三步:复变函数 $w = \mathrm{e}^z$ 的实部与虚部.

【命令】 U＝real(W); V＝imag(W);

【说明】 分别利用 real 和 imag 命令取出数组 W 的实部和虚部,并赋值于 U 和 V.

【输出的数组】 代入之前计算的 9×9 的复矩阵 W,那么数组 U 就是 9×9 的实矩阵,表示 W 的实部,数组 V 就是 9×9 的实矩阵,表示 W 的虚部.

第四步:绘制复变函数 $w = \mathrm{e}^z$.

【命令】 plot(U,V,'－－k',U.',V.','－k');

【说明】 利用 plot 命令同时绘制两个线图.

【输出的图形】 代入之前取出的两个 9×9 的实矩阵 U 和 V,可以得到 9 条黑色虚线和 9 条黑色实线. 一般来说,它们都是曲线,表示经过复变函数 $w = \mathrm{e}^z$ 的映射所构成的像,其中虚曲线对应于 z 平面上平行于纵轴的虚直线,实曲线对应于平行于横轴的实直线. 那么在复变函数 $w = \mathrm{e}^z$ 的映射下,w 平面上的曲线网格构成 z 平面上直线网格的像.

(iii) 命令汇总及.m 文件.

可以将上述的命令汇总,并写入 MATLAB 的代码文件(.m 文件).

exp_plot_xy.m

```
% 网格点
x = linspace( - 2,2,9);
y = linspace( - 2,2,9);
[X,Y] = meshgrid(x,y);

% 复数 z
Z = X + 1i * Y;

% z 平面
figure;
plot(X,Y,' - - k',X.',Y.',' - k');

% 指数函数
W = exp(Z);
U = real(W);
V = imag(W);

% w 平面
figure;
plot(U,V,' - - k',U.',V.',' - k');
```

【说明】　其中,figure 命令表示打开一个新的绘图板.

(3)"模-辐角"极坐标系.

利用 polarplot 命令绘制 $r\theta$ 极坐标系.

【命令 1】　polarplot(theta,r,LineSpec);

【命令 2】　polarplot(theta1,r1,LineSpec1,theta2,r2,LineSpec2);

【说明】　polarplot 命令与 plot 命令的用法类似,其中,theta(或 theta1 和 theta2)表示角坐标,r(或 r1 和 r2)表示径向坐标,LineSpec(或 LineSpec1 和 LineSpec2)表示线图的类型.

那么利用 polarplot 命令,我们可以绘制极坐标系上的复变函数(映射).

exp_plot_rtheta. m

```
% 网格点
r = linspace(0,2,5);
theta = linspace( - pi,pi,13);
[R,Theta] = meshgrid(r,theta);

% 复数 z
```

```
Z = R. * exp(1i * Theta);
```

```
%z 平面
figure;
polarplot(Theta,R,'- - k',Theta.',R.','- k');
```

```
% 指数函数
W = exp(Z);
Rho = abs(W);
Phi = angle(W);
```

```
%w 平面
figure;
polarplot(Phi,Rho,'- - k',Phi.',Rho.','- k');
```

【命令】 Rho＝abs(W);Phi＝angle(W);

【说明】 分别利用 abs 和 angle 命令取出数组 W 的模和辐角,并赋值于 Rho 和 Phi.

(4) 黎曼曲面.

利用 surf 命令绘制黎曼曲面.

【命令】 surf(X,Y,Z,C);

【说明】 利用 surf 命令绘制三维曲面,其中 X,Y,Z 分别代表横坐标、纵坐标、竖坐标,C 表示相应曲面的颜色或灰度.

【例】 surf(X,Y,U,V);

【输出的图形】 代入前面生成的 9×9 矩阵 X,Y,U 和 V,可以得到复变函数 $w = e^z$ 所对应的黎曼曲面.

(i) 空间直角坐标系.

```
exp_surf_xy.m

% 网格点
x = linspace(-2,2,9);
y = linspace(-2,2,9);
[X,Y] = meshgrid(x,y);

% 复数 z
Z = X + 1i * Y;

% 指数函数
```

```
W = exp(Z);
U = real(W);
V = imag(W);

% 黎曼曲面
figure;
surf(X, Y, U, V);
colorbar;
```

【**说明**】   利用 colorbar 命令标示颜色或灰度的取值范围.

(ii) 空间柱坐标系.

exp_surf_rtheta.m

```
% 网格点
r = linspace(0, 2, 5);
theta = linspace( - pi, pi, 13);
[R, Theta] = meshgrid(r, theta);

% 复数 z
Z = R. * exp(1i * Theta);
X = real(Z);
Y = imag(Z);

% 指数函数
W = exp(Z);
U = real(W);
V = imag(W);

% 黎曼曲面
figure;
surf(X, Y, U, V);
colorbar;
```

附录 B　MATLAB 实例演示

源代码

复球面(见附图 1)

```
n = 36;

[x1,x2,x3] = sphere(n);

x = x1./(1 - x3);

y = x2./(1 - x3);

%

figure;

surf(x1,x2,x3);

hold on;

xm = 1:(n - 10);
surf(x(xm,:),y(xm,:),zeros(n - 10,n + 1),x3(xm,:));

hold off;

colormap jet;
axis equal;
alpha(0.75);
view( - 37.5,20);

c = colorbar;
c.Label.String = 'x_3(|z|)';

xlabel('x_1(x = Rez)');
```

```
ylabel('x_2(y = Imz)');
zlabel('x_3(|z|)');
```

余弦函数(见附图 2)

```
xmax = 2;

x = linspace( - xmax,xmax,41);
y = linspace( - xmax,xmax,41);

[X,Y] = meshgrid(x,y);

Z = X + 1i * Y;

W = cos(Z);
U = real(W);
V = imag(W);

%

figure;

surf(X,Y,U,V);

colormap jet;
axis tight;

title('w = cos z');

c = colorbar;
c.Label.String = 'Im w';

xlabel('Rez');
ylabel('Imz');
zlabel('Re w');

%

r = linspace(0,xmax,21);
t = linspace( - pi,pi,121);

[R,T] = meshgrid(r,t);
Z = R. * exp(1i * T);
```

```
X = real(Z);
Y = imag(Z);

W = cos(Z);
U = real(W);
V = imag(W);

%
figure;

surf(X, Y, U, V);

colormap jet;
axis tight;

title('w = cos z');

c = colorbar;
c.Label.String = 'Im w';

xlabel('Rez');
ylabel('Imz');
zlabel('Re w');
```

多值函数(见附图 3)

```
xmax = 4;
cv = [ - 1, 1] * sqrt(xmax * (xmax + 1) * (xmax + 2));

r = linspace(0, xmax, 21);
t = linspace(0, 2 * pi, 121);
t(end) = [ ];

[R, T] = meshgrid(r, t);
Z = R. * exp(1i * T);
X = real(Z);
Y = imag(Z);

absZZ = abs(Z). * abs(Z - 1). * abs(Z - 2);
argZZ = angle(Z) + angle(Z - 1) + angle(Z - 2);
```

```
W = (absZZ).^(1/2). * ...
    exp(1i * argZZ /2 + 1i * pi * (T<pi));
U = real(W);
V = imag(W);

%
figure;

surf(X, Y, U, V);

colormap jet;
axis tight;
view(20, 20);

title('w = [z(z - 1)(z - 2)]^{1/2}, 1st');

caxis(cv);
c = colorbar;
c.Label.String = 'Im w';

xlabel('Rez');
ylabel('Imz');
zlabel('Re w');

%
W = (absZZ).^(1/2). * ...
    exp(1i * argZZ /2 + 1i * pi * (T>pi));
U = real(W);
V = imag(W);

%
figure;

surf(X, Y, U, V);

colormap jet;
axis tight;
view(20, 20);

title('w = [z(z - 1)(z - 2)]^{1/2}, 2nd');
```

```
caxis(cv);
c = colorbar;
c.Label.String = 'Im w';

xlabel('Rez');
ylabel('Imz');
zlabel('Re w');
%
r = linspace(0, xmax, 21);
t = linspace( - pi, 3 * pi, 241);

[R, T] = meshgrid(r, t);
Z = R. * exp(1i * T);
X = real(Z);
Y = imag(Z);
absZZ = abs(Z). * abs(Z - 1). * abs(Z - 2);
argZZ = angle(Z) + angle(Z - 1) + angle(Z - 2);

W = (absZZ).^(1/2). * ...
    exp(1i * argZZ /2 + 1i * pi * (T>pi));
U = real(W);
V = imag(W);

%
figure;

surf(X, Y, U, V);

colormap jet;
axis tight;
view(20, 20);

title('w = [z(z - 1)(z - 2)]^{1/2}');

caxis(cv);
c = colorbar;
c.Label.String = 'Im w';

xlabel('Rez');
```

```
ylabel('Imz');
zlabel('Re w');
```

共形映射(见附图 4)

```
xmax = 5;

x = linspace( - xmax,xmax,101);
y = linspace( - xmax,xmax,101);

[X,Y] = meshgrid(x,y);
Z = X + 1i * Y;
z0x = 0;
z0y = + 1;
z0 = z0x + 1i * z0y;

z1x = 0;
z1y = - 1;
z1 = z1x + 1i * z1y;

W = (Z - z1)./(Z - z0);
U = real(W);
V = imag(W);

zr = 2;
zt = linspace(0,2 * pi,51);
zc = z0 + zr * exp(1i * zt);
wc = (zc - z1)./(zc - z0);

xm = 51;dx = 10;
ym = 51;dy = 10;

%
figure;

plot(X(:,1:dx:end),Y(:,1:dx:end),' - - r',...
     X(1:dy:end,:).',Y(1:dy:end,:).',' - b');

hold on;

plot(X(:,xm),Y(:,xm),' - - k',X(ym,:),Y(ym,:),' - k');
```

```
plot(real(zc),imag(zc),'--m');

plot(z0x,z0y,'.r');
plot(z1x,z1y,'.b');

hold off;

colormap jet;
axis equal tight;

title('z');

xlabel('Rez');
ylabel('Imz');

%
figure;

plot(U(:,1:dx:end),V(:,1:dx:end),'--r',...
    U(1:dy:end,:).',V(1:dy:end,:).','-b');

hold on;

plot(U(:,xm),V(:,xm),'--k',U(ym,:),V(ym,:),'-k');

plot(real(wc),imag(wc),'--m');

plot(0,0,'.b');

hold off;

colormap jet;
axis equal;
grid on;
xlim([-1,1]*2);
ylim([-1,1]*2);

title('w=(z+i)/(z-i)');

xlabel('Re w');
ylabel('Im w');

%
r=linspace(0,xmax,51);
```

```
t = linspace( - pi, pi, 121);

[R, T] = meshgrid(r, t);
Z = R. * exp(1i * T);

W = (Z - z1). /(Z - z0);
argW = angle(W);
absW = abs(W);

rm = 31; dr = 10;
tm = 61; dt = 10;

%
figure;

polarplot(...
        T( :, 1:dr:end), R( :, 1:dr:end), ' - - r', ...
        T(1:dt:end, :). ', R(1:dt:end, :). ', ' - b');

hold on;

polarplot(...
        T( :, rm), R( :, rm), ' - - k', ...
        T([1, tm], :). ', R([1, tm], :). ', ' - k');

polarplot(angle(zc), abs(zc), ' - - m');

polarplot(angle(z0), abs(z0), '. r');
polarplot(angle(z1), abs(z1), '. b');

hold off;

colormap jet;
rlim([0, xmax]);

title('z');

%
figure;

polarplot(...
        argW( :, 1:dr:end), absW( :, 1:dr:end), ' - - r', ...
        argW(1:dt:end, :). ', absW(1:dt:end, :). ', ' - b');
```

```
hold on;

polarplot(...
        argW(:,rm),absW(:,rm),'--k',...
        argW([1,tm],:).',absW([1,tm],:).','-k');

polarplot(angle(wc),abs(wc),'--m');

polarplot(0,0,'.b');

hold off;

colormap jet;
grid on;
rlim([0,1]*2);

title('w=(z+i)/(z-i)');
```

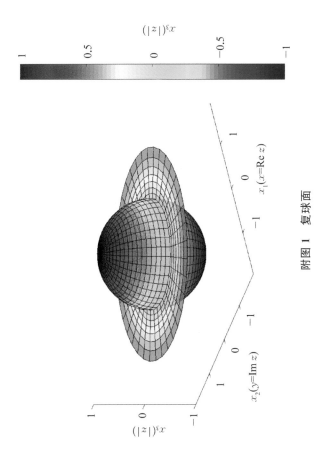

附图 1　复球面

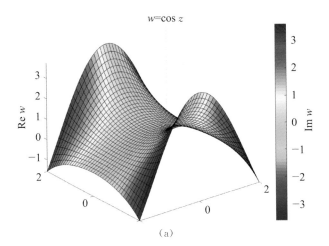

$w=\cos z$

(a)

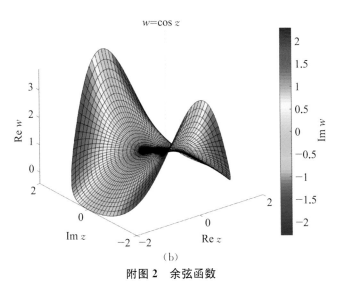

$w=\cos z$

(b)

附图 2　余弦函数

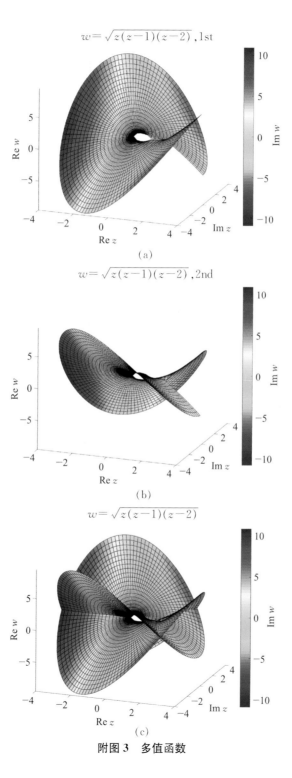

附图 3　多值函数

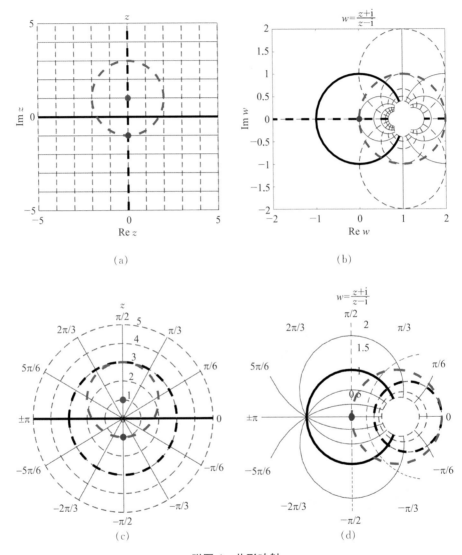

附图 4　共形映射

图书在版编目(CIP)数据

复变函数/戴滨林,杨世海主编. —上海:复旦大学出版社,2019.8
(复旦博学. 数学系列)
ISBN 978-7-309-14503-8

Ⅰ.①复… Ⅱ.①戴…②杨… Ⅲ.①复变函数-高等学校-教材 Ⅳ.①O174.5

中国版本图书馆 CIP 数据核字(2019)第 155829 号

复变函数
戴滨林 杨世海 主编
责任编辑/陆俊杰

复旦大学出版社有限公司出版发行
上海市国权路 579 号 邮编:200433
网址:fupnet@ fudanpress.com http://www.fudanpress.com
门市零售:86-21-65642857 团体订购:86-21-65118853
外埠邮购:86-21-65109143 出版部电话:86-21-65642845
杭州日报报业集团盛元印务有限公司

开本 787×960 1/16 印张 14 字数 241 千
2019 年 8 月第 1 版第 1 次印刷

ISBN 978-7-309-14503-8/O・671
定价:35.00 元